数据科学与大数据技术丛书

PARALLEL COMPUTING IN
DATA SCIENCE

数据科学
并行计算

白琰冰◎编著

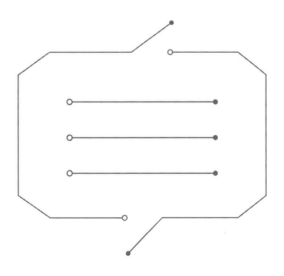

中国人民大学出版社
·北京·

数据科学与大数据技术丛书编委会

总　序

数据科学时代，大数据成为国家重要的基础性战略资源．世界各国先后推出大数据发展战略：美国政府于 2012 年发布 "大数据研究与发展倡议"，2016 年发布 "联邦大数据研究与开发战略计划"，不断加强大数据的研发和应用发展布局；欧盟于 2014 年推出 "数据驱动经济" 战略，倡导成员国尽早实施大数据战略；日本等其他发达国家相继出台推动大数据研发和应用的政策．在我国，党的十八届五中全会明确提出要实施 "国家大数据战略"，国务院于 2015 年 8 月印发《促进大数据发展行动纲要》，全面推进大数据的发展与应用．2019 年 11 月，《中共中央关于坚持和完善中国特色社会主义制度、推进国家治理体系和治理能力现代化若干重大问题的决定》将 "数据" 纳入生产要素，进一步奠定了数据作为基础生产资源的重要地位．

在大数据背景下，基于数据作出科学预测与决策的理念深入人心．无论是推进政府数据开放共享，提升社会数据资源价值，培育数字经济新产业、新业态和新模式，支持构建农业、工业、交通、教育、安防、城市管理、公共资源交易等领域的数据开发利用，还是加强数据资源整合和安全保护，都离不开大数据理论的发展、大数据方法和技术的进步以及大数据在实际应用领域的扩展．在学科发展上，大数据促进了统计学、计算机和实际领域问题的紧密结合，催生了数据科学学科的建立和发展．

为了系统培养社会急需的具备大数据处理及分析能力的高级复合型人才，2016 年教育部首次在本科专业目录中增设 "数据科学与大数据技术"．截至 2020 年，开设数据科学与大数据技术本科专业的高校已突破 600 所．在迅速增加的人才培养需求下，亟须梳理数据科学与大数据技术的知识体系，包括大数据处理和不确定性的数学刻画，使用并行式、分布式和能够处理大规模数据的数据科学编程语言和方法，面向数据科学的概率论与数理统计，机器学习与深度学习等各种基础模型和方法，以及在不同的大数据应用场景下生动的实践案例等．

为满足数据人才系统化培养的需要，中国人民大学统计学院联合兄弟院校，基于既往经验与当前探索组织编写了 "数据科学与大数据技术丛书"，包括《数据科学概论》《数据科学概率基础》《数据科学统计基础》《Python 机器学习：原理与实践》《数据科学实践》《数据科学统计计算》《数据科学并行计算》《数据科学优化方法》《深度学习：原理与实践》《数据科学的可视化方法》等. 该套教材努力把握数据科学的统计学与计算机基础，突出数据科学理论和方法的系统性，重视方法应用和实际案例，适用于数据科学专业的教学，也可作为数据科学从业者的参考书.

编委会

前　言

大数据时代对海量数据的处理效率提出了更高的要求，而并行计算正在成为主流的大数据处理方式。全国已有 600 多所高等院校开设数据科学与大数据技术专业，却缺少一套以实用技术为主、系统并且结合主流并行计算软件进行实操讲解的大数据课程教材，这严重制约了数据科学与并行计算知识技能的推广和普及。因此，作者带着推动高等院校大数据应用开发的想法编写了本书。

这是一本专门介绍数据科学与并行计算的图书。全书分为三个部分，共 9 章：第一部分包括第 1 章和第 2 章，介绍并行计算与大数据的基础知识；第二部分包括第 3 章至第 5 章，介绍如何使用 R 语言进行并行计算；第三部分包括第 6 章至第 9 章，介绍如何使用 Python 语言进行并行计算。本书内容丰富，结构清晰，示例完整，适合有一定编程基础的读者。

本书有以下几个特色：

● 通俗地讲解数据科学与并行计算的基本概念、方法和原理，系统地介绍基于典型大数据场景的并行计算解决思路，同时涵盖常用的数据并行计算工具的操作实践，突出以并行计算思维解决大数据场景问题的案例教学。本书致力于系统全面地构建数据科学的基础知识体系，帮助读者领会数据并行计算方法的精髓；层次清晰地介绍不同编程语言和并行计算工具针对不同规模数据集的优缺点，使读者拥有利用并行计算工具解决实际的数据分析问题的能力。

● 采用 Python 和 R 语言等常用的编程语言编写，更能满足数据科学专业学生的诉求，更能反映当今时代发展的要求。

● 在知识讲解过程中穿插大量可直接运行的代码示例和案例数据集，演示了所讲授理论的实际应用，可以帮助读者加深对数据并行计算相关理论的理解与应用。

● 本书所有程序和数据均可在出版社网站下载，具体方式如下：登录中国人民大学出版社官方网站（http://www.crup.com.cn），在检索栏里输入本书书名，进入本书主页，点击资源下载链接，下载相关材料。

本书适合具有计算机基础知识、R 语言和 Python 语言编程基础的统计学、数据科学、人工智能等相关领域本科及以上层次的学生及研究人员学习使用。

　　衷心期望本书能给希望系统学习数据科学并行计算课程的学生与研究人员带来切实的帮助，助力大家更好地学习数据科学并行计算知识并应用到实践中；也衷心期望本书能够成为数据科学并行计算课程的示范教材，在全国统计学、数据科学、人工智能和其他理工科专业领域用于授课并得到推广。

　　限于时间与能力，本书仍有缺憾和不足，希望大家多提宝贵意见，以便不断完善。让我们一起为推动中国数据科学并行计算人才培养与学科建设贡献力量！

白琰冰

目 录

第一部分

数据科学并行计算基础

第1章

并行计算基础知识

内容提要

- ❏ 1.1 什么是并行计算
- ❏ 1.2 并行计算的起源
- ❏ 1.3 有关并行计算的基本概念
- ❏ 1.4 并行计算的性能评价方法
- ❏ 1.5 并行计算的数据分解方法及计算模型

2002 年以来，单核处理器性能的提升速度降至每年大约 20%。由于物理性能上的限制，传统的单核处理器性能的提升速度还在不断下降。这样的发展速度已经很难满足气候模拟、蛋白质折叠等前沿科技对处理器性能的需求。因此，人们将处理器性能提升的重心从开发速度更快的单核处理器芯片，转移到将多个单核处理器放到一个集成电路芯片上。在这一变化过程中，适用于多核处理器系统的并行计算受到人们的关注，并逐渐应用于解决大型科学、工程、商业计算等领域的复杂问题。

近年来，并行计算技术发展迅速，多核处理器成为 PC 计算的标准配置，我们日常使用的计算机性能显著提升。并行计算不再局限于高端应用领域，已经在我们的日常生活、工作领域中发挥巨大的作用。

1.1 什么是并行计算

为了让大家更好地理解并行计算，我们在介绍概念之前先引入一个例子。假设某个面点师准备制作一批面包，加工步骤如下：制作面团，等待面团发酵，对烤箱进行清洗和预热，烤制面包，准备盛放面包的容器，对面包进行装饰点缀，包装。为了完成面包的制作工作，面点师设计了如下三种方案。

方案一：先制作面团，在等待发酵的过程中清洗和预热烤箱，面团发酵完成后进行烤制，在烤制时准备盛放面包的容器，等面包烤制完成后进行装饰点缀和包装。

方案二：先做好全部准备工作，清洗和预热烤箱，准备盛放面包的容器；一切就绪后，制作面团，发酵，等待发酵完成，烤制，装饰点缀，最后包装。

方案三：首先制作面团，发酵；发酵完成之后，急急忙忙清洗和预热烤箱；然后进行烤制，在烤制完成之后，准备盛放面包的容器；最后对面包进行装饰点缀和包装。

可以看出方案一是最省时间的，另外两个方案都浪费了一定的时间。方案一将等待发酵、清洗和预热烤箱以及烤制面包与准备容器同时完成，充分利用了时间，使烤面包这个任务完成得快速高效。我们不妨把烤面包的过程假设为计算机解决一个问题的过程。等待发酵与烤制面包由计算机的处理器 A 完成；清洗和预热烤箱与准备容器由处理器 B 同时完成。同时利用处理器 A 和处理器 B 解决一个问题，就是运用了并行计算的原理（如图 1-1 所示）。

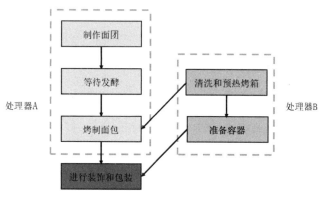

图 1-1　烤面包问题

在介绍并行计算之前，我们首先介绍串行计算，也就是传统的软件计算模式。**串行计算**（serial computing）是指在一个处理器上解决计算问题（如图 1-2 所示），具有下列性质：

- 一个问题被分解为一系列离散指令；
- 这些指令依次执行；
- 所有指令均在一个处理器上执行；
- 在任何时刻最多只执行一个指令。

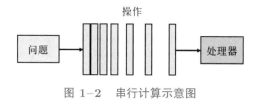

图 1-2　串行计算示意图

根据美国能源部的初始定义，并行计算是指"多个处理单元同时处理单个应用"。在计算机领域，**并行计算**（parallel computing）是指同时利用多种计算机资源来解决计算问题，也就是同时利用多种任务、多条指令，或对多个数据项目进行处理（如图 1-3 所示）。并行计算具有下列性质：

- 一个问题被分解为一系列可以并发进行的离散部分；
- 每个部分可以进一步分解为一系列离散指令；
- 来自每个部分的指令可以在不同的处理器上同时执行；
- 需要一个总体的控制/协作机制来负责对不同部分的执行情况进行调度。

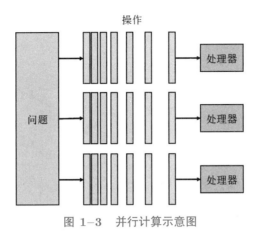

图 1-3　并行计算示意图

1.2 并行计算的起源

1.2.1 为什么要进行并行计算

1. 单核处理器性能的提升达到了极限

20 世纪，计算能力的提高很大程度上依赖于计算机微处理机技术的高速发展。1965 年，高登·摩尔基于观察得出了著名的摩尔定律（如图 1-4 所示）：集成电路上可容纳的晶体管数目每隔 18 个月便会增加一倍，处理器的速度也同时翻一番。其推理基于设备复杂性和时间之间的线性经验关系，是通过观察得到的。摩尔运用这种关系成功推测出，到 1975 年人类可以在单个硅片上集成 65 000 个组件，所占面积仅是 1 平方英尺的 1/4。随着技术的发展，摩尔定律阐述的经验关系被证明不论对微处理器还是对 DRAMS 都是有效的。它所阐述的趋势也一直延续至今。

然而在各个领域要求计算机性能快速提升的背景下，摩尔定律的极限性在过去几年引发了广泛的讨论。因为处理器性能的提升很大程度上依赖于单核处理器日益增加的集成电路晶体管的密度，随着晶体管尺寸的减小，晶体管的传输速度变快，集成电路整体的速度也变快。但是，随着晶体管速度的加快，其耗能也相应增加。大多数能量以热能的形式消耗，这导致硅片的差错增加，也就是电路不再可靠。21 世纪初期，用空气冷却的集成电路的散热能力达到极限，这意味着单核处理器性能难以继续高速提升。与此同时，随着硅片上线路密度的增加，复杂性也呈指数级增加，一旦芯片上的线条宽度达到纳米数量级，相当于几个分子的大小，材料的物理、化学性能都将发生质的变化，导致现行工艺的半导体器件不能正常工作。

由于上述种种限制，2002 年，单核处理器性能提升速度从 50% 下降为 20%。这也就意味着通过单纯提升单核处理器性能来提升总体处理器性能的方法不再可行。

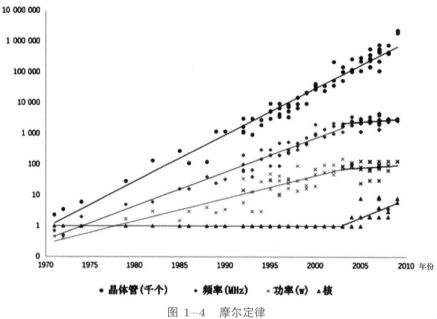

图 1-4　摩尔定律

2. 各种前沿技术对计算机处理技术的需求升级

过去几十年中,各种前沿高科技的发展一定程度上归功于不断提升的计算能力。例如人类基因解码、更精准的医疗成像、更精确的气候模拟、更快速的数据分析,都离不开计算机处理能力的提高。这些科技的进一步发展往往需要计算机处理技术进一步提升。计算机串行计算的处理能力已满足不了这些前沿科技的需求,因此并行计算成为这些技术发展的重要选择。

为更好地理解为什么并行计算在这些领域的发展过程中十分重要,下面举例说明。

● 气候模拟。气候模拟是指在实验室一定的控制条件下模拟自然界的气候状况,通过建立相应的数学模型,在一定初始条件和边界条件下进行数值计算,得到气候及其变化情况的过程(如图 1-5 所示)。模型的建立需要考虑众多因素,包括大气、海洋、陆地、行星以及它们之间的关系等。建立数学模型后,研究不同时间尺度下,气候在这些影响因子作用下发生的变化。

气候模拟系统的描述十分复杂,涉及的变量、数据繁多,普通的串行计算很难满足需求,科学家往往根据实际需求和具体情况进行模式方程的简化和近似,得出各种气候模式。然而想要得到更加精确、全面的结果,仍然需要并行计算发挥作用以提升计算机计算能力。

假设人们需要在范围为 4 000km×4 000km、垂直高度为 10km 的区域进行气候模拟。将这个 4 000km×4 000km×10km 的区域分成 10^{11} 个 0.1km×0.1km×0.1km 的小区域,同时对于每个小区域考虑时间、大气、海洋等因子的影响,将其参数量化,建立相应的模型,模拟 48 小时天气预报。

简单来说,每个小区域的计算包括参数初始化、与其他区域的数据交换及因子的影响参数导致的数据交换。若每个小区域计算的操作指令为 1 000 条,则整个范围一次计算的指令

图 1-5 气候模拟

为 $10^{11} \times 1\,000 = 10^{14}$，两天的计算将近 100 次，因此，指令总数为 10^{16} 条。使用一台 100 亿次/秒的计算机，若采用串行计算，大概需要 280 小时。如果使用一台由 100 个 100 亿次/秒的处理器构成的并行计算机，每个处理器分别处理的区域为 10^9 个，不同处理器通过通信来传输参数，假设每个处理器的计算能力都得到充分利用，那么整个计算时间将不会超过 3 小时。

在实际研究中，往往需要对更大的范围如全球气候系统进行气候模拟，或是需要加入更加复杂、多样化的影响因子，进行更加细致的划分计算等。这些前沿研究需要比上述例子更大的计算量。随着并行计算的不断发展，计算机计算能力的限制不断被突破，结合数值模拟等技术，可以实现更加精确、有效的定量研究。

• 地球能源勘探数据处理。这种技术是通过计算机的计算能力处理较大数据集，进行石油等资源的预测和进一步的能源勘探。这一技术也能对能源蕴藏地的地质等进行有效分析，减少勘探过程中可能存在的地质风险。简单地说，这一技术将能源勘探数据采集设备获取的数据输入系统，经过数据处理，形成相关的高分辨率能源分布图像，最终将图像呈现在显示器上。下面介绍进程并行和线程并行两种方案。两种方案中，无论一个进程还是一个线程，都是一个独立的处理器分配单位，都是一个控制流。

进程并行：这一过程需要多进程数据的输入、数据处理和显示。在输入、数据处理、显示环节均需要一个进程负责，所以需要编写三个 C 程序来负责每一个环节，三个程序并行执行完成系统功能 (如图 1-6 所示)。

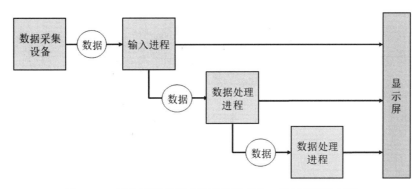

图 1-6 用多进程并行实现数据的输入、数据处理和显示

这种设计方法对计算机的运行系统有较高的要求，因为每个 C 程序所创建的进程只能是它的私有数据。不同进程间的数据不能共享，只能通过进程间的通信（IPC）传输数据。由于能源勘探所涉及的数据量巨大，这一过程对系统的运行速度要求较高。

线程并行：这种方案利用线程并行实现三个控制流，将输入、数据处理、显示环节设计成三个并行的线程，构成一个进程，用一个 C 程序实现（如图 1-7 所示）。在同一个进程中，这三个环节可以共享该进程所定义的数据，不需要在不同进程中传输数据。这就解决了进程并行方案中对系统运行速度要求较高的问题。这也表明线程与线程之间的并行体系能够更好体现系统的并行性，更能提高设备的计算能力。

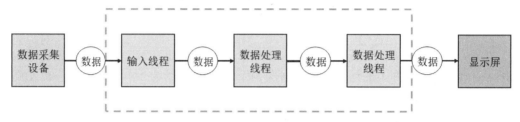

图 1-7　用多线程并行实现数据的输入、处理和显示

与此同时，由于我们生活的真实世界是高度并行的，并行计算更适用于现实世界中复杂现象的建模、理解和分析。并行计算能应用于商业、科学界和工程界、医药研究、国防与武器研发等各个前沿领域。在此我们列举了更多未来并行计算可能涉及的领域，随着并行计算的发展，这些领域或许能获得飞跃性的突破（如图 1-8 所示）。

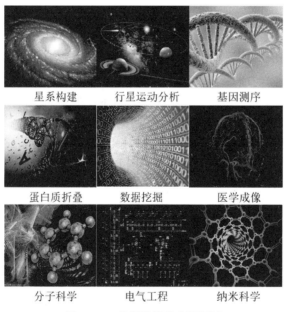

星系构建　　　行星运动分析　　　基因测序

蛋白质折叠　　　数据挖掘　　　医学成像

分子科学　　　电气工程　　　纳米科学

图 1-8　并行计算的应用领域

1.2.2　如何解决大规模数据对计算能力的需求问题

1. 构建并行计算系统

为了更好地解决单核处理器性能的提升达到极限的背景下各种前沿技术对计算机处理技术需求升级这一问题，微处理器制造商决定将产品性能提升的重心从提升单核处理器的性能转移到构建并行系统上来，也就是将多个完整的单核处理器放到一个集成电路芯片上，这样的集成电路称为多核处理器。核也成为中央处理器（CPU）的代名词。在这样的设定下，传统的只有一个 CPU 的处理器称为单核系统。

除了微处理器制造商利用电路将多个单核处理器连接到一起，利用网络连接多个处理器的技术在现今也得到了广泛的应用。这种技术是利用网络连接将多个处理器以一定的方式有序地组织起来。相比于电路连接的单核处理器，这种技术能够更方便地连接几十个、几千个、几万个甚至更多的单核处理器。同时这种技术也更复杂，连接方式涉及网络的互联拓扑、通信协议等，而有序的组织涉及操作系统、中间软件等。这种连接方式可以使系统以更快的速度完成一项大规模的计算任务，其最主要的组成部分是计算机计算节点和节点间的通信和协作机制。**节点**（node）是指一个独立的计算机单元，通常由多个 CPU 处理器/处理内核、内存、网络接口等组成。节点联网在一起构成一个并行计算机系统或超级计算机。并行计算机体系结构的发展主要体现在计算节点性能的提升以及节点间通信技术的改进两方面。

2. 编写并行程序

虽然构建了并行系统，但大多数程序都是串行程序，都是以在单核系统上运行为目的编写的。串行程序在多核系统上也可以运行，但不会因为简单地在所运行的系统上增加更多的处理器而获得更大的性能提升。这是因为串行程序自己不会意识到系统多处理器的存在，它们在一个多处理器系统上运行的性能往往与在多处理器系统中的一个处理器上运行的性能相同。

为了使程序能够在并行系统上更快地运行，需要将串行程序改写成并行程序，或者编写一个翻译程序来自动地将串行程序翻译成并行程序，只有这样才能充分地利用并行系统的性能。然而，研究人员在自动地将串行程序转换为并行程序上鲜有突破，转换后的并行程序在实际运行中非常低效。因此只能通过编写并行程序来达到提高运行速度的目的。

为了编写并行程序，通常将一个问题分成几部分，再分配给各个核。可以并行解决的问题需要具有两个特征：具有内在并行性；任务或数据可以分割。对于简单的问题可以采用简单的分块思维；对于复杂的任务，不容易找出分块的方案，需要采用任务并行、数据并行、流水线并行的并行设计方法来设计程序。任务并行是指将待解决问题所需要执行的各个任务分配给各个核；数据并行是指将待解决问题所需要处理的数据分配给各个核，每个核在分配到的数据集上执行大致相似的操作；流水线并行是指在同一个数据流上同时执行多个程序，后续程序处理的是前面程序处理过的数据流。

　　举例来说，假如一家制造工厂的一个制造车间需要生产 1 000 个精密零件，有 10 名工人在车间工作。每个零件需要经过 10 道工序。为了更好地利用人力资源完成这批零件的制造，员工可能有如下三种制造方案：每个人负责这批零件的一道工序的加工；将这批零件分为 10 组，每个员工负责一组，即 100 个零件；将 10 名工人按照顺序排列，依次执行 10 道工序中的一道工序，处理完之后将零件交给下一道工序，直至这个零件完成加工。

　　这三种方案中，假设每名工人都充当核的角色。第一种方案可以认为是任务并行的例子。有 10 个任务需要执行，即完成加工过程中的第一道工序、第二道工序 …… 第十道工序。当然这些工序可以是不一样的，不同的工人是在执行"不同的指令"。第二种方法可以认为是数据并行的例子。"数据"是制造零件的原材料，在不同的"核"（工人）之间平分，每个核执行大致相同的加工"指令"。第三种方法可以看作流水线并行的例子，每个核运行一个不同的程序，它们共同构成一个完整的处理流程，每个处理器把自己处理完的数据马上传给逻辑上的下一个处理器，形成了处理器间的一个流水线。

　　通过编写并行程序解决的问题往往都比较复杂，这些问题的并行性可能表现为数据并行、任务并行、流水线并行的混合，也就是混合并行。某个问题表现出流水线并行性的程度，通常独立于问题的规模；任务并行性和数据并行性则相反，它们通常会随问题规模的扩大而增加。通常情况下，任务并行性可以用来开发粗粒度①的并行性，数据并行性则用来开发细粒度②的并行性。因此，任务并行和数据并行的组合可以有效地用于开发大量处理器上的并行算法。

1.3　有关并行计算的基本概念

1.3.1　并发计算、分布式计算的概念

　　在了解并发计算、分布式计算的概念之前，先了解一下顺序。顺序是指在一个时间段内只对一项工作进行逻辑执行。即使程序拥有多项工作，程序中包含分支、循环、子程序调用等复杂情况，也不会在一个时间段同时做两项或是更多的工作。因此，无论把这个程序输入多少次，只要给程序相同的输入，控制线路和执行结果都是相同的。

　　并发计算（cocurrent computing）是指一个程序的多个任务在同一时间段内可以同时执行。但从微观上看，这些任务可能并不是始终都在运行，每个工作任务都呈现出走走停停相互交替的状态。如图 1-9 所示，三个任务在一个单核处理器上交替执行。

　　由此可见，并发程序可以轮流使用单个处理器，通过交替执行每一个任务中的某一部分，实现在一个较长的时间间隔内所有的任务都在并行运行中，但在本质上任意时刻都只有一个工作任务在运行。并发计算的一个好处就是，可以利用有限的处理器资源，在某一时间段内可以并行运行超过处理器个数的多项工作任务。所以，无论是单核系统还是多核系统都可以做到并发计算。

---

　　① 在并行计算中，粒度定量地描述了计算与通信的比率。粗粒度表示在通信过程中需要做大量的计算工作。

　　② 细粒度表示在通信过程中需要做的计算工作并不多。

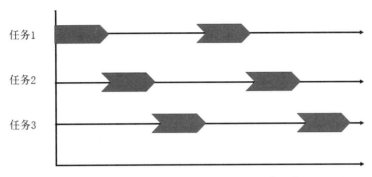

图 1-9　在单个处理器上交替执行三个任务

分布式计算（distributed computing）是指一个程序需要与其他程序协作来解决某个问题。可以说，并行程序和分布式程序都是并发的，但并发程序并不一定都是并行的或是分布式的。因为并行程序或分布式程序要求系统在执行多个工作任务时拥有多核 CPU 体系。这些工作任务在运行过程中，除非有任务提前结束或是延迟启动，否则，在任意一个时间点上总有两个以上的工作任务同时运行（如图 1-10 所示）。这是通过将一个任务分解成多个可并行处理的子任务，然后分配到多个处理器上实现的。这种方法相比于并发计算，可以从本质上提高计算速度。并行计算和分布式计算的区别在于核之间的连接方式不同。并行计算程序往往同时在物理上紧密靠近，或是共享内存，或是在通过高速互联网相互连接的多个核的系统上执行多个任务，这样的连接方式较为紧密。而分布式计算程序往往是在多个计算机上执行，这些计算机之间相隔较远并且任务是由独立建立的程序来完成的，这样的连接是松耦合的。并行计算和分布式计算的区别还体现在任务的独立性上。在并行计算中，任务之间的独立性比较弱，小任务的计算结果会决定最终计算结果；在分布式计算中，任务间独立性强，小任务的计算结果一般不会影响最终计算结果。举例来说，在一个电路连接的多个核的计算上同时运行多个任务是并行的；而网络搜索程序是分布式的。

图 1-10　在多个处理器上同时执行三个任务

1.3.2　核、集群、中央处理器的概念

核（core）是指内核，是前面提到的利用一定工艺加工单晶硅得到的单核芯片。**中央处理器**（central processing unit，CPU）是计算机系统的运行和控制核心，是信息处理、程序运行的最终单元。具体来说，就是从程序或是应用程序中获取指令并执行计算。此过程可分为

三个关键阶段：提取、解码和执行。**集群**（cluster）或计算机集群，是指 1.2.2 节中提到的并行计算系统，是指通过一组松散集成的计算机软件或硬件连接起来的高度紧密工作的计算机系统（如图 1-11 所示）。从意义及目的来看，可以把计算机集群看作一台超级计算机，其中的单个计算机称为节点，通常通过局域网等方式进行连接。

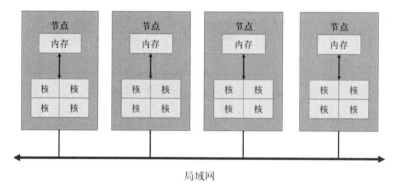

图 1-11　计算机集群示意图

在单核处理器时代，中央处理器通常是计算机中的单个处理单元。之后，多处理器得到发展，也被植入到一个节点中。每个核代替曾经的单核处理器成为独立的处理单元，处理器被设计成多核处理器。每个中央处理器往往有多个内核，而一个节点上有多个多核处理器以及相应的内存等，最终数十个、数百个、数千个甚至更多的节点通过局域网等方式连接构成集群，实现每个核、中央处理器以及节点的处理能力的重复利用（如图 1-12 所示）。

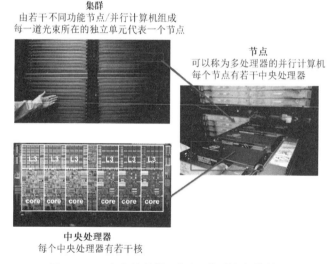

图 1-12　中央处理器、节点、集群之间的关系

1.3.3　集群计算、对等计算、网格计算、云计算和普适计算的概念

集群计算（cluster computing）是指计算机集群将一组松散集成的计算机软件和硬件连接起来高度紧密地协作完成计算任务。这样的系统可以在低成本下提升服务器的性能，发挥

更大的价值；可以提高扩展性，当服务器性能不符合需求时，不需要像常规的办法一样更换性能更好的服务器，只需要将新服务器加入集群中，即可提升整体性能；可以提高可靠性，系统在发生故障时可以继续工作。而且在一般情况下，集群计算机比单个计算机或者超级计算机的性价比要高得多。

根据组成集群系统的计算机之间体系结构是否相同，集群可分为同构与异构两种。集群按功能和结构可以分为：高可用性集群（high-availability (HA) clusters）、负载均衡集群（loadbalancing clusters）、高性能计算集群（high-performance (HP) clusters）。

高可用性集群是指当集群中某个节点出现问题，如系统发生故障导致节点失效时，失效节点上的任务会被自动转移到其他能够正常工作的节点上。也指可以将集群中某个节点进行离线维护后再上线，该过程并不影响整个集群的运行。这也体现了集群计算拥有很高的可靠性。

负载均衡集群有时也称服务器群（server farm），是指负载均衡将任务比较均匀地分布到集群环境下的计算和网络资源，以提高数据的吞吐量。负载均衡集群运行时，通过一个或多个前端负载均衡器将工作负载分发到后端的一组服务器上，实现整个系统的高性能和高可用性。高可用性集群和负载均衡集群一般会使用类似的技术，或同时具有高可用性与负载均衡的特点。

高性能计算集群是指将计算任务分配到集群的不同节点上以提高计算能力，主要应用在科学计算领域。比较流行的高性能计算集群采用 Linux 操作系统和其他一些免费软件来完成并行计算。这一集群配置通常称为 Beowulf 集群。这类集群通常运行特定的程序以发挥并行能力。这类程序一般应用特定的运行库，比如专为科学计算设计的 MPI 库。高性能计算集群特别适合各计算节点之间发生大量数据通信的计算作业，比如涉及一个节点的中间结果或影响到其他节点计算结果的情况。

集群计算的优点在于：

- 容易管理；
- 作为单一系统提供服务；
- 高度的可用性（可靠性强）；
- 性价比较高。

集群计算的缺点在于：

- 可编程问题；
- 排错难度大；
- 非专业人员使用难度大。

在此介绍一下集群计算和分布式计算的异同。两者的共同点在于都是依靠很多节点服务器通过网络协同工作完成整体的任务目标。当然两种计算有很大的交集。两者的区别在于：集群计算强调计算资源是在一系列高性能计算设备组成的集群上；分布式计算强调计算资源是分布的。也有观点认为两者的区别主要在于：在集群计算中，相当于多个系统完成相同的任务；在分布式计算中，多个系统完成不同的任务。分布式计算的主要任务是将任务分解，然后将子任务分配到不同的系统上执行。在分布式计算中，执行不同任务的节点是协同工作的，存在依赖的关系。在集群计算中，多个节点执行的是相同的任务，互不干扰。

对等计算（peer-to-peer（P2P）computing）是指网络的参与者共享一部分硬件资源（处

理能力、存储能力、网络连接能力、打印机等），这些共享资源通过网络提供服务和内容，能被其他对等节点直接访问而无须经过中间实体（如图 1-13 所示）。每台计算机实际上可能同时扮演了服务器和客户机的角色，能够有效减小传统服务器的压力，这些服务器可以更加有效地执行其专属任务。

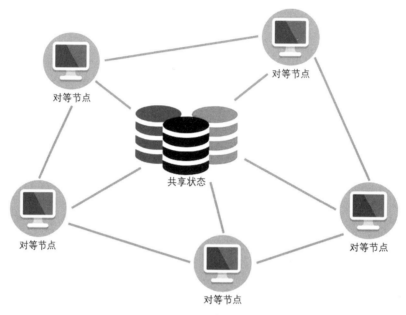

图 1-13　对等计算示意图

对等计算也可以与分布式计算相结合，利用对等计算模式的分布式计算技术，可以将网络上成千上万台计算机连接在一起共同完成极其复杂的计算。成千上万台桌面 PC 和工作站集结在一起的计算能力是非常强大的，这些计算机所形成的"虚拟超级电脑"所能达到的计算能力甚至是现有的单个大型超级电脑所无法达到的。也可以建立分布式非结构化 P2P 网络，省略中心处理器，适用于规模较小的网络。

客观地说，这种计算模式并不是什么新技术，20 世纪 70 年代网络产生以来就存在，只不过当时的网络带宽和传播速度限制了这种计算模式的发展。90 年代末，随着高速互联网的普及、个人计算机计算和存储能力的提升，P2P 技术重新登上历史舞台并且掀起一场技术革命。许多基于 P2P 技术的杀手级应用应运而生，给人们的生活带来了极大的便利。

P2P 技术的特点体现在以下几个方面：

● 非中心化。网络中的资源和服务分散在所有节点上，信息的传输和服务的实现都直接在节点之间进行，无须中间环节和服务器的介入，避免了可能的瓶颈。P2P 的非中心化基本特点带来可扩展性、健壮性等方面的优势。

可扩展性。在 P2P 网络中，随着用户的加入，不仅服务的需求增加了，系统整体的资源和服务能力也在同步扩充，能比较容易地满足用户的需求。理论上其可扩展性几乎可以认为是无限的。例如：在传统的通过 FTP 文件下载的方式中，下载用户增加，下载速度会变慢，而 P2P 网络正好相反，加入的用户越多，提供的资源就越多，下载的速度也越快。

健壮性。P2P 架构天生具有耐攻击、高容错的优点。由于服务分散在各个节点之间，部分节点或网络遭到破坏对其他部分的影响很小。P2P 网络一般在部分节点失效时能够自动调整整体拓扑,保持其他节点的连通性。P2P 网络通常以自组织的方式建立,并允许节点自由地加入和离开。

• 高性价比。性能优势是 P2P 被广泛关注的一个重要原因。随着硬件技术的发展,个人计算机的计算和存储能力以及网络带宽等性能依照摩尔定律高速增长。采用 P2P 架构可以有效地利用互联网中散布的大量普通节点,将计算任务或存储资料分布到所有节点上。利用其中闲置的计算能力或存储空间,达到高性能计算和海量存储的目的。目前,P2P 的此类应用多集中在学术研究方面,一旦技术成熟,在工业领域推广,就可以为企业节省购买大型服务器的成本。

• 隐私保护。在 P2P 网络中,由于信息的传输分散在各节点之间而无须经过某个集中环节,用户的隐私被窃听和泄露的可能性大大减小。此外,目前解决互联网隐私问题主要采用中继转发的技术方法,将通信的参与者隐藏在众多的网络实体之中。在传统的一些匿名通信系统中,实现这一机制依赖于中继服务器节点。而在 P2P 中,所有参与者都可以提供中继转发的功能,大大提高了匿名通信的灵活性和可靠性,能够为用户提供更好的隐私保护。

• 负载均衡。P2P 网络环境下,每个节点既是服务器又是客户机,减少了对传统 C/S 结构服务器计算能力、存储能力的要求,同时资源分布在多个节点,更好地实现了整个网络的负载均衡。

与传统的分布式系统相比,P2P 技术具有无可比拟的优势。同时,P2P 技术具有广阔的应用前景。互联网上 P2P 应用软件层出不穷,用户数量急剧增加。下面列举了一些应用:

• 文件内容共享和下载,例如 Napster、Gnutella、eDonkey、eMule、Maze、BT 等;
• 计算能力和存储共享,例如 SETI@home、Avaki、Popular Power 等;
• 基于 P2P 技术的协同与服务共享平台,例如 JXTA、Magi、Groove 等;
• 即时通信工具,包括 ICQ、QQ、Yahoo Messenger、MSN Messenger 等;
• P2P 通信与信息共享,例如 Skype、Crowds、Onion Routing 等;
• 基于 P2P 技术的网络电视,例如沸点、PPStream、PPLive、QQLive、SopCast 等。

网格计算 (grid computing) 是将资源从多个站点隔离开来,具体是将一个需要非常巨大的计算能力才能解决的问题分成许多小的部分,然后分配给许多计算机处理,最终解决单个计算机无法解决的问题 (如图 1–14 所示)。从定义看,网格计算是分布式计算的一种,也是与集群计算非常相关的技术。分布式计算可以看作将计算资源分配给松散连接的多个计算机,而网格计算的实质就是组合与共享资源并确保系统安全以及向各种使用者提供服务。

网格计算的优点在于:

• 可以获取更多资源。除了 CPU 和存储资源之外,网格还可以提供其他资源。
• 资源平衡。网格将大量系统合并到单个系统映像中。对于启用网格的应用程序,网格通过在利用率较低的机器上调度网格作业来实现资源平衡。
• 可信赖性强。系统价格低廉,且地理位置分散。

网格计算的缺点在于:

• 不稳定。与其他计算相比,网格软件和标准并不稳定。它的标准仍在不断演变。
• 较高成本的网络连接需求。从地理上分散的地点收集和聚集各种资源需要高速互联网连接,这导致高货币成本。

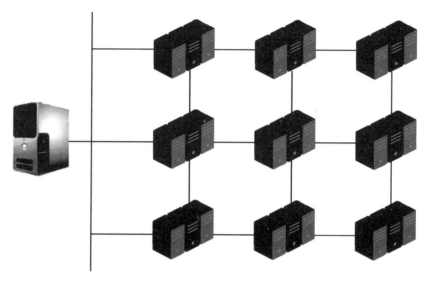

图 1–14 网格计算示意图

● 不同管理员域名问题。有时需要一些额外的工具来正确地同步和管理不同的环节。

云计算（cloud computing）是分布式计算的一种，是分布式计算、并行计算和网格计算的发展，或者说是这些概念的商业实现（如图 1–15 所示）。通过网络云将巨大的数据计算处理程序分解成无数个小程序，然后由多个服务器组成的系统处理和分析这些小程序得到的结果并返回给用户。云计算不仅包括分布式计算，还包括分布式储存、分布式缓存。分布式存储又包括分布式文件存储和分布式数据存储。

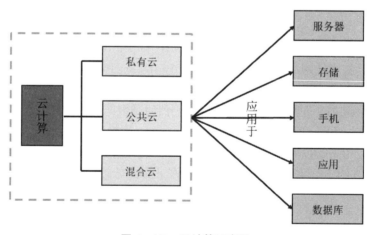

图 1–15 云计算示意图

从广义上说，云计算是与信息技术、软件、互联网相关的一种服务，即提供一种大的可动态伸缩的虚拟资源池作为随需求应变的服务。这个资源池把许多计算资源集合起来，通过软件实现自动化管理，只需要很少的人，就能快速提供资源。也就是说，计算能力作为一种商品，可以在互联网上流通，就像水、电、煤气一样，可以方便地取用，且价格较为低廉。

云计算的优点在于：

● 共享资源。通过共享资源，云计算可以为多个用户提供服务；也可以很容易地提供设施，比如按需扩大和缩减资源。

● 即付即用。用户只需要为他们所使用的资源付费。

● 更好的硬件管理。提供商很容易管理硬件，因为所有计算机运行相同的硬件。

● 节省用户的资本支出和运营成本。新技术发展非常迅速，组织可使用新技术来满足需求。

云计算的缺点在于：

● 可靠性较低。这是因为多个用户共享资源，有可能存在一个组织的数据与另一个组织的数据混合的情况。

● 较高的网络连接需求。用户需要高速的互联网连接。网络的不可用将导致数据的不可用。

● 非互操作性。如果用户将数据存储在一个云中，那么以后他就不能将数据转移给另一个云服务提供商，因为基于云的系统之间不具有互操作性。

集群计算、网格计算和云计算这三个概念比较容易混淆，表1-1列出了它们的一些区别。

表 1-1　集群计算、网格计算和云计算的区别

集群计算	网格计算	云计算
1. 紧密耦合的系统 2. 单一系统映像 3. 集中式作业管理 　与调度	1. 松耦合的连接 2. 多样性和动态性 3. 分布式作业管理和调度	1. 动态计算基础设施 2. 以服务为中心的 IT 途径 3. 基于自助服务的使用模型 4. 微型或自服务平台 5. 基于消费账单
一组类似 (或相同) 的计算机在本地连接起来 (在相同的地理位置，高速直接连接)，作为一台计算机运行	计算机不必位于相同的地理位置，可以独立运行。网格上的每台计算机都是不同的	计算机不需要在相同的地理位置
计算机拥有相同的硬件和 OS	计算机是网格的一部分，能运行不同的操作系统以及装备不同的硬件	内存、存储设备和网络通信由基本物理云单元操作系统管理。Linux 等开源软件可以支持基本的物理单元管理和虚拟化计算
所有节点构成一个系统	每个节点都是自主的	每个节点都独立运行

普适计算（ubiquitous computing）指的是计算机在任意一个地方都可以存在，都可以随时随地进行计算的一种方式。在普通计算环境中，无论何时何地，都可以通过某种设备访问所需的信息。

在普适计算时代，计算机大多不以单独的计算设备的形式出现，而是将嵌入式处理器、存储器、通信模块和传感器集成在一起，以信息设备的形式出现。这些信息设备集计算、通信、传感功能于一身，能方便地与各种设备（包括日常用品）结合在一起。不仅如此，信息设备还可以低成本地与互联网连接，并按照用户的个性化需求进行定制，以嵌入式产品的方式呈现在人们的工作和生活中。这些产品可以是手持的，或者是可穿戴的，甚至是以与人们日常生活中接触的器具融合在一起的多种形式体现。结果是，由通信和计算机构成的信息空

间与人们生活和工作的物理空间融为一体。

普适计算的实现依赖于物联网基础设施的构建,物联网通过部署各种感知设备(如传感器、电子标签等)来获取环境信息,通过通信模块实现信息的传递;普适计算通过通信模块主动发现可以通信的设备,主动交换信息,来实现信息的获取和共享。普适计算更强调设备与设备之间通信的主动性,物联网则更强调对周围环境的感知,二者是对同一系统不同层次的重点研究。

1.3.4 并行计算中的常用术语

任务(task)通常是指一个逻辑上离散的计算工作部分。一个任务通常是一段程序或者一段类似于程序的指令集合,可以由一个处理器进行处理。一个并行程序通常由多个任务构成,可以在多个处理器上运行。

流水线(pipelining)可以将任务分解成不同的步骤,由不同的处理单元完成,里面有输入流通过。这类似于一个装配线,属于一种类型的并行计算。

从严格的硬件角度来讲,**共享内存**(shared memory)描述了一种计算机架构,其中所有的处理器都可以对共同的物理内存进行直接存取(通常是通过总线)。从编程的角度来讲,共享内存描述了一种模型,其中所有的并行任务都具有同一内存形态,并且都可以直接对同一内存区域进行直接定位和存取。共享内存结构示意图见图1-16(a)。

对称多处理器(symmertric multi-processor,SMP)属于共享内存的一种硬件架构,不同的处理器对内存以及其他资源有同等的访问权限,即多个 CPU 之间没有区别。

分布式内存(distributed memory)在硬件中表示基于网络的内存存取方式;在编程模型中表示任务仅仅能够从逻辑上"看到"本机上的内存,但是在其他任务执行的时候,必须通过通信才能对机器上的内存进行存取。分布式内存结构示意图见图1-16(b)。

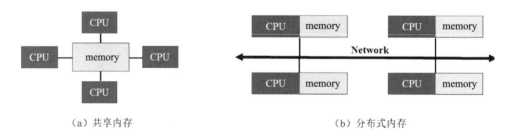

(a) 共享内存   (b) 分布式内存

图 1-16 共享内存与分布式内存结构示意图

并行任务通常需要进行数据交换。实现数据交换的方式有多种,例如通过共享内存或者网络。但是通常意义上,数据交换指的就是**通信**(communication),而无论其实现方式。

同步(synchronization)指的是并行任务之间的实时协调,通常伴随着通信。同步通常由在程序中设立同步点来实现,也就是说,在其他任务没有执行到这一同步点的时候,某一任务不能进一步执行后面的指令。同步通常需要等待其他任务的完成,因此有时候会增加并行程序的执行时间。

并行开销(parallel overhead)指的是相对于实际计算,协调并行任务所需花费的时间总数。影响并行开销的因素主要包括:

- 任务启动时间；
- 同步；
- 数据通信；
- 由并行语言、链接库、操作系统等因素导致的软件开销；
- 任务终止时间。

大规模并行（massive parallel）指那些包含并行系统的硬件拥有很多的处理单元。处理单元的数量可能会随着硬件条件的改善而不断增加。

易并行（embarrassingly parallel）指的是同时解决很多类似而又独立的任务，任务之间几乎不需要协调。

可扩展性（scalability）指的是一个并行系统（硬件/软件）的能力，具体表现在增加更多资源的同时，并行程序会成比例地加速。可扩展性的影响因素包括：

- 硬件，尤其是内存、处理器带宽以及网络通信的质量和速度；
- 应用算法；
- 相对并行开销；
- 具体应用的特征。

图形处理单元（graphics processing unit，GPU）是专门用于绘制图像和处理图元数据的特定芯片，后来逐渐加入了很多其他功能。GPU 的特色是具有高度并行化的结构，可以高效处理大规模并行化数据集。这一特征与图形硬件性能的快速提升、高效编程结合在一起。这使得科学界开始关注 GPU，考虑其渲染以外的功能。

现代 GPU 除了绘制图形之外，还具有很多额外的功能。

- 构建物理模型。GPU 硬件集成的物理引擎（PhysX、Havok）为游戏、电影、教育、科学模拟等领域提供了成百上千倍性能的物理模拟，使以前需要长时间计算的物理模拟得以实时呈现。
- 海量计算。计算着色器及流输出的出现，使各种可以并行计算的海量需求得以满足，CUDA 就是最好的例证。
- AI 运算。近年来，人工智能的崛起推动 GPU 集成 AI Core 运算单元，反哺 AI 运算能力的提升，令各行各业计算能力提升。
- 其他计算。音视频编解码、加解密、科学计算、离线渲染等都离不开现代 GPU 的并行计算能力和海量吞吐能力的提升。

消息传递系统（message-passing system）是具有分布式内存的系统，由多台机器组成，就像一个工作站网络，每个工作站都有自己的内存。一个进程不能访问另一个进程的内存，进程通过相互发送消息进行通信。消息传递系统的优点是可以运行在分布式内存和共享内存系统上，这使得应用程序独立于底层硬件。

1.4　并行计算的性能评价方法

在了解并行计算的性能评价之前，先介绍一下并行计算的效率。采用并行计算的目的是加快算法，希望计算的速度远远快于简单利用单线程程序进行串行计算的速度。为此，我们往往需要使用成千上万的计算核心、太字节内存、拍字节存储器以及支持管理基础设施来实现并行计算。

采用并行计算还可提高整体吞吐量。在运行一个模拟程序并估算一个输入数据的宽谱方差时，一个大规模的 n 台处理器集群可以同时执行 n 个不同的计算模拟程序。每个模拟程序是彼此完全独立的，每个模拟程序的运行没有额外的管理和共享状态的开销。这种形式的并行问题通常指的是朴素并行，其中工作量简单地分配给完全独立的处理器代理。

为了评价并行计算的效率，我们引入了一些评价方法，其中比较并行程序和串行程序执行效率很重要。使用最简单且最广泛的评价指标就是**加速比**（SpeedUp），即串行程序执行时间与并行程序执行时间的比值：

$$SpeedUp = \frac{T_{\text{serial}}}{T_{\text{parallel}}}$$

并行效率（parallel efficiency）是指加速比与所用处理器个数 N 之比，表示在执行并行计算算法时，平均每个处理器的执行效率。

$$E = \frac{SpeedUp}{N} \times 100\%$$

当增加并行程序数量时，并行程序执行的时间 T_{parallel} 将减少，加速比将提高。假如最优的串行实现等效于单个处理器上的并行实现，在其缩放（即展现完美并行度）时没有开销，在这种情况下并行效率可看作 1，则可以将 T_{parallel} 定义为 T_{serial} 的等价除以并行度 N，此时 N 也可表示该并行计算的加速比，如下所示：

$$完美并行度: T_{\text{parallel}_N} = \frac{T_{\text{parallel}_1}}{N}$$

通常，在串行计算的基础上通过并行化来提高其性能。这是一个粗略的简化，对于特定输入的给定算法的执行，有一个非并行组件和一个并行组件，如下所示：

$$总时间: T_{\text{overall}_N} = T_{\text{non-parallel}} + T_{\text{parallel}_N}$$

可以看出，算法的整体执行时间是非并行组件的执行时间加上并行组件的执行时间之和。因此，可以通过添加更多的并行处理单元来减少并行组件所花费的时间。添加尽可能多的并行处理单元之后，整体的执行时间将以非并行组件执行时间为主。

任何可测量的非并行组件的执行时间从根本上限制了算法的整体可扩展性。例如，假设两个组件在单处理器上运行，非并行组件在并行组件整体执行 10% 后开始运行。假设并行程序部分完美执行，使用 10 个中央处理器重新执行非并行组件，将立即使非并行组件的执行时间减少 53%。增加并行组件到 100 个处理器时速度可能提高 10 倍，然而，由于非并行组件的执行时间相对占优势，所以即使有 1 000 个或者更多的处理器，整体的执行速度只能提高两倍，无法展现出进一步改进的意义。

可以根据**阿姆达尔定律**（Amdahl's law）用另一种方法表示加速比公式。它适用于表示固定计算负载的情况下 N 个处理器实现的最大加速比，设 f 为给定计算任务中必须串行执行的部分所占的比例（$0 \leqslant f \leqslant 1$），对于一个有 p 个处理器的并行计算机，其最大的加速比可表示为：

$$SpeedUp = \frac{1}{f + (1-f)/N}$$

由阿姆达尔定律也可看出，即使采用了成千上万的处理器（N）来提升并行组件的速度，最大的加速比仍然受到串行执行部分所占比例的影响，最大的加速比为 $\frac{1}{f}$。因此，根据单个并行程序运行时，可以确定其最大的可扩展性，也就是最大的加速比（如图 1-17 所示），从而选择性价比和效率更高的组合来完成工作。

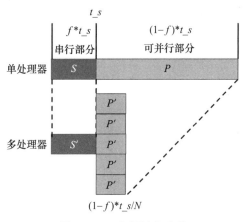

图 1-17 阿姆达尔定律

1.5 并行计算的数据分解方法及计算模型

本节介绍并行计算的数据分解方法和常用模型。

1.5.1 分解问题为独立块

如何将计算问题分割成可以并行的独立块？下面介绍两种方法：
- 按可独立执行的不同任务对计算问题进行划分。比如在建一座房子时有许多任务可独立执行，如铺设管道和安装窗户。对于建模领域的人口模型，其出生子模型、死亡子模型和迁移子模型可以独立建模，从而把人口模型划分为可独立执行的任务（如图 1-18 所示）。
- 根据数据来划分计算问题，这种情况下会对不同的数据块执行相同的任务。还是以建房子为例，对不同的窗户执行相同的任务——安装（如图 1-18 所示）。在计算矩阵的每一行的和时，可以在不同的数据（即行）上执行相同的任务（即求和）。

总之，如果按任务划分问题，则对相同或不同的数据应用不同的任务；如果按数据划分问题，则对不同的数据执行相同的任务。后一种划分方式更常见，也是本书的重点。

下面是一个按数据划分的例子。

假设有一个操作序列 $1+2+3+\cdots+100$，可以把它分成多个部分和，再对每个部分和求和。由于每个部分和作用在序列的子集上，并且子集相互独立，因此在数据的不同部分执行相同的任务——求和。

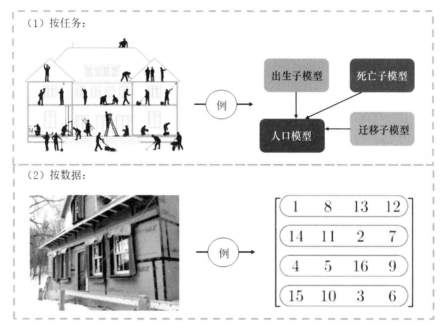

图 1-18   计算问题的分解方法

如果有大量的独立任务，并且它们的通信需求很低或根本不需要通信，那么这样的程序通常会认为是易并行（embarrassingly parallel）程序，这意味着并行化的容易程度令人尴尬。

有许多统计模拟都属于这一类，它们通常具有以下结构，用伪代码表示。

```
initialize.rng()
for(it in 1:N) result[it] <- myfunc(...)
process(result, ...)
```

● 首先，初始化一个随机数生成器。

● 然后建立一个 for 循环，在不同的数据上调用相同的函数（这里是 myfunc()）。通常数据可以根据某种概率分布生成，也可以是大数据集的一个子集，在迭代后组合结果。

● 最后处理结果，例如写入磁盘或进行可视化。

1.5.2   并行计算模型

在了解如何将计算问题分解为独立块后，下面介绍两种并行计算模型，一种是 map-reduce 模型，另一种是 master-worker 模型，有时也称为 master-slave 模型。

● map-reduce 模型。在开发通用程序的需求下，map-reduce 模型应运而生，除了可以处理单台机器上的数据，它还可以处理分布式数据，即物理上分布在不同设备上的数据。Hadoop 和 Spark 是 map-reduce 模型中的领头羊，它们的 logo 如图 1-19 所示。

● master-worker 模型。master-worker 模型很简单，但功能非常强大。前述易并行的伪代码中对 myfunc() 的 N 次调用都可以并行运行。但现实中 N 常常比可用处理器的数量大得多，master-worker 模型可以解决这个问题。master-worker 模型中有一个 master 进程，它创

图 1–19　Hadoop 和 Spark 的 logo

建一组 worker 进程并在它们之间分配任务，worker 执行任务并将结果返回给 master，master 再进行最后的处理。master-worker 模型非常适合易并行程序（如图 1–20 所示）。

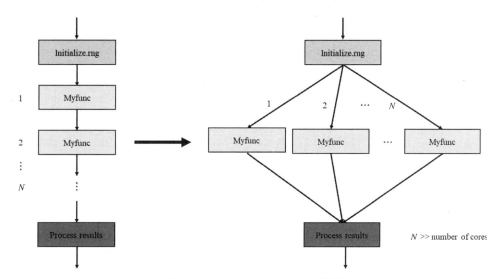

图 1–20　master-worker 模型

习题

1. 并行计算的主要性质是什么? 与串行计算的区别有哪些?

2. 并行计算、并发计算、分布式计算的区别有哪些? 查阅相关资料，举出三种计算实际应用的例子。

3. 解释什么是核、集群、中央处理器，并说明它们之间的关系。

4. 查阅相关资料，阐述集群计算、对等计算、网格计算、云计算和普适计算的区别和联系。

5. 易并行有什么特点? 举出现实应用中易并行的例子。

6. 阿姆达尔定律的内容是什么?

7. 结合本章所介绍的内容和其他资料，解释如何将计算问题分割成并行的独立块。

第 2 章

大数据基础知识

内容提要

- 2.1 大数据简介
- 2.2 Hadoop 和 Spark 基础知识
- 2.3 在阿里云服务器安装和配置 Hadoop 和 Spark
- 2.4 Linux 基础知识

2.1 大数据简介

2.1.1 什么是大数据

大数据是一个术语，是传统数据处理软件难以处理的复杂数据集，大数据应用是热点研究问题。这不是大数据的唯一定义，因为项目各方、供应商、从业者和专业人员使用它的方式各异。大数据的核心是数据存储与管理、数据处理与分析，可以归结为分布式存储和分布式处理。Spark 和 Hadoop 都是处理分布式计算问题的大数据处理系统。Spark 于 2009 年开始发展，2015 年之后如日中天。

2.1.2 大数据的 3 个 V

大数据的 3 个 V 是指：

- 体量（volume），即数据的大小；
- 多样性（variety），即不同的来源和格式；
- 速度（velocity），即数据的速度。

图 2–1 直观展示了 3V 的含义。

图 2-1　大数据 3V

2.1.3　大数据相关概念和术语

下面是有关大数据的概念和术语：
- 集群计算。
- 并行计算。
- 分布式计算。
- 批处理。将作业拆分成小块，在单独的机器上运行。海量数据一次性解决，Spark、MapReduce 都是面向批处理的，一般需要数十分钟到数小时。流计算与批处理相对，数据时效性高，需要实时处理，给出实时响应，否则分析结果失去商业价值。storm 等产品都是流处理，一般需要数百毫秒到数秒。
- 实时处理。数据的即时处理。

2.1.4　大数据处理系统

大数据处理系统有 Hadoop MapReduce 和 Spark 两种。
- Hadoop MapReduce 是可扩展和容错的框架，以 Java 编写，是开源的且采用成批处理方式。
- Spark 是通用快速集群计算系统，也是开源的，兼具批处理和实时数据处理功能。

Spark 拥有 MapReduce 所具有的优点，但不同于 MapReduce 的是，Job 中间输出结果可以保存在内存中，不再需要读写 HDFS，因此 Spark 能更好地适用于数据挖掘与机器学习等需要迭代的 MapReduce 的算法。

2.1.5　Spark 框架的特性

Spark 框架的特性包括以下几个方面：
- 分布式集群计算框架。Spark 将数据和计算分布在执行复杂的多阶段应用程序 (如机器学习) 的多台计算机上。

● 大数据集的高效内存计算。Spark 在内存中运行大多数计算，为交互式数据挖掘等应用程序提供了更好的性能。

● 闪电快速数据处理框架。Spark 可以使应用程序在内存中的运行速度提高 100 倍，在磁盘上的运行速度提高 10 倍。

● 提供对 Java、Scala、Python、R 和 SQL 的支持。Spark 主要用 Scala 语言编写（Scala 更高效），也支持 Java、Python、R 和 SQL。

2.1.6　Spark 生态

Spark 是 MapReduce 的强大替代品，具有丰富的特性，如机器学习、实时流处理和图形计算。Spark Core 是 Spark 生态系统的中心，包含了 Spark 的基本功能。Spark 的其他库都是在 Spark Core 之上构建的（如图 2-2 所示）。Spark SQL 是一个用 Python、Java 和 Scala 处理结构化和半结构化数据的库。MLlib 是一个通用机器学习算法库。GraphX 是操作图形和执行并行图形计算的算法和工具的集合。Spark Streaming 是一个可伸缩的、高吞吐量的实时数据处理库。本书重点介绍 Spark SQL 和 MLlib。

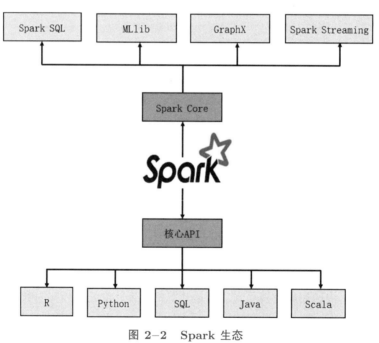

图 2-2　Spark 生态

2.1.7　Spark 部署方式

Spark 部署方式包括两种：
● 本地模式。使用单个机器，如笔记本电脑。本地模式便于测试、调试和演示。
● 集群模式。使用一组预先定义的机器。集群模式有利于生产。

2.2　Hadoop 和 Spark 基础知识

2.2.1　什么是 Hadoop

Hadoop 是 Apache 软件基金会研发的一种开源、可靠性高、伸缩性强的分布式计算系统，主要用于对海量数据（大于 1TB）的处理。Hadoop 采用 Java 语言开发，是对 Google 的 MapReduce 核心技术的开源实现。目前 Hadoop 的核心模块包括 HDFS（Hadoop Distributed File System，Hadoop 分布式文件系统）和分布式计算框架 MapReduce，这一结构实现了计算和存储的高度耦合，有利于面向数据的系统构架，已成为大数据技术领域的标准。Apache Hadoop 软件库是一个允许使用简单编程模型跨计算机集群处理大型数据集合的框架，其设计的初衷是将单个服务器扩展成上千个机器组成的一个集群为大数据提供计算服务，其中每个机器都提供本地计算和存储服务。

2.2.2　Spark 产生的背景

Hadoop 和 Spark 之间是什么关系？这就要从 Hadoop 的 MapReduce 编程框架说起。如果说 MapReduce 是第一代计算引擎，那么 Spark 就是第二代计算引擎。MapReduce 将复杂的并行计算过程高度地抽象为两个函数：Map 函数和 Reduce 函数。MapReduce 的核心是"分而治之"策略。数据在 MapReduce 的生命周期中需要经过六大洗礼，分别是：输入、切分、转换、洗牌、合并和输出。MapReduce 框架采用 Master/Slave 架构，一个 Master 对应多个 Slave，Master 充当一个管理者，负责客户端提交的任务能够由手下的 Slave 执行完成。而 Slave 充当普通员工，执行的任务分为 Map 任务（切分和转换）和 Reduce 任务（洗牌和合并）。MapReduce 框架如图 2-3 所示。

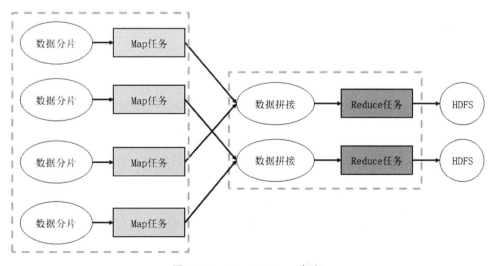

图 2-3　MapReduce 框架

MapReduce 对于普通的非科班数据分析人员来说存在如下局限性：

● 抽象层次低，具体的 Map 和 Reduce 实现起来代码量大，数据挖掘算法中复杂的分析需要大量的 Job 来支持，而 Job 之间的依赖需要开发者定义，导致开发的难度大，代码的可读性不强。

● 中间结果也存放在 HDFS 文件系统中，导致中间结果不能复用（需要重新从磁盘中读取），不适宜数据挖掘算法中的大量迭代操作，Reduce 任务需要等待所有的 Map 任务执行完毕才可以开始。

● 只适合批处理场景，不支持交互式查询和数据的实时处理。

由此可见，传统的 MapReduce 框架存在很大的问题。通常意义上的 Hadoop 往往指 Hadoop 生态圈，意味着很多技术对 Hadoop 的局限性进行了改进，从而有了 Pig、Hive 将 SQL 语言翻译成 MapReduce 程序，让我们从烦琐的 MapReduce 程序中解放出来。Pig 这样的类 SQL 语言解决了 MapReduce 中存在的大量手写代码问题，Tez 则消除了 Map 和 Reduce 两个任务之间的屏障，提升了整体的性能，将多个 MapReduce 任务在一个 Tez 任务中处理完。随着大数据处理的应用场景越来越多，人们对 Hadoop 的要求也越来越高，开发出的相应的系统也越来越多，人们迫切需要一个综合的计算框架，Spark 应运而生。让我们看看 Spark 可以干些什么（如表 2-1 所示）。

表 2-1　不同应用场景下 Spark 生态组件与其他框架对比

应用场景	时间跨度	Spark 生态组件	其他框架
批数据处理	小时级	Spark	MapReduce、Hive
历史数据交互式查询	分钟级、秒级	Spark SQL	Impala、Dremel
实时数据流数据处理	毫秒、秒级	Spark Streaming	Storm、S4
历史数据的数据挖掘	—	MLlib	Mahout
图结构数据处理	—	GraphX	Pregel、Hama

2.2.3　Spark 的优点

Hadoop 生态家族这么庞大，为什么要选择 Spark 作为对大数据进行数据分析和数据挖掘的基本计算框架？因为 Spark 有如下优点：

● 速度快。Spark 拥有先进的 DAG 调度器、查询优化器以及物理执行引擎，可高性能地实现批处理和流数据处理。

● 易用性。Spark 提供 80 个以上高级算子，便于执行并行应用，且可以使用 Scala、Python、R 以及 SQL 的 Shell 端交互式运行 Spark 应用。

● 通用性。Spark 拥有一系列库，包括 SQL 和 DataFrame、用于机器学习的 MLlib、支持图计算的 GraphX 以及流计算模块 Streaming。这些库可以在一个应用中同时组合。

● 支持多种模式运行。Spark 可以直接以自身的 standalone 集群模式运行，也可以在亚马逊 EC2 上运行，不过企业级大多用 Hadoop Yarn 模式，当然也有用 Mesos 和 Kubernetes 模式的。可以从 HDFS、Apache Cassandra、Apache HBase 和 Apache Hive 等上百种数据源获取数据。

2.2.4　Spark 的三大概念

为什么 Spark 有上述优点? 这就需要理解 Spark 的三大概念。

● **弹性分布式数据集**(resilient distributed dataset, RDD)。实际上对开发人员而言, 它是以一种对象的形式作为数据存在, 可以理解为一种可以操作的只读的分布式数据集。之所以认为其有弹性, 原因在于: (1) RDD 可以在内存和磁盘存储间手动或自动切换; (2) RDD 拥有 lineage (血统) 信息, 存储着它的父 RDD 以及父子之间的关系, 当数据丢失时, 可通过 lineage 关系重新计算并恢复结果集, 使其具备高容错性; (3) 当血统链太长时, 用户可以建立 checkpoint 将数据存放到磁盘上持久化存储 (建议通过 saveAsTextFile 等方式存储到文件系统), 而 persist 可以将数据存储到内存中用于后续计算的复用; (4) RDD 的数据重新分片可以手动设置。在 Spark 中执行重新分片操作的方法有 repartition 和 coalesce, 这两种方法都是手动设置 RDD 的分区数量, repartition 只是 coalesce 接口中参数 shuffle=true 的实现; 是否重新分区对性能影响比较大, 如果分区数量大, 可以减少每个分区的占存, 减少OOM (内存溢出) 的风险, 但如果分区数量过大同时产生了过多的碎片, 消耗过多的线程去处理数据, 就会浪费计算资源。

● **转换**(transformation)。转换发生在将现有的 RDD 转换成其他的 RDD 时。比如打开一个文件, 然后读取文件内容, 通过 map 方法将字符串类型 RDD 转换成另外一个数组类型 RDD, 这就是一种转换操作, 常用的转换操作有 map、filer、flatMap、union、distinct、groupByKey 等。

● **执行**(action)。执行发生在需要系统返回一个结果时。比如你需要知道 RDD 的第一行数据是什么内容, RDD 一共有多少行, 这样的操作就是一种执行, 常用的执行操作有reduce、collect、count、first、take、saveAsTextFile、foreach 等。有意思的是 Spark 使用 "lazy evaluation", 这意味着执行 transformation 操作的时候实际上系统并没有发生任何操作, 只有在执行 action 操作的时候 Spark 才开始真正从头运行程序, 执行一系列转换并返回结果。因为有了这种惰性求值方式加上 RDD 的血缘依赖关系, 程序在一系列连续的运算中形成了有向无环图 (directed acyclic graph, DAG), DAG 可以优化整个执行计划。

2.2.5　为什么要选择 Spark

选择 Spark 的原因包括以下几点:
● Spark 通过 RDD 的 lineage 血统依赖关系提供了一个完备的数据恢复机制;
● Spark 通过使用 DAG 优化整个计算过程;
● Spark 对 RDD 进行 transformation 和 action 的一系列算子操作, 使得并行计算在粗粒度上就可以简单执行。Spark 生态系统提供了一系列开发包, 使得数据科学家可以执行一系列 SQL、ML、Streaming 以及 Graph 操作, 而且支持很多其他的第三方, 包括交互式框架如 Apache Zeppelin、地理数据可视化框架如 GeoSpark 以及一些比较流行的深度学习框架Sparking-water、Deeplearning4j、SparkNet 等。

2.3　在阿里云服务器安装和配置 Hadoop 和 Spark

关于 Hadoop 和 Spark 的安装使用，本书重点介绍两种最常见的安装方式，一种是针对 Ubuntu 系统，一种是针对 CentOS 系统。本书以阿里云高校计划学生免费试用的云服务器为例。Ubuntu 和 CentOS 是 Linux 的两大操作系统，其中 Ubuntu 应用较为普遍，广泛应用于个人虚拟机和服务器中。在 Hadoop 和 Spark 的安装过程中，Ubuntu 与 CentOS 系统所需要的命令并没有太大区别，只在一些地方存在细微差异，比如 Ubuntu 系统不支持 CentOS 系统的 yum 命令，而是采用 apt-get 命令，因此可以共用一套代码流程。

2.3.1　Hadoop 的安装和配置

1. 准备

首先要完成 Docker 的安装。Docker 是指容器化技术，用于支持创建和实验 Linux Container。借助 Docker，可以将容器当作重量轻、模块化的虚拟机来使用，还可获得高度的灵活性，对容器高效创建、部署和复制，并能将其从一个环境顺利迁移至另一个环境。通过创建不同容器充当不同实体机，可实现分布式集群的搭建。下面分别介绍 Ubuntu 和 CentOS 系统如何安装 Docker。
- Ubuntu 系统安装 Docker。
（1）更新 apt-get 安装包索引。

```
sudo apt-get update
```

（2）安装软件包以允许 apt-get 通过 HTTPS 使用存储库。

```
sudo apt-get install \
    apt-transport-https \
    ca-certificates \
    curl \
    software-properties-common
```

（3）添加 Docker 官方的 GPG 密钥。

```
curl -fsSL https://download.docker.com/linux/ubuntu/gpg | sudo
    apt-key add -
```

（4）输入指令。

```
sudo apt-key fingerprint 0EBFCD88
```

（5）安装最新版的 Docker CE。

```
sudo apt-get install docker-ce
```

（6）启动 Docker。

```
systemctl start docker
```

（7）通过运行 hello-world 镜像验证 Docker CE 已被正确安装。

```
sudo docker run hello-world
```

```
(base) root@iZwz9eptp8xd3w7o6fjq3jZ:~# sudo docker run hello-world
Unable to find image 'hello-world:latest' locally
latest: Pulling from library/hello-world
0e03bdcc26d7: Pull complete
Digest: sha256:31b9c7d48790f0d8c50ab433d9c3b7e17666d6993084c002c2ff1ca09b96391d
Status: Downloaded newer image for hello-world:latest

Hello from Docker!
This message shows that your installation appears to be working correctly.

To generate this message, Docker took the following steps:
 1. The Docker client contacted the Docker daemon.
 2. The Docker daemon pulled the "hello-world" image from the Docker Hub.
    (amd64)
 3. The Docker daemon created a new container from that image which runs the
    executable that produces the output you are currently reading.
 4. The Docker daemon streamed that output to the Docker client, which sent it
    to your terminal.

To try something more ambitious, you can run an Ubuntu container with:
 $ docker run -it ubuntu bash

Share images, automate workflows, and more with a free Docker ID:
 https://hub.docker.com/

For more examples and ideas, visit:
 https://docs.docker.com/get-started/
```

● CentOS 系统安装 Docker。

（1）更新 yum 包。

```
sudo yum update
```

（2）安装需要的软件包。

```
sudo yum install -y yum-utils device-mapper-persistent-data lvm2
```

（3）设置 yum 源。

```
sudo yum-config-manager --add-repo https://download.docker.com/linux/
    centos/docker-ce.repo
```

（4）安装最新版的 Docker CE。

```
sudo yum install docker-ce
```

（5）启动 Docker。

```
systemctl start docker
```

（6）通过运行 hello-world 镜像验证 Docker CE 已被正确安装。

```
sudo docker run hello-world
```

```
[root@iZ2zegatybsm4zjmn69u1lZ ~]# sudo docker run hello-world
Unable to find image 'hello-world:latest' locally
latest: Pulling from library/hello-world
0e03bdcc26d7: Already exists
Digest: sha256:95ddb6c31407e84e91a986b004aee40975cb0bda14b5949f6faac5d2deadb4b9
Status: Downloaded newer image for hello-world:latest

Hello from Docker!
This message shows that your installation appears to be working correctly.

To generate this message, Docker took the following steps:
 1. The Docker client contacted the Docker daemon.
 2. The Docker daemon pulled the "hello-world" image from the Docker Hub.
    (amd64)
 3. The Docker daemon created a new container from that image which runs the
    executable that produces the output you are currently reading.
 4. The Docker daemon streamed that output to the Docker client, which sent it
    to your terminal.

To try something more ambitious, you can run an Ubuntu container with:
 $ docker run -it ubuntu bash

Share images, automate workflows, and more with a free Docker ID:
 https://hub.docker.com/

For more examples and ideas, visit:
 https://docs.docker.com/get-started/
```

2. 实现

（1）拉取 Hadoop 的镜像。

```
docker pull registry.cn-beijing.aliyuncs.com/bitnp/docker-spark-hadoop
```

（2）经过一段时间后镜像已经下载到本地计算机，可使用指令 Docker images 查看是否下载成功。

```
docker images
```

```
(base) root@iZwz9eptp8xd3w7o6fjq3jZ:~# docker images
REPOSITORY                                                    TAG       IMAGE ID       CREATED        SIZE
hello-world                                                   latest    bf756fb1ae65   13 months ago  13.3kB
registry.cn-beijing.aliyuncs.com/bitnp/docker-spark-hadoop    latest    8b768e1604ad   2 years ago    2.11GB
(base) root@iZwz9eptp8xd3w7o6fjq3jZ:~#
```

（3）在 Hadoop 镜像里创建三个容器 (Master、Slave1、Slave2)，指令如下：

```
docker run -it --name Master -h Master registry.cn-beijing.aliyuncs.com/
    bitnp/docker-spark-hadoop /bin/bash
```

（4）Master 空的容器创建出来了，当然里面什么也没配置，这时候按下 Ctrl+P+Q，会返回初始目录，但不会退出 Master 容器，假如按下 Ctrl+C，也会返回初始目录，不过 Master 容器也退出了。按下 Ctrl+P+Q 后会出现下面的情形：左侧显示为 [root@Master local]。

（5）修改代码的容器名，依次创建出容器 Slave1 和容器 Slave2，需要注意的是创建新的容器时需要退出刚刚创建的容器环境，否则会出现 command not found。

```
docker run -it --name Slave1 -h Slave1 registry.cn-beijing.aliyuncs.com/
    bitnp/docker-spark-hadoop /bin/bash

docker run -it --name Slave2 -h Slave2 registry.cn-beijing.aliyuncs.com/
    bitnp/docker-spark-hadoop /bin/bash
```

（6）至此，三个空容器创建完成，接下来要使用 ssh 把三个容器连接起来，输入 docker attach Master 进入 Master 容器环境，在 Master 环境中输入如下指令下载 vim、openssh-clients 和 openssh-server。

```
yum -y install vim
yum -y install openssh-clients
yum -y install openssh-server
```

（7）配置 Master 容器的 ssh 密钥，依次输入以下指令：

```
/usr/sbin/sshd
/usr/sbin/sshd-keygen -A
/usr/sbin/sshd
ssh-keygen -t rsa
```

（8）生成的密钥如上图所示，接下来把密钥存储到指定文件夹。

```
cat /root/.ssh/id_rsa.pub >> /root/.ssh/authorized_keys
```

（9）为使 ssh 连接美观简洁，配置相应文件，输入指令进入编辑文件模式。

```
vim /etc/ssh/sshd_config
```

（10）打开编辑文件之后，输入 i，此时进入编辑模式，找到"Port 22"代码位置并修改成如下代码：

（11）按下 Esc 键，进入命令模式，再输入指令 wq，保存后退出这个编辑文件界面，回到 Master 容器界面。再输入下列指令，找到 StrictHostKeyChecking ask，将行首的"#"去掉并把 ask 改成 no。

```
vim /etc/ssh/ssh_\config
```

（12）改完之后按下 Esc 键，进入命令模式，再输入指令 wq，保存后退出这个编辑文件界面，回到 Master 容器界面。这时候按下 Ctrl+P+Q 返回初始目录，查看三个容器的 ip 地址，输入命令：

```
docker inspect -f '{{.Name}} - {{.NetworkSettings.IPAddress }}' -aq)
```

注意：容器的 ip 地址由步骤（13）中图示给出，该步骤可省略。

（13）进入 Master 容器（指令是 docker attach Master），修改/etc/hosts 文件，把上述内容填上，目的是给每个节点的 ip 署名，ssh 连接的时候就可以直接输入 ssh Slave1，而不是输入 ssh 172.17.0.3 这么麻烦。需要注意的是，容器要一直保持运行，否则要重新配置该文件。

（14）至此，Master 容器配置完成，按下 Ctrl+P+Q 退出当前 Master 容器，然后输入 docker attach Slave1，进入 Slave1 容器，用和 Master 容器相同的方法把 Slave1 配置完（步骤（6）～（13）），再用相同的方式把 Slave2 也配置完。

（15）三个容器 Master、Slave1、Slave2 的配置接近尾声，此时需要把三个容器的密钥同时放在每个容器的"/root/.ssh/authorized keys"文件中，只有这样才能把三个容器的互信建立起来。假如不这样做，在 Master 容器中用 ssh 连接其他容器（比如 Slave1）时，会提示输入 Slave1 的密码，而这个密码无论输入什么都不对。因为每个容器的"/root/.ssh/authorized_keys"文件都需要填入所有容器的密钥。

注意：每次保存完密钥后输入 /usr/sbin/sshd。

（16）现在可以验证了，从 Master 容器进入 Slave1 容器，按下 Ctrl+D 退出 Slave1，回到 Master。

```
docker attach Master
ssh Slave1
```

（17）ssh 互连成功之后，便可以使用 Hadoop 进行实战，但在这之前还需配置每个容器的环境变量。接下来依次配置每个容器的 core-site.xml、yarn-site.xml、mapred-site.xml 及 hdfs-site.xml 文件。

（18）使用 find / -name core-site.xml 查找路径，然后用指令 vim + 文件路径进入这个文件，里面的配置改成如下图所示，然后输入指令 wq，保存退出。

```
find / -name core-site.xml
```

（19）使用 find / -name yarn-site.xml 查找路径，选择第一个路径，用指令 vim + 文件路径进入这个文件，里面的配置改成如下图所示，然后输入指令 wq，保存退出。

```
find / -name yarn-site.xml
```

```
limitations under the License. See accompanying LICENSE file.
-->

<configuration>
    <property>
        <name>yarn.nodemanager.aux-services</name>
        <value>mapreduce_shuffle</value>
    </property>
    <property>
        <name>yarn.resourcemanager.address</name>
        <value>Master:8032</value>
    </property>
    <property>
        <name>yarn.resourcemanager.scheduler.address</name>
        <value>Master:8030</value>
    </property>
    <property>
        <name>yarn.resourcemanager.resource-tracker.address</name>
        <value>Master:8031</value>
    </property>
    <property>
        <name>yarn.resourcemanager.admin.address</name>
        <value>Master:8033</value>
    </property>
    <property>
        <name>yarn.resourcemanager.webapp.address</name>
        <value>Master:8088</value>
    </property>
    <property>
        <name>yarn.nodemanager.aux-services.mapreduce.shuffle.class</name>
        <value>org.apache.hadoop.mapred.ShuffleHandler</value>
    </property>
</configuration>
```

(20) 使用 find / -name mapred-site.xml 查找路径, 用指令 vim + 文件路径进入这个文件, 里面的配置改成如下图所示, 然后输入指令 wq, 保存退出。

```
find / -name mapred-site.xml
```

```
<!-- Put site-specific property overrides in this file. -->
<configuration>
  <property>
    <name>mapreduce.framework.name</name>
    <value>yarn</value>
  </property>
</configuration>
```

(21) 使用 find / -name hdfs-site.xml 查找路径, 选择第一个路径, 然后用指令 vim + 文件路径进入这个文件, 里面的配置改成如下图所示, 然后输入指令 wq, 保存退出。

```
find / -name hdfs-site.xml
```

```
<!-- Put site-specific property overrides in this file. -->
<configuration>
    <property>
        <name>dfs.replication</name>
        <value>2</value>
    </property>
    <property>
        <name>dfs.namenode.name.dir</name>
        <value>file:/usr/local/hadoop-2.7.5/hdfs/name</value>
    </property>
</configuration>
```

(22) 重复步骤 (18) ~ (21), 为 Slave1 和 Slave2 容器配置 core-site.xml、yarn-site.xml、

mapred-site.xml 及 hdfs-site.xml 文件。唯一不同是的步骤（21）配置 hdfs-site.xml 时，Master 容器设置的是 namenode，而 Slave1 和 Slave2 容器设置的是 datanode，修改相应部分，其余不变。

```
<!-- Put site-specific property overrides in this file. -->
<configuration>
    <property>
        <name>dfs.replication</name>
        <value>2</value>
    </property>
    <property>
        <name>dfs.datanode.data.dir</name>
        <value>file:/usr/local/hadoop-2.7.5/hdfs/name</value>
    </property>
</configuration>
```

（23）在 Master 容器中通过 ssh 连接 Slave1(或 Slave2)，删除其 hdfs 所有目录并重新创建，对 Slave2 也进行同样的操作，代码如下：

```
ssh Slave1
rm -rf /usr/local/hadoop-2.7.5/hdfs
mkdir -p /usr/local/hadoop-2.7.5/hdfs/data
ssh Slave2
rm -rf /usr/local/hadoop-2.7.5/hdfs
mkdir -p /usr/local/hadoop-2.7.5/hdfs/data
```

```
[root@Master ~]# ssh Slave1
Last login: Fri Feb 19 06:06:39 2021 from master
[root@Slave1 ~]# rm -rf /usr/local/hadoop-2.7.5/hdfs
[root@Slave1 ~]# mkdir -p /usr/local/hadoop-2.7.5/hdfs/data
[root@Slave1 ~]# ssh Slave2
Last login: Fri Feb 19 06:07:55 2021 from slave1
[root@Slave2 ~]# rm -rf /usr/local/hadoop-2.7.5/hdfs
[root@Slave2 ~]# mkdir -p /usr/local/hadoop-2.7.5/hdfs/data
[root@Slave2 ~]#
```

现在对 Master 容器也这么做，注意 Master 容器创建的是 name 子文件，不再是 data 子文件。

```
[root@Master local]# rm -rf /usr/local/hadoop-2.7.5/hdfs
[root@Master local]# mkdir -p /usr/local/hadoop-2.7.5/hdfs/name
```

（24）格式化 NameNode HDFS 目录，在 Master 容器中，使用如下指令：

```
hdfs namenode -format
```

（25）更改文件，将节点名更改成自己的节点名，在 Master 容器输入如下指令，进入文件并修改成如下图所示：

```
vim /usr/local/hadoop-2.7.5/etc/hadoop/slaves
```

```
Slave1
Slave2
~
~
~
```

（26）进入 sbin 文件，启动 hadoop 集群。

```
cd /usr/local/hadoop-2.7.5/sbin
./start-all.sh
```

```
[root@Master ~]# cd /usr/local/hadoop-2.7.5/sbin
[root@Master sbin]# ./start-all.sh
This script is Deprecated. Instead use start-dfs.sh and start-yarn.sh
21/02/19 06:37:54 WARN hdfs.DFSUtil: Namenode for null remains unresolved for ID null.  Check your hdfs-si
te.xml file to ensure namenodes are configured properly.
Starting namenodes on [spark-master]
spark-master: ssh: Could not resolve hostname spark-master: Name or service not known
Slave2: starting datanode, logging to /usr/local/hadoop-2.7.5/logs/hadoop-root-datanode-Slave2.out
Slave1: starting datanode, logging to /usr/local/hadoop-2.7.5/logs/hadoop-root-datanode-Slave1.out
Starting secondary namenodes [0.0.0.0]
0.0.0.0: ssh: connect to host 0.0.0.0 port 22: Connection refused
starting yarn daemons
resourcemanager running as process 1251. Stop it first.
Slave1: starting nodemanager, logging to /usr/local/hadoop-2.7.5/logs/yarn-root-nodemanager-Slave1.out
Slave2: starting nodemanager, logging to /usr/local/hadoop-2.7.5/logs/yarn-root-nodemanager-Slave2.out
```

（27）使用 jps 查看 namenode 是否启动。

```
[root@Master sbin]# jps
866 Jps
456 SecondaryNameNode
607 ResourceManager
271 NameNode
```

（28）配置/etc/profile 文件，每个容器（包括 Master、Slave1、Slave2）都需要配置这个文件，使用指令 vim /etc/profile，末尾添加如下代码：

```
export JAVA_HOME=/usr/local/jdk1.8.0_162
export HADOOP_HOME=/usr/local/hadoop-2.7.5
export PATH=$PATH:$JAVA_HOME/bin:$HADOOP_HOME/bin:$HADOOP_HOME/sbin
```

保存退出后，执行刚生效的/etc/profile 文件，使用如下指令：

```
source /etc/profile
```

（29）可以使用 ssh Slave1（或 ssh Slave2）进入 Slave1 容器，然后使用指令 jps 查看 datanode 是否启动，此时会出现：

```
[root@Master sbin]# ssh Slave1
Last login: Fri Feb 19 09:09:37 2021 from master
[root@Slave1 ~]# jps
177 DataNode
276 NodeManager
430 Jps
```

（30）回到 Master 容器中，使用指令 hadoop dfsadmin-report 查看各容器启动状态。

```
hadoop dfsadmin -report
```

```
[root@Master ~]# hadoop dfsadmin -report
DEPRECATED: Use of this script to execute hdfs command is deprecated.
Instead use the hdfs command for it.

Configured Capacity: 84280958976 (78.49 GB)
Present Capacity: 54516334592 (50.77 GB)
DFS Remaining: 54516285440 (50.77 GB)
DFS Used: 49152 (48 KB)
DFS Used%: 0.00%
Under replicated blocks: 0
Blocks with corrupt replicas: 0
Missing blocks: 0
Missing blocks (with replication factor 1): 0

-------------------------------------------------
Live datanodes (2):

Name: 172.17.0.3:50010 (Slave1)
Hostname: Slave1
Decommission Status : Normal
Configured Capacity: 42140479488 (39.25 GB)
DFS Used: 24576 (24 KB)
Non DFS Used: 12932968448 (12.04 GB)
DFS Remaining: 27258142720 (25.39 GB)
DFS Used%: 0.00%
DFS Remaining%: 64.68%
Configured Cache Capacity: 0 (0 B)
Cache Used: 0 (0 B)
Cache Remaining: 0 (0 B)
Cache Used%: 100.00%
Cache Remaining%: 0.00%
Xceivers: 1
Last contact: Fri Feb 19 09:13:53 UTC 2021
```

2.3.2　Spark 的安装和配置

1. 准备

● Anaconda 的安装和配置。

（1）依次输入下列指令下载并安装 Anaconda。

```
wget https://mirrors.tuna.tsinghua.edu.cn/anaconda/archive/Anaconda3-
    5.1.0-Linux-x86_64.sh
sudo bash Anaconda3-5.1.0-Linux-x86_64.sh
```

（2）接受协议并更换默认安装路径至 /usr/local。

```
Do you accept the license terms? [yes|no]
[no] >>> yes

Anaconda3 will now be installed into this location:
/root/anaconda3

  - Press ENTER to confirm the location
  - Press CTRL-C to abort the installation
  - Or specify a different location below

[/root/anaconda3] >>> /usr/local/anaconda3
```

（3）这里会问是否将 Anaconda 添加到 root 用户的环境变量中，选择 yes。

```
Do you wish the installer to prepend the Anaconda3 install location
to PATH in your /root/.bashrc ? [yes|no]
[no] >>> yes
```

（4）这里会问是否安装 vscode，可选可不选。

```
Visual Studio Code License: https://code.visualstudio.com/license

Do you wish to proceed with the installation of Microsoft VSCode? [yes|no]
>>> yes
```

（5）将 Anaconda 添加至环境变量，输入 sudo vim /etc/profile，将下列代码添加至文件末尾并保存。

```
export    PATH=/usr/local/anaconda3:$PATH
```

（6）激活环境变量。

```
source /etc/profile
source ~/.bashrc
```

- Ubuntu 系统中 Java 的安装和配置。
（1）依次输入下列指令配置 Java。

```
sudo apt-get update
sudo apt-get install default-jre
sudo apt-get install default-jdk
```

（2）查看 Java 版本信息。

```
java -version
```

- CentOS 系统中 Java 的安装和配置。
（1）依次输入下列指令配置 Java。

```
sudo yum install -y bzip2
sudo yum search java|grep jdk
sudo yum install java-1.6.0-openjdk
```

（2）查看 Java 版本信息。

```
java -version
```

2. 实现

（1）从镜像获取 Spark 安装包。

```
wget http://apache.mirrors.hoobly.com/spark/spark-3.0.1/spark-3.0.1-bin-
    hadoop3.2.tgz
```

```
(base) root@iZwz9eptp8xd3w7o6fjq3jZ:~# wget http://apache.mirrors.hoobly.com/spark/spark-3.0.1/spark-3.0.1
-bin-hadoop3.2.tgz
--2021-02-19 21:38:58-- http://apache.mirrors.hoobly.com/spark/spark-3.0.1/spark-3.0.1-bin-hadoop3.2.tgz
Resolving apache.mirrors.hoobly.com (apache.mirrors.hoobly.com)... 69.64.41.166
Connecting to apache.mirrors.hoobly.com (apache.mirrors.hoobly.com)|69.64.41.166|:80... connected.
HTTP request sent, awaiting response... 200 OK
Length: 224062525 (214M) [application/x-gzip]
Saving to: 'spark-3.0.1-bin-hadoop3.2.tgz'

spark-3.0.1-bin-hadoop3.2.  1%[                                    ]  2.25M  17.6KB/s   eta 3h 30m
```

（2）创建对应的 Spark 目录，并将安装包复制到该目录下。

```
sudo mkdir -p /usr/local/spark
sudo cp -r spark-3.0.1-bin-hadoop3.2.tgz /usr/local/spark
```

（3）解压安装包。

```
cd /usr/local/spark
sudo tar -zxvf spark-3.0.1-bin-hadoop3.2.tgz
```

（4）修改配置文件，输入指令"vim/.bash_profile"后将如下代码添加至文件末尾。

```
export SPARK_HOME=/usr/local/spark/spark-3.0.1-bin-hadoop3.2
export    PATH=$PATH:$SPARK_HOME/bin
```

（5）激活配置文件。

```
source ~/.bash_profile
```

（6）验证是否安装成功。

```
spark-shell
```

```
(base) root@iZwz9eptp8xd3w7o6fjq3jZ:/usr/local/spark# spark-shell
WARNING: An illegal reflective access operation has occurred
WARNING: Illegal reflective access by org.apache.spark.unsafe.Platform (file:/usr/local/spark/spark-3.0.1-
bin-hadoop3.2/jars/spark-unsafe_2.12-3.0.1.jar) to constructor java.nio.DirectByteBuffer(long,int)
WARNING: Please consider reporting this to the maintainers of org.apache.spark.unsafe.Platform
WARNING: Use --illegal-access=warn to enable warnings of further illegal reflective access operations
WARNING: All illegal access operations will be denied in a future release
21/02/20 00:49:53 WARN NativeCodeLoader: Unable to load native-hadoop library for your platform... using b
uiltin-java classes where applicable
Using Spark's default log4j profile: org/apache/spark/log4j-defaults.properties
Setting default log level to "WARN".
To adjust logging level use sc.setLogLevel(newLevel). For SparkR, use setLogLevel(newLevel).
Spark context Web UI available at http://iZwz9eptp8xd3w7o6fjq3jZ:4040
Spark context available as 'sc' (master = local[*], app id = local-1613753402208).
Spark session available as 'spark'.
Welcome to
      ____              __
     / __/__  ___ _____/ /__
    _\ \/ _ \/ _ `/ __/  '_/
   /___/ .__/\_,_/_/ /_/\_\   version 3.0.1
      /_/

Using Scala version 2.12.10 (OpenJDK 64-Bit Server VM, Java 11.0.10)
Type in expressions to have them evaluated.
Type :help for more information.

scala>
```

（7）输入 quit 返回原目录。

（8）修改 Spark 配置。

```
cd /usr/local/spark/spark-3.0.1-bin-hadoop3.2/conf
sudo cp log4j.properties.template log4j.properties
sudo vim log4j.properties
```

（9）将图中对应的一行修改如下：

（10）安装 PySpark。

```
pip install pyspark
pip install findspark
```

2.4　Linux 基础知识

2.4.1　Linux Shell 介绍

Shell 是系统的用户界面，提供了用户与内核进行交互操作的一种接口。它是 Linux 内核与用户之间的解释器程序，可以接收用户输入的命令并把命令送入内核去执行。现在 Shell 通常指/bin/bash 解释器来负责向内核翻译以及传达用户/程序指令，相当于操作系统的"外壳"。

2.4.2　Linux 常用目录介绍

Linux 常用目录及含义如下：
- / 表示根目录。
- /bin/usr/bin 是可执行二进制文件的目录，如常用的命令 ls、tar、mv、cat 等。
- /etc 是系统配置文件存放的目录。
- /home 是系统默认的用户主目录，其中 ˜ 表示当前用户的主目录，˜/testuser 表示 testuser 用户的主目录。
- /lib 存放文件系统中的程序运行所需要的共享库及内核模块。
- /lost+found。系统异常产生错误时，会将一些遗失的片段放置于此目录下，通常这个目录会自动出现在装置目录下。
- /mnt 主要用来临时挂载文件系统，为某些设备提供默认挂载点，如 cdrom 等。
- /opt 是给主机额外安装软件所用的目录。
- /proc 这一目录下的数据都在内存中，访问这个目录可获取系统信息，如通过 cat/proc/meminfo 查看内存的详细信息。
- /root 是超级用户 root(系统管理员) 的主目录。
- /tmp 用来存放一些临时文件，重要文件不要放在这里。
- /usr 即 Unix Software Resource，应用程序存放目录，其中 /usr/local 为本地系统管理员软件安装目录（安装系统级的应用）。

2.4.3　Linux 常用命令

Linux 常用命令如下：
- apt 即 advanced package tool，是一款适用于 Unix 和 Linux 系统的应用程序管理器，主要用在 Ubuntu、Debian 和相关 Linux 发行版上。可以使用该命令安装、更新和卸载软件，如使用 apt install wget 安装 wget 软件。

- jps 即 java virtual machine process status tool，是 Java 提供的一个显示当前所有 Java 进程 pid 的命令，适合在 Linux/Unix 平台上简单查看当前 Java 进程的一些简单情况。
- source 使 Shell 读入指定的 Shell 程序文件并依次执行文件中的所有语句，在修改了 /.bashrc 等文件后，使其立即生效。
- export 用于设置或显示环境变量。export 可新增、修改或删除环境变量，供后续执行的程序使用。export 的效力仅限于该次登录操作。
- mv 用来为文件或目录改名、将文件或目录移入其他位置。
- chown 将指定文件的拥有者改为指定的用户或组，如 chown -R hadoop：hadoop hadoop 表示 Hadoop 目录的拥有者更改为 Hadoop 用户组下的 Hadoop 用户。
- chmod。Linux/Unix 的文件调用权限分为三级：文件拥有者、群组、其他。利用 chmod 可以变更文件的调用方式，增加或取消相关权限 (如读取、写入等)。
- useradd 用于建立用户账号。
- userdel 用于删除用户账号。
- usermod 用于修改用户账号。
- passwd 用于修改用户账号密码。
- su 用于变更为其他使用者的身份。
- sudo 以系统管理者的身份执行指令。
- cd 用于切换当前工作目录至指定目录。
- cp 用于复制相关文件。
- mkdir 用于创建文件夹。
- cat 连接文件或标准输入并打印。这个命令常用来显示文件内容，或者将几个文件连接起来显示。
- man 可以通过一些参数快速查询 Linux 帮助手册，并且格式化显示。
- wget 是一个下载文件的工具，可以使用该命令下载相关文件。
- ls 用于显示指定工作目录下的内容 (列出目前工作目录所含文件及子目录)。
- rm 用于删除目录或文件。
- touch 用于修改文件或者目录的时间属性，包括存取时间和更改时间。若文件不存在，系统会建立一个新的文件。
- whoami 用于显示自身用户名称。
- who 用于显示当前在本地系统上的所有用户的信息。

2.4.4　vim 基本操作

vim 有多种模式：一般模式、编辑模式、命令模式。
- 一般模式：按下"i, I, o, O, a, A, r, R"中的任何一个按钮进入编辑模式；
- 编辑模式：按下"esc"键进入一般模式；
- 一般模式：输入"：/ ?"三个中的任何一个按钮进入命令模式。
一般模式切换到插入方式：
- 按下 i 或者 I 表示在光标处插入。

- 按下 a 或者 A 表示在光标后面添加。
- 按下 o 或者 O 表示在光标所在行另起一行。
- 按下 r 或者 R 表示光标后面的字符将被输入替换掉。

习题

1. 尝试使用自己的笔记本电脑和已有服务器及云计算资源配置 Spark 运行环境。
2. 尝试使用 Jupyter Notebook 作为交互式开发环境配置 Spark。
3. 调研除了 Spark 之外，主流互联网企业常用的大数据分布式计算平台有哪些。

第二部分

R语言并行计算

第*3*章

R 语言并行计算核心方法

内容提要

- ❏ 3.1 并行计算的 R 包
- ❏ 3.2 parallel 包并行计算
- ❏ 3.3 foreach 包和 future 包并行计算
- ❏ 3.4 随机数和结果可重复性

本章重点介绍并行计算的核心包 parallel 包、流行的 foreach 包和 future 包，以及如何在并行环境中使用随机数和重复结果。

3.1 并行计算的 R 包

用于并行计算的 R 包有很多，其中最重要的是 parallel 包，使用它的好处是代码不用依赖其他包（使用这些包有时会出现问题）。不过 R 的强大功能恰恰来自用户提供的包，使用这些包往往可以简化并行计算的操作。

parallel 包主要建立在 snow 包和 multicore 包的基础上，拥有这两个包的大部分功能。snow 包和 multicore 包的适用范围如图 3-1 所示。

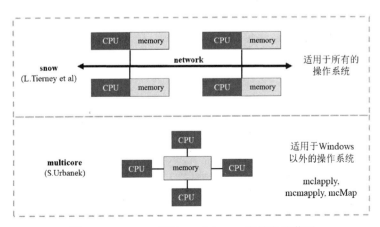

图 3-1　snow 包和 multicore 包的适用范围

snowFT 包是对 snow 包的扩展，增加了一些重要的特性，如再现性和易用性；snowfall 包是 snow 包的简化版，这两个包有点过时了。

future 包提供了一个抽象层（一个用于串行和并行处理的统一 API），future.apply 包利用 future 包实现了类 apply 的功能。

在 Hadoop 和 Spark 中也可以实现 map-reduce 模型，参见第 4 章有关 sparklyr 包的介绍。

本章聚焦使用 master-worker 模型为易并行程序提供支持的 R 包，包括 parallel 包、foreach 包和 future.apply 包。

接下来会介绍 parallel 包的相关内容。

- 并行计算的核心包：parallel 包。
- 支持大数据并行计算的包：sparklyr、iotools、pbdR。
- 支持易并行的包：foreach、future.apply、snow、snowFT、snowfall、future。

3.2 parallel 包并行计算

这一节将详细介绍 master-worker 模型，下面先介绍一些背景知识。

3.2.1 parallel 包的基础知识

parallel 包由两部分组成，每一部分都是用户提供的包的再实现。一部分函数实现了由 Luke Tierney 等人开发的 snow 包中的功能，另一部分函数来自 Simon Urbanek 开发的 multicore 包。snow 包使用了消息传递方法，可以在分布式内存和共享内存的系统上使用，独立于操作系统。multicore 包采用了共享内存方法，只能在单个多核机器上使用，它适用于 OS X 和 Linux，不适用于 Windows。下面介绍 parallel 包的 snow 部分，multicore 功能参见 mclapply()、mcmapply() 和 mcMap() 函数。

```
library(parallel)
ncores <- detectCores(logical = FALSE)
cl <- makeCluster(ncores)
clusterApply(cl, x = ncores:1, fun = rnorm)
```

```
输出：
[[1]]
[1] -0.5026564  1.6303249

[[2]]
[1] 0.7378028
```

```
stopCluster(cl)
```

- 使用 detectCores() 函数可以知道计算机有多少个核，如果只需要知道物理核数，可以将 logical 参数设置为 FALSE。
- 使用 makeCluster() 函数创建一个集群，worker 的个数等于物理核数。当前的 R 会话充当 master 进程，每个 worker 是一个独立的 R 进程。
- parallel 的主要功能通过 clusterApply() 函数实现。该函数的第一个参数是集群对象 cl。第二个参数 x 是一个向量，它的长度决定了函数 fun 求值多少次。函数 fun 在每个 worker 中分别求值，x 序列的元素作为函数 fun 的第一个参数。这个例子中 ncores 是 2，因此 clusterApply() 中的 x 是一个从 2 到 1 的向量，第一个 worker 从 master 获得指令计算 rnorm(2)，第二个 worker 从 master 获得指令计算 rnorm(1)，master 再汇总结果得到 3 个随机数。
- 不需要集群时可以使用函数 stopCluster() 关闭集群。

parallel 包的 snow 部分和应用程序由 master 管理，且并行在 worker 集群上，它使用消息传递机制来交换信息。parallel 包提供了调用集群的更高级别的接口，因此不必担心更底层的问题，例如当集群分散在多台机器上，worker 在哪个操作系统上运行。这些底层细节隐藏在 parallel 包所基于的各种后端中，其中默认类型（可能是最常用的类型）是 socket。

```
library(parallel)
ncores <- detectCores(logical = FALSE)
cl <- makeCluster(ncores, type = "PSOCK")
```

makeCluster() 函数通过参数 type 来指定后端，本例传递了"PSOCK"，这是适用于所有操作系统平台的默认设置。在 socket 集群中，所有的 worker 都从空环境开始，或者从新的 R 进程开始，master 负责给 worker 发送计算任务所需的所有内容。

另一种后端是 forking，参数 type 为"FORK"。此时 worker 是 master 的完整副本，拥有 master 所有的全局对象和函数，这种情况可以显著减少通信需求。

最后是基于 MPI 库的后端，接口由 Rmpi 包提供。如果有可用的 MPI 库，MPI 后端可以为应用程序提供更高的效率。

3.2.2　parallel 包的核心功能

clusterApply() 函数可以胜任大部分并行计算工作，除它之外还有确保在节点之间均匀分配任务的 clusterApplyLB() 函数，其中 LB 表示负载平衡。

其他的例如 parApply()、parLapply() 和 parSapply() 函数，工作方式与对应的 apply()、lapply() 和 sapply() 函数类似，parRapply() 和 parCapply() 函数分别是对矩阵的行和列进行并行操作的类 apply() 函数。这五个函数封装了 clusterApply() 函数，类似的还有封装了 clusterApplyLB() 的 parLapplyLB() 函数。

下面主要介绍 clusterApply() 函数，它可以使代码更加灵活。如果数据非常适合 apply 框架，那么封装了 clusterApply() 的函数也很有用，它还执行一些后续处理，比如将结果转换为所需的类型。

下面介绍 clusterApply() 函数的细节。

```
clusterApply(cl, x = arg.sequence, fun = myfunc)
```

cl 是一个集群对象, 参数 x 中的每个元素都作为第一个参数传递给 myfunc() 函数。参数 x 的长度决定了发送给 worker 的任务数量。

master 和 worker 之间的通信时间相对计算时间成本更高, 所以理想情况下应最小化发送消息的时间, 最大化 worker 处理任务的时间。主节点和节点之间发送消息的数量和大小都会对开销产生影响, 在 master 和 worker 之间发送大数据集会产生巨大的开销, 因此不是所有易并行问题都适合并行化。

在设计并行应用程序时, 需要考虑重复计算的单个任务有多大, 以及发送和接收的开销, 最后还需考虑与串行程序相比, 并行程序的总体增益是多少（可以使用 benchmark）。

3.2.3 初始化节点

本小节讨论如何初始化 worker 节点, 通常每个 worker 都从一个空环境开始, 不加载任何库和对象。

```
library(parallel)
cl <- makeCluster(2)
n <- 2
clusterApply(cl, rep(10, n), rnorm, sd = 1:10)
```

```
输出:
[[1]]
 [1]  2.0265247  0.1277870 -1.4464454   0.8837238   0.8946169 1.7545408
 [7]  9.3483707 -1.1769359 -10.3560021  11.1656110


[[2]]
 [1] -1.4883332 -4.5089546  0.6452084 10.2144002   5.2719454 2.2651181
 [7]  1.7295103 -6.9418919 -9.6513475   7.5338377
```

使用 clusterApply() 函数重复调用 rnorm() 函数, 在 n 次迭代中每次生成 10 个随机数, 其标准差从 1 到 10。master 必须向所有 n 个任务发送一个 1:10 的向量。实践中 n 的长度可能非常大, 像这样在 clusterApply() 函数中传递大型参数开销会非常大。

一个更好的做法是让 master 在进程开始时初始化 worker, 比如给 worker 发送数据或加载包。发送的数据可以很大（这可以节省很多时间）, 但必须在计算过程中保持不变。

下面介绍 parallel 包中的三个初始化函数。

1. clusterCall() 函数

clusterCall() 函数在所有 worker 上使用相同的参数调用相同的函数。

```
library(parallel)
cl <- makeCluster(2)
```

```
clusterCall(cl, function() library(janeaustenr))
```

```
输出:
[[1]]
[1] "janeaustenr" "stats"       "graphics"     "grDevices"   "utils"
[6] "datasets"    "methods"     "base"

[[2]]
[1] "janeaustenr" "stats"       "graphics"     "grDevices"   "utils"
[6] "datasets"    "methods"     "base"
```

首先创建一个大小为 2 的集群 cl, 使用 clusterCall() 函数在每个 worker 上加载 janeaustenr 包, 这样两个 worker 都可以使用 janeaustenr 包中的函数和数据。

使用 clusterCall() 函数来测试, 在每个 worker 上返回 janeaustenr 包中 emma 数据集的第 20 个元素。

```
clusterCall(cl, function(i) emma[i], 20)
```

```
输出:
[[1]]
[1] "She was the youngest of the two daughters of a most affectionate,"

[[2]]
[1] "She was the youngest of the two daughters of a most affectionate,"
```

结果显示两个 worker 均含有 emma 数据集, 且从 emma 数据集中返回第 20 个元素。

2. clusterEvalQ() 函数

clusterEvalQ() 函数可能比 clusterCall() 函数更方便, 它对所有 worker 上的文字表达式求值, 是并行版本的 evalq() 函数。

```
library(parallel)
cl <- makeCluster(2)
clusterEvalQ(cl, {
+    library(janeaustenr)
+    library(stringr)
+    get_books <- function() austen_books()[['book']] %>% unique %>% as.character()
+ })
```

```
输出:
[[1]]
function() austen_books()[['book']] %>% unique %>% as.character()

[[2]]
```

```
function() austen_books()[['book']] %>% unique %>% as.character()
```

创建集群后使用 clusterEvalQ() 函数运行以下表达式：

- 加载 janeaustenr 包。
- 加载 stringr 包。
- 定义一个名为 get_books() 的函数，该函数返回包中包含的图书名称向量。

调用 clusterEvalQ() 函数后，每个 worker 均加载 janeaustenr 和 stringr 包，且全局环境中均有 get_books() 函数。

下面使用 clusterCall() 函数来测试，调用 get_books() 函数并返回图书向量的前三个元素。

```
clusterCall(cl, function(i) get_books()[i], 1:3)
```

```
输出：
[[1]]
[1] "Sense & Sensibility" "Pride & Prejudice"   "Mansfield Park"

[[2]]
[1] "Sense & Sensibility" "Pride & Prejudice"   "Mansfield Park"
```

结果显示两个 worker 都能执行 get_books() 函数并返回前三本书的名称。

3. clusterExport() 函数

clusterExport() 函数把 master 中的对象传递给 worker，对象必须存在 master 上。

```
library(janeaustenr)
library(stringr)
get_books <- function() austen_books()[["book"]]%>% unique %>% as.character()
books <- get_books()
clusterExport(cl, "books")
```

get_books() 函数返回的结果记为 books，clusterExport() 函数将 books 传给 worker。

下面使用 clusterCall() 函数来测试输出对象 books。

```
clusterCall(cl, function() print(books))
```

```
输出：
[[1]]
[1] "Sense & Sensibility" "Pride & Prejudice"   "Mansfield Park"
[4] "Emma"               "Northanger Abbey"    "Persuasion"

[[2]]
[1] "Sense & Sensibility" "Pride & Prejudice"   "Mansfield Park"
[4] "Emma"               "Northanger Abbey"    "Persuasion"
```

结果显示 books 已存在于两个 worker 的全局环境中。

3.2.4　数据分块

本小节介绍如何将数据分为子集，worker 在子集数据上执行任务。worker 上的数据块可以由不同的方式生成：
- worker 端动态生成随机数。
- 将数据块作为参数传递给 worker 端。
- 将数据块放在 worker 端。

1. worker 端动态生成随机数

```
library(parallel)
cl <- makeCluster(2)
myfunc <- function(n, ...)  mean(rnorm(n, ...))
clusterApply(cl, rep(1000, 5), myfunc, sd = 6)
```

```
输出:
[[1]]
[1] 0.1857203

[[2]]
[1] -0.222692

[[3]]
[1] 0.1857253

[[4]]
[1] 0.2091768

[[5]]
[1] 0.02539249
```

myfunc() 函数被重复调用 5 次，每次由对应的 worker 生成 1 000 个不同的随机数并计算平均值。

2. 将数据块作为参数传递给 worker 端

master 上的数据集被分成几个块，每个块通过参数传递给相应的 worker。这种功能被合并到 parallel 包的一些高级函数中，比如 parCpply() 函数及其变体。

```
library(parallel)
```

```
cl <- makeCluster(4)
mat <- matrix(rnorm(12), ncol = 4)
parCapply(cl, mat, sum)
```

```
输出:
[1]  2.7634259 -0.3916355  3.2175545 -1.1954116
```

```
unlist(clusterApply(cl, as.data.frame(mat), sum))
```

```
输出:
[1]  2.7634259 -0.3916355  3.2175545 -1.1954116
```

首先创建一个包含 4 个 worker 的集群 cl, 然后生成一个包含 3 行 4 列的随机数矩阵。使用 parCapply() 函数计算列和, 按列分割矩阵, 将每一列发送给一个 worker, worker 在接收的数据上调用 sum() 函数。如果希望使用 clusterApply() 函数进行上述操作, 需要将矩阵转换为数据框, 再使用 unlist 结果列表。

这种数据分块的方式非常方便, 但如果矩阵非常大, 通信负担也会非常大。

3. 将数据块放在 worker 端

在数据很大的情况下, 将数据作为参数传递非常低效, 但如果 worker 可以预先加载整个数据集, 每个任务附带要处理哪部分数据的信息, 分块发生在 worker 端, 就会更加高效。

```
library(parallel)
cl <- makeCluster(2)
n <- 100
M <- matrix(rnorm(n * n), ncol = n)
clusterExport(cl, "M")
```

首先创建一个 100×100 的矩阵 M, 使用 clusterExport() 函数使所有 worker 都加载整个数据集。

```
mult_row <- function(id) apply(M, 2, function(col) sum(M[id, ] * col))
```

mult_row() 函数将指定的行 id 与每一列相乘并求和, 产生一个大小为 100 的向量。

```
clusterApply(cl, 1:n, mult_row) %>% do.call(rbind, .)
```

```
输出:
         [,1]    [,2]    [,3]    [,4]    [,5]
         [,6]    [,7]    [,8]    [,9]    [,10]
         [,11]   [,12]   [,13]   [,14]   [,15]
         [,16]   [,17]   [,18]   [,19]   [,20]
         [,21]   [,22]   [,23]   [,24]   [,25]
         [,26]   [,27]   [,28]   [,29]   [,30]
         [,31]   [,32]   [,33]   [,34]   [,35]
```

[,36]	[,37]	[,38]	[,39]	[,40]
[,41]	[,42]	[,43]	[,44]	[,45]
[,46]	[,47]	[,48]	[,49]	[,50]
[,51]	[,52]	[,53]	[,54]	[,55]
[,56]	[,57]	[,58]	[,59]	[,60]
[,61]	[,62]	[,63]	[,64]	[,65]
[,66]	[,67]	[,68]	[,69]	[,70]
[,71]	[,72]	[,73]	[,74]	[,75]
[,76]	[,77]	[,78]	[,79]	[,80]
[,81]	[,82]	[,83]	[,84]	[,85]
[,86]	[,87]	[,88]	[,89]	[,90]
[,91]	[,92]	[,93]	[,94]	[,95]
[,96]	[,97]	[,98]	[,99]	[,100]

```
[到达getOption("max.print") -- 略过100行]]
```

使用 clusterApply() 函数并行调用 mult_row() 函数，id 可取 $1:n$，rbind() 函数将结果转换为矩阵。

这个例子让所有 worker 加载相同的数据来节省通信时间，且只传递 worker 应处理的部分数据的信息——矩阵行的标识符。

3.3　foreach 包和 future 包并行计算

3.3.1　foreach 包

本小节介绍并行计算非常流行的包——foreach 包，首先介绍它在串行环境中的循环结构，再推广到并行环境中的循环结构。

foreach 包是由 Rich Calaway 和 Steve Weston 开发的，它使用一种新的循环结构来重复执行代码。为什么需要新的循环结构? 这种结构使得在多个处理器上重复执行代码成为可能。该框架为串行和并行处理提供统一的接口，可以用相同的方式编写串行或并行代码，它的循环结构非常适合编写易并行代码。

foreach 包的循环结构是 foreach() 函数和一个特殊的二进制操作符 %do% 的组合（do 放在两个百分比符号之间），即 foreach(···) %do%。

```
library(foreach)
foreach(n = rep(5, 3)) %do% rnorm(n)
```

```
输出:
[[1]]
[1]  0.7683023 -0.5749738  0.4761476  1.3387873 -0.5940109

[[2]]
```

```
[1]   0.8456537 -1.4255819   0.4565057 -0.3927145   0.7726423

[[3]]
[1]   1.01784123   0.66081818 -0.08759905   2.33957586 -0.08536103
```

加载 foreach 包，foreach 结构中 %do% 操作符后面为需要重复求值的表达式，foreach 结构调用 rnorm() 函数 3 次，每次产生 5 个随机数，返回随机数组成的列表。

```
foreach(n = rep(5, 3), m = 10^(0:2)) %do% rnorm(n, mean = m)
```

```
输出：
[[1]]
[1] 2.135189 2.153502 0.530352 1.357586 2.127740

[[2]]
[1]   8.286364 9.609940 9.658853 11.024733 8.666937

[[3]]
[1]   99.42962 101.06043 100.37982 100.70852 99.14452
```

迭代变量 m 的长度为 3，与 n 的长度相同，m 作为均值传递给 rnorm()。结果显示每次产生的随机数的均值分别为 0、10 和 100。

foreach 还能通过指定 .combine 来组合结果，下面传递函数 rbind 给 .combine，将原始列表中的元素组合为矩阵。

```
foreach(n = rep(5, 3), .combine = rbind) %do% rnorm(n)
```

```
输出：
              [,1]        [,2]        [,3]        [,4]        [,5]
result.1  0.6324245 -0.5090127   1.1075893   0.1300666   0.5987823
result.2 -0.8027331  0.7661217  -1.3309813  -0.7886538  -0.6862849
result.3 -0.3942005  0.2706253  -0.9757163  -0.7595710   0.1055337
```

.combine 处可以使用 + 运算符对 3 个列表对应位置的元素求和，还可以使用编写的函数来组合结果。

```
foreach(n = rep(5, 3), .combine = "+") %do% rnorm(n)
```

```
输出：
[1]   1.0807422 -0.5553763   1.1389522 -0.7588029 -1.4323365
```

foreach 包的另一个重要特性是递推式构造列表（list comprehension），使用二元操作符 %:% 和过滤器 when() 函数。

```
foreach(x = sample(1:1000, 10), .combine = c) %:% when(x%%3 == 0 || x%%5 ==
    0) %do% x
```

```
输出:
[1] 849 531 360 807
```

在 1~1 000 之间随机抽取 10 个数组成迭代变量 x，将能被 3 或 5 整除的值传给 %do%
后的表达式，使用 c() 函数将结果组合成向量后返回。

3.3.2　foreach 包和 parallel 包的后端

前一小节介绍了串行计算时的 foreach 循环，本小节介绍并行环境中的 foreach 循环和
两个为 foreach 包提供并行计算后端的包。

最流行的是 doParallel 包，另一个相对较新的则是基于 future 包的 doFuture 包。此外，
值得一提的是 doSEQ 接口，它可以实现代码在并行和串行之间切换但不改变循环中的代码。

1. doParallel 包

doParallel 包是由 Rich Calaway 等人开发的，它提供了 foreach 包和 parallel 包之间的接
口。使用 doParallel 包首先要通过函数 registerDoParallel() 来指明后端，并传递集群的信息。

指明后端最快的方法是将所需节点数传给 registerDoParallel() 函数，doParallel 包会完
成其余的工作。如果使用类 Unix 系统，并行代码将使用 parallel 包的 multicore 部分并通过
forking 来创建进程，Windows 系统则使用 parallel 包中的 snow 部分，下面是对应的代码。

```
library(doParallel)
registerDoParallel(cores = 3)
```

另一种方法是使用 makeCluster() 函数创建集群 cl，将 cl 对象传给 registerDoParallel()
函数，这种方法使用的是 parallel 包中的 snow 部分。

```
library(doParallel)
cl <- makeCluster(3)
registerDoParallel(cl)
```

接下来分别使用串行代码和并行代码来实现相同的功能，以下是串行版本。

```
library(foreach)
foreach(n = rep(5, 3)) %do% rnorm(n)
```

```
输出:
[[1]]
[1]  0.1589530 -1.5963397  0.8453360 -0.6256296 -0.3383859

[[2]]
[1] -0.2569663 -0.3395944  1.7759077 -1.3643699 -0.3023834
```

```
[[3]]
[1]  0.01547535  0.15830290 -2.26054229 -0.18876751 -0.10052041
```

下面是并行版本。

```
library(doParallel)
cl <- makeCluster(3)
registerDoParallel(cl)
foreach(n = rep(5, 3)) %dopar% rnorm(n)
```

```
输出:
[[1]]
[1]  2.1227493  0.3567137 -1.4902897 -0.7052951 -0.3200975

[[2]]
[1] -0.31581867 -1.03544936 -1.20425083  0.05189576 0.50469079

[[3]]
[1] -1.08359922  0.40246166  0.02254213  0.09348753 -0.53863961
```

并行版本首先加载 doParallel 包, 使用 makeCluster() 函数创建所需大小的集群, foreach 结构使用 %dopar% 而不是 %do%, 其他都保持不变, 并行产生随机数。

2. doFuture 包

由 Henrik Bengtsson 开发的 doFuture 包建立在 future 包的基础上, 它的目标是为 foreach 结构提供通用适配器。要使 foreach() 在后端运行, 需要设置 plan, 串行处理使用 sequential plan, 并行在本机或多台机器上使用 cluster plan, 并行在本机上还可使用 multicore plan。

```
library(doFuture)
registerDoFuture()
plan(cluster, workers = 3)
foreach(n = rep(5, 3)) %dopar% rnorm(n)
```

```
输出:
[[1]]
[1]  2.0498478 -0.6583739 -1.8913327 -0.1635927 -1.6497297

[[2]]
[1] -0.45832628 -0.08438128  1.55051436  1.02947267 -1.54025751

[[3]]
[1]  0.01985002  1.34867081  2.27717916 -1.45055523 1.91615276
```

加载 doFuture 包, 使用不含任何参数的 registerDoFuture() 函数, 设置 cluster plan 并

将节点数设置为 3。在与 doParallel 例子中的 foreach 结构完全相同的情况下，使用 doFuture 可以在后端之间轻松切换。

如果想使用 parallel 包的 multicore 部分来运行相同的代码，可以将 plan 设置为 multicore。

```
plan(multicore)
foreach(n = rep(5, 3)) %dopar% rnorm(n)
```

```
输出:
[[1]]
[1] -1.4366773  0.3111230  0.8160317 -1.1510597 -0.9956706

[[2]]
[1]  0.7986305 -0.6860861 -0.2217188 -1.0724400  0.5909016

[[3]]
[1]  0.960003966 -0.965404981  1.754369349 -1.714682247 0.001229326
```

3.3.3　future 包和 future.apply 包

本小节介绍 future 包和 future.apply 包。

1. future 包

future 包由 Henrik Bengtsson 开发，目前得到了 R 的资助。它提供异步计算表达式的统一方法，为串行和并行处理提供统一的 API。

```
x <- mean(rnorm(n, 0, 1))
y <- mean(rnorm(n, 10, 5))
print(c(x, y))
```

```
输出:
[1] -0.2002683  8.6156461
```

x 是 n 个标准正态随机数的均值，y 是 n 个均值为 10、方差为 5 的正态随机数的均值，结果输出 x 和 y 的值。

若要将上面的表达式转换为隐式 future 代码，需要在赋值操作符 <- 两边加上百分号 %，即 %<-%。

```
x %<-% mean(rnorm(n, 0, 1))
y %<-% mean(rnorm(n, 10, 5))
print(c(x, y))
```

```
输出:
[1] -0.1771223 12.0341251
```

显式 future 代码的例子如下:

```
x <- future(mean(rnorm(n, 0, 1)))
y <- future(mean(rnorm(n, 10, 5)))
print(c(value(x), value(y)))
```

```
输出:
[1] 0.7496131 8.7910249
```

使用 future() 函数来编写显式 future 代码, 使用 value() 函数提取值。表达式将异步计算, 即在每个表达式创建后立即开始计算, 在运算完成后等待, 直到所有随机数都创建完毕才会执行下一行代码。

串行执行: 将 plan 设置为 sequential 表明代码将被串行执行。

```
plan(sequential)
x %<-% mean(rnorm(n, 0, 1))
y %<-% mean(rnorm(n, 10, 5))
print(c(x, y))
```

```
输出:
[1] -0.2561195 11.0057167
```

并行执行: 将 plan 设置为 multicore 表明代码将被并行执行。

```
plan(multicore)
x %<-% mean(rnorm(n, 0, 1))
y %<-% mean(rnorm(n, 10, 5))
print(c(x, y))
```

```
输出:
[1]  0.6483701 13.3378860
```

2. future.apply 包

future.apply 包由 Henrik Bengtsson 开发, 它是更高级别的并行 API, 类似 R 的 base 包中的 apply 函数族, 但它使用的是 future 结构。使用 future.apply 包的 future_lapply() 函数可以替换运行缓慢的 lapply() 函数。

下面调用 lapply() 函数生成 10 组随机数, 每组随机数的个数从 1 到 10。

```
lapply(1:10, rnorm)
```

```
输出:
[[1]]
```

```
[1] 0.3070002

[[2]]
[1] -0.4998691  0.3206295

[[3]]
[1] -1.1132724  0.1401704 -1.1791542

[[4]]
[1] -0.6223384 -0.4158207  0.7955371  0.8725864

[[5]]
[1] -0.3730654 -0.2612296  0.5642257  0.9855584 -1.7130349

[[6]]
[1] -0.3462789 -0.7394503  1.8013376  1.1703887 -1.0422425  0.2619487

[[7]]
[1]  0.37056118  0.53559635  0.46023748  1.96958248  0.29189903 -0.05894123
[7]  1.01320848

[[8]]
[1]  0.1987668  1.2837969  0.8474842  0.1011662  1.1799030 -0.9746882 -2.2066161
[8] -0.8168246

[[9]]
[1]  0.81520769  0.72510533 -0.69535760  0.62772240 -0.06441078  0.71276825
[7]  1.27648717  1.69413145  1.73462217

[[10]]
 [1] -0.6617633  0.3600705 -0.1501642  0.6127787 -0.5312870 -0.8966386
 [7]  0.4168789 -0.6401180 -0.4676108 -0.1977356
```

使用 future_lapply() 函数前设置 sequential plan 可以串行执行代码。

```
library(future.apply)
plan(sequential)
future_lapply(1:10, rnorm)
```

```
输出:
[[1]]
[1] 1.743907

[[2]]
```

```
[1] -1.2060745 -0.3651702

[[3]]
[1] -0.3557562 -0.1280633 -1.1139699

[[4]]
[1]  0.2192676 -1.0081737 -1.2684862 -0.2310089

[[5]]
[1]  0.7217743 -0.2377551 -1.1500607  0.9842567 -1.3017432

[[6]]
[1]  1.8330746  0.1938193 -1.4478151 -0.3589673  0.3582802 -1.5155691

[[7]]
[1]  0.90405703 -1.49352537 -0.76063811  1.47754507 -0.91835884 -0.96003836
[7] -0.08961948

[[8]]
[1]  0.2339537 -0.4789830 -0.4195760  0.2027620 -2.1216706 0.6831349  0.3195398
[8]  0.6200243

[[9]]
[1] -0.11250195  0.50368084 -0.77019849  1.38606414 0.39444330 -0.01508077
[7]  0.93279615  0.40912540 -0.01982114

[[10]]
 [1] -2.13005259  0.55090579 -0.07849254  1.45049325 -0.79853935  1.89334673
 [7]  0.89193006 -1.17477769 -0.78554855  0.86689360
```

设置 cluster plan 可以并行执行代码。

```
plan(cluster, workers = 4)
future_lapply(1:10, rnorm)
```

```
输出:
[[1]]
[1] -0.0008875145

[[2]]
[1]  0.03893545 -1.59644545

[[3]]
[1]  1.5844070  0.7111592 -1.5891844
```

```
[[4]]
[1] -0.2451628   0.2006557 -1.3832902 -0.5363152

[[5]]
[1] -1.16196690   0.01432588 -1.28787708   0.21288244 0.51299075

[[6]]
[1] -0.6711407 -0.6783914 -0.4342821   2.1808296 -0.2106390 1.8262897

[[7]]
[1] -0.0867083   0.7618618 -0.6291220 -2.0105709 -0.6873210 -2.0655243 -0.7472018

[[8]]
[1]  0.7556588   1.2468333   0.6472035   0.3097096   1.5600087 0.1015835 -0.1574072
[8] -0.3570827

[[9]]
[1] -0.43420644 -0.69923584 -0.98128633 -0.01680796 -0.31496836   0.28773823
[7] -0.26817229 -1.15147106 -1.27138487

[[10]]
[1]   0.73716911 -1.18151994   0.01683325   0.93617097   1.17290784   0.18136518
[7]   0.47027439 -0.43653079 -0.44136375 -0.24498866
```

plan 与代码分离可以使包适用于不同的硬件，例如开发一个名为 My_cool_R_package 的包，其中有一个名为 cool_function() 的函数，该函数使用 future_lapply() 函数。用户设置与其环境相匹配的 plan，只有一个 CPU 时使用 sequential plan，有多核 CPU 时使用 multicore plan，有分布式超级计算机时使用 cluster plan（如图 3-2 所示）。设置 plan 后 cool_function() 函数的使用都是相同的。

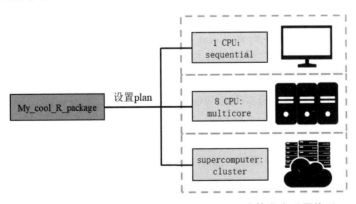

图 3-2　不同规模 CPU 计算设备的并行计算方案设置体系

3.3.4 调度和负载平衡

本小节介绍并行计算的**调度**（scheduling）和**负载平衡**（load balancing）。

图 3-3 展示了在调用 clusterApply() 函数时，任务是如何在 worker 之间分配的。master 把第一批任务按顺序分给节点 1~8，再按相同的顺序等待结果，结果收集完毕后分配第二批任务，直到完成所有任务。图 3-3 显示整个过程耗时 0.7 秒，由于节点在等待上花费大量时间（即图中蓝色[①] 的水平虚线），整个过程非常低效。

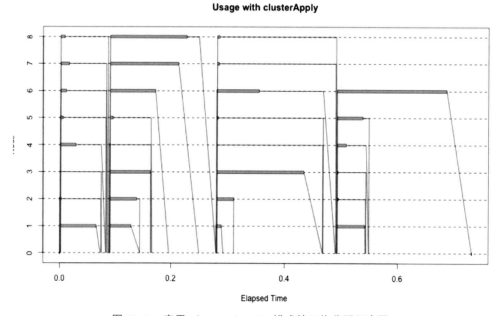

图 3-3　启用 clusterApply 模式的工作分配示意图

另一种方法是使用 clusterApplyLB() 函数，master 发送任务后不按指定顺序等待结果，而在接收 worker 返回的结果时立刻给这个 worker 发送任务，这样等待时间就大大减少了（如图 3-4 所示）。

需要注意，如果并行计算的任务太小，通信开销可能会占用大量时间。图 3-5 展示了使用负载均衡模式时 1 000 个小任务在 8 个节点的运行情况，大部分时间 master 都忙于发送和接收信息（即图中的红线），整个过程花费 1.5 秒。

一种降低通信开销的解决方案是给 worker 发送多个任务，worker 完成所有计算后统一返回结果。将 1 000 个任务分为 8 个块后，master 只在任务开始和结束时需要与 worker 通信，使用这种方法效率提高了 30 倍。但这种方法也有缺点，不同的任务对应的处理时间不同时，不同的块可能分割不均，导致一部分 worker 还在工作而另一部分 worker 处于闲置状态（如图 3-6 所示）。

如何分块呢? 假设有两个节点，需要将 10 个任务分成 2 个块。将任务的数量 (10) 和块的数量 (2) 传给 splitIndices() 函数，形成两个列表。

---

① 本书是单色印刷，无法显示彩色效果。建议读者自己运行代码获得彩图，观看绘图效果。

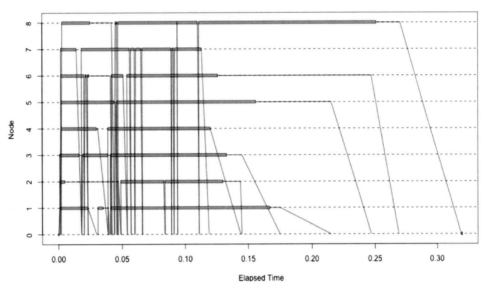

图 3-4　启用 clusterApplyLB 模式的工作分配示意图

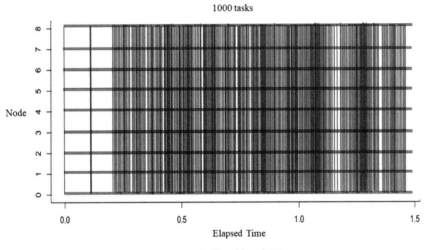

图 3-5　通信开销示意图

```
splitIndices(10, 2)
```

```
输出:
[[1]]
[1] 1 2 3 4 5

[[2]]
[1]  6  7  8  9 10
```

将结果作为参数 x 传给 clusterApply() 函数, 用于并行的函数应能处理序列, 这里是 sapply() 函数, 每个任务将得到的序列乘以 100, 每个块包含 5 个任务, 每个 worker 接收 1

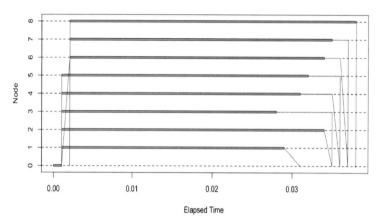

图 3-6　解决通信开销问题的工作模式示意图

个块。

```
library(parallel)
cl <- makeCluster(2)
clusterApply(cl, x = splitIndices(10, 2), fun = sapply, "*", 100)
```

```
输出:
[[1]]
[1] 100 200 300 400 500

[[2]]
[1]  600  700  800  900 1000
```

在 foreach 中可以使用 itertools 包中的 isplitVector() 函数。

```
library(foreach)
library(itertools)
foreach(s = isplitVector(1:10, chunks = 2)) %dopar% sapply(s, "*", 100)
```

```
输出:
[[1]]
[1] 100 200 300 400 500

[[2]]
[1]  600  700  800  900 1000
```

在 future.apply 中使用参数 future.scheduling，如果 future.scheduling 为 1，则每个 worker 1 个块。

```
library(future.apply)
future_sapply(1:10, function(x, y) x*y, 100, future.scheduling = 1)
```

```
输出:
 [1]  100  200  300  400  500  600  700  800  900 1000
```

如果 future.scheduling 为 FALSE，则每个任务 1 个块。

```
future_sapply(1:10, function(x, y) x*y, 100, future.scheduling = FALSE)
```

```
输出:
 [1]  100  200  300  400  500  600  700  800  900 1000
```

3.4　随机数和结果可重复性

如果程序使用随机数，不论程序是串行还是并行，是否可以重复相同的结果?

3.4.1　结果是可重复的吗

许多统计应用程序都涉及**随机数**（random number，RN），包括贝叶斯方法中的 MCMC（Marcov Chain Monte Carlo）、bootstrap 方法、模拟（simulation），或 sample()、rnorm() 和 runif() 这样的函数。如果希望重复相同的结果，可以设置**随机数生成器**（random number generator，RNG）的种子，再运行代码。

下面使用 rnorm() 函数生成 3 个随机数，设置随机种子为 1234。

```
set.seed(1234)
rnorm(3)
```

```
输出:
[1] -1.2070657  0.2774292  1.0844412
```

重复执行代码，查看结果是否能重复。

```
rnorm(3)
```

```
输出:
[1] -2.3456977  0.4291247  0.5060559
```

重复执行代码得到了一组不同的数字，但再次设置相同的随机种子后就可以重复第一组和第二组的结果。

```
set.seed(1234)
rnorm(3)
```

```
输出:
[1] -1.2070657  0.2774292  1.0844412
```

```
rnorm(3)
```

```
输出:
[1] -2.3456977  0.4291247  0.5060559
```

能否在并行时使用相同的方法来重复结果?

```
library(parallel)
cl <- makeCluster(2)
set.seed(1234)
clusterApply(cl, rep(3, 2), rnorm)
```

```
输出:
[[1]]
[1]  0.5955861 -0.1050208  0.6928241

[[2]]
[1] -0.42695149 -1.73979091  0.01875571
```

加载 parallel 包, 创建一个大小为 2 的集群, 将 RNG 种子设置为 1234, 使用 cluster-Apply() 函数在两个节点上分别生成 3 个正态随机数, 最后返回包含每个节点结果的列表。

再次运行 set.seed() 函数和 clusterApply() 函数, 查看结果是否能重复。

```
set.seed(1234)
clusterApply(cl, rep(3, 2), rnorm)
```

```
输出:
[[1]]
[1] 0.2724985 1.9617413 0.9066118

[[2]]
[1] 0.7565615 1.2648308 1.0685167
```

两次运行的结果为什么不一样? 使用 set.seed() 函数时, RNG 仅在 master 节点上初始化, 通常 worker 从空环境开始, 空环境中没有设置 RNG 种子, 因此代码无法重复相同的结果。如果在每个 worker 上设置 RNG 会怎么样呢? 可以使用 clusterEvalQ() 函数在每个 worker 上设置 set.seed() 函数, 但所有节点都以相同的方式初始化, 它们将返回完全相同的随机数, 这在大多数情况下不是想要的结果。

还有一种方法可用, 下面重复运行相同的代码两次, 看看结果是否可重复。

```
for (i in 1:2) {
+     set.seed(1234)
+     clusterApply(cl, sample(1:1e+07, 2), set.seed)
+     print(clusterApply(cl, rep(3, 2), rnorm))
+ }
```

```
输出:
[[1]]
[1]   1.2201931 -1.2804079   0.7415535

[[2]]
[1] -0.5947580 -0.2547117 -0.9992383

[[1]]
[1]   1.2201931 -1.2804079   0.7415535

[[2]]
[1] -0.5947580 -0.2547117 -0.9992383
```

在 master 上设置种子后，在 worker 上随机设置不同种子，在 worker 上产生随机数并打印，查看结果是否可重复。

不推荐使用这种方法，因为产生的随机数流不具有期望的结构属性。下一小节讨论并行环境生成随机数的正确方法。

3.4.2　并行计算中的 RNG

本小节介绍一个非常适合在分布式环境中使用的随机数生成器（RNG）。上一小节介绍了重复结果的特殊方法，不推荐使用是因为良好的 RNG 应该具有某些特征，但该方法产生的随机数没有这些特征。

RNG 的特征之一是随机数流具有长周期性。周期是 RNG 生成的无重复序列的长度，周期最好大于 2^{100}。良好的结构或分布特性在高维空间中最好能保持，例如 RNG 生成均匀分布随机数时，在多维空间也应产生均匀分布随机数，但如果使用的是标准的串行 RNG，在分布式环境中可能无法保留这些特征。

2002 年，Pierre L'ecuyer 等人提出了一种具有多个独立流的高质量 RNG，即 RngStreams，其 RNG 周期是 2^{191}，不同流的种子之间的距离为 2^{127}。拥有多个流使其非常适合并行环境，每个并行部分都可以使用独立且可重复的流。

R 中有两个包提供 RngStreams 生成器的直接接口，一个是 rlecuyer，另一个是 rstream。这个生成器内置在 R 内核中，可以像使用其他随机数生成器一样使用，例如传递 "L'Ecuyer-CMRG" 给 RNGkind() 函数。

如何在 parallel 包中使用这个生成器？ parallel 包中 L'Ecuyer RNG 是默认的 RNG，但是必须使用种子来初始化。调用 clusterSetRNGStream() 函数，传递 cl 对象和一个整数种子，这里为 1234。该调用会初始化每个 worker 上的独立流，在任何时候都可以使用相同的种子来重复结果。

```
library(parallel)
cl <- makeCluster(2)
clusterSetRNGStream(cl, iseed = 1234)
```

如果使用 parallel 包中的 L'Ecuyer 生成器,结果是否总是可重复的? 为每个 worker 生成一个流,每个 worker 将流用于分配的所有任务,这对重复结果造成了限制,结果在一定条件下才能重复。

• 需要在相同大小的集群上运行。如果 worker 的数量发生了变化,流的数量也会发生变化,应用程序也将使用不同的随机数。

• 进程不能使用负载平衡,比如 clusterApplyLB() 函数。使用负载平衡后任务将以不确定的方式分配给 worker,相同的任务可能会在每次运行时分配给不同的 worker,所以可能会使用不同的随机数流。

3.4.3 foreach 包和 future.apply 包中的结果可重复性

本小节将在 foreach 包和 future.apply 包中使用随机数并重复结果。

1. foreach 包

foreach 包中可以通过 doRNG 后端来重复结果。与 parallel 包类似,doRNG 也利用 L'Ecuyer 生成器的独立流;与 parallel 包不同的是,doRNG 中不是每个 worker 一个流,而是为每个任务初始化一个流。

下面是一个使用 doRNG 后端的例子,加载 doRNG 和 doParallel 包,创建集群。

```
library(doRNG)
library(doParallel)
registerDoParallel(cores = 3)
```

使用 set.seed() 函数在 master 上设置随机种子,构造 foreach 循环,使用 %dorng% 运算符而不是 %dopar%。生成 5 × 2 的随机数矩阵,结果存储在 res1 中。

```
set.seed(1)
res1 <- foreach(n = rep(2, 5), .combine = rbind) %dorng% rnorm(n)
```

设置种子后重复执行代码,结果存储在 res2 中。

```
set.seed(1)
res2 <- foreach(n = rep(2, 5), .combine = rbind) %dorng% rnorm(n)
```

比较 res1 和 res2 是否相同。

```
identical(res1, res2)
```

```
输出:
[1] TRUE
```

结果是 TRUE。

另一种方式是使用 %dopar% 运算符,加载 doRNG 和 doParallel,创建集群。

```
library(doRNG)
library(doParallel)
registerDoParallel(cores = 3)
```

不使用 set.seed() 函数，而是使用 registerDoRNG() 函数，并传递种子。接着使用 foreach 循环和 %dopar%，结果存储在 res3 中。

```
registerDoRNG(1)
res3 <- foreach(n = rep(2, 5), .combine = rbind) %dopar% rnorm(n)
```

无论何时想要重置种子，都可以使用 set.seed() 函数，再使用 foreach() 函数和 %dopar%。

```
set.seed(1)
res4 <- foreach(n = rep(2, 5), .combine = rbind) %dopar% rnorm(n)
c(identical(res1, res3), identical(res2, res4))
```

```
输出:
[1]  TRUE TRUE
```

结果和之前的一样。

总结一下，有两种方法可以将 doRNG 包含到 foreach 构造中，一种是使用 %dorng% 操作符，另一种是加载 doRNG 包后使用带有 %dopar% 的 foreach 结构。第一种方法的优点非常明显，第二种方法的优点是可以在外部程序或包上添加 registerDoRNG() 函数来重复结果，而无须改变代码本身。

最后需要注意的是，doRNG 可以与任何并行后端（包括 doFuture）结合使用。

2. future.apply 包

future.apply 包也使用 L'Ecuyer 生成器的独立流，与 doRNG 一样，它为每个任务生成一个流，这使得节点的数量不影响结果的可重复性。唯一需要做的就是传递 RNG 种子给参数 future.seed。

下面是串行的例子。

```
library(future.apply)
plan(sequential)
res5 <- future_lapply(1:5, FUN = rnorm, future.seed = 1234)
```

载入 future.apply 包，设置 sequential plan，使用 future_lapply() 函数生成 5 个标准正态随机数，设置参数 future.seed 为 1234，设置种子将为 5 个任务生成 5 个独立流。

使用 multiprocess plan 重复相同的过程，检查结果是否相同。

```
plan(multiprocess)
res6 <- future_lapply(1:5, FUN = rnorm, future.seed = 1234)
identical(res5, res6)
```

```
输出:
[1] TRUE
```

结果确实是相同的。

3.4.4 小结

下面总结可以用来并行化程序的 3 个 R 包。

● 第一个是 parallel 包。parallel 包的优点是代码不依赖其他包。理解 parallel 如何工作很重要，因为许多包都以它为基础。与这些包相比，parallel 的性能通常最好，因为它的开销最小。但当使用随机数时，结果只能在相同大小的集群上重复，且只有在不使用负载平衡的情况下才能重复结果。

● 第二个是 foreach 包。结合并行后端 doParallel 和 doFuture，foreach 提供了更高层次的编程接口，它具有类似于 for 循环的直观结构。与 doRNG 后端结合使用时，无论集群大小如何，它都会产生可重复的结果。

● 第三个是 future.apply 包。它基于 future 包，优点是将多个并行后端统一为一个接口，它有类似 apply() 函数的直观语法。不管集群大小如何，它生成的结果总是可重复的。

为了从并行中获得最佳性能，应该注意哪些方面?

要尽量减少通信开销，避免在 master 和 worker 之间重复传输大量数据。应该使用最适合的方法，例如，如果任务大小基本相同，可以将它们分组成块并均匀地分布在各个 worker 中。

设置正确的集群大小也很重要，worker 数不要超过可用物理内核的数量。

习题

1. 为了重复评估计算一组随机数的平均值的 mean_of_rnorm() 函数，使用 for 循环的解决方案如下所示:

```
for(iter in seq_len(n_replicates))
        result[iter] <- mean_of_rnorm(n_numbers_per_replicate)
```

其中，迭代彼此独立，将其转换为并行形式。

注意: 分配的任务 (即 n_replicates) 比可用的工作线程更多。

重要提示:

● 创建有两个工作程序的集群对象 cl，将 n_replicates 设置为 50，将 n_numbers_per_replicate 设置为 10 000。

● 并行评估 mean_of_rnorm() 函数，以便将其重复 n_replicates 次，并且在每次评估中都将 n_numbers_per_replicate 作为其参数。

● 以直方图形式查看结果。

• 使用 clusterApply() 函数评估 mean_of_rnorm() 函数的并行形式，其中 x 是 n_numbers_per_replicate 重复 n_replicates 次的向量。

重要代码：

```
# 创建集群并设置参数
cl <- __
n_replicates <- __
n_numbers_per_replicate <- __
# 并行评估 n_numbers_per_replicate, n_replicates 次
means <- __(cl,
     x = rep(__, __),
     fun = __)
# 以直方图形式查看结果
hist ( unlist ( __ ) )
```

2. 在节点上加载包。在本题中，需要并行运行一个简单的应用程序，该应用程序需要 extraDistr 包（需要注意的是，如果仅将其加载到主服务器上，代码将失败）。使用函数 clusterEvalQ() 在所有集群节点上加载程序包。

工作空间中提供了并行程序包和带有套接字后端的 4 节点集群对象 cl。需要使用预定义的函数 myrdnorm()（该函数将 n、mean 和 sd 作为参数），并将其从 extraDistr 传递到 rdnorm() 函数，以给定均值和标准差在离散正态分布下生成 n 个随机数。

重要提示：

• 创建一个向量 n，其中 rep() 执行 n_replicates 次，每次都将 n_numbers_per_replicate 作为参数。

• 在 master 上加载 extraDistr（标准方式）。

• 使用 clusterApply() 函数尝试将 myrdnorm 并行应用于 n。

• 运行绘图代码以查看结果。

重要代码：

```
# 预定义的 myrdnorm
myrdnorm <- function(n, mean = 0, sd = 1)
  rdnorm(n, mean = mean, sd = sd)
# 参数
n_numbers_per_replicate <- 1000
n_replicates <- 20
# 重复 n_numbers_per_replicate, n_replicates 次
n <-__
# 在 master 上加载 extraDistr
__
# 并行运行 myrdnorm
res <-__ ( __, __, __ )
```

3. 使用 doParallel 的词频解决问题。在本题中，需要使用 doParallel 和 doFuture 进行并

行处理来完成相同的任务，并针对顺序版本进行基准测试。顺序解决方案在函数 freq_seq() 中实现（在控制台中键入 freq_seq 即可查看）。该函数遍历全局字符向量 chars 并调用函数 max_frequency()（max_frequency() 是在单词向量中搜索，同时过滤最小单词长度的函数）。具体需要编写一个函数 freq_doPar()，该函数通过 doParallel 并行运行相同的代码。

重要提示：

• 使用参数 cores 和 min_length = 5 定义函数 freq_doPar()。

• 该函数需要使用 registerDoParallel() 注册核心节点集群（明确指定参数名称）。

• 编写与 freq_seq() 类似但并行运行的 foreach() 循环。循环应使用 .export 参数将函数 max_frequency() 和 select_words() 以及目标词（按此顺序）导出到工作程序；循环应使用 .packages 在工作程序上加载 janeaustenr 和 stringer 包（按此顺序）。

• 在 2 个内核上运行函数 freq_doPar()。

重要代码：

```
# doParallel foreach 函数
freq_doPar <- function(__, __ = 5) {
# 注册 size cores 集群
  __
# foreach 循环
  __(__, __,
    __ = c(__, "select_words", "words"),
    __ = c(__, __)) __
  __(let, words = __, min_length = __)
}
# 在 2 个内核上运行
  __
```

4. 检查 RNG 初始化之前和之后的 RNG 类型来查看 clusterSetRNGStream() 函数的影响。(clusterSetRNGStream() 采用两个参数，即一个集群对象和一个用于随机种子的整数。)

重要提示：

• 创建有两个工作程序的集群对象 cl。

• 使用 clusterCall() 函数在所有工作程序上调用 RNGkind() 函数。

• 使用 clusterSetRNGStream() 函数将集群的 RNG 种子设置为 100。

• 检查 worker 的 RNGkind() 函数，考虑 RNG 是如何变化的。

重要代码：

```
# 创建集群
cl <- __
# 检查 worker 的 RNGkind
__(__, __)
# 为 worker 设置 RNG 种子
__(__, __)
# 检查 worker 的 RNGkind
__(__, __)
```

第 *4* 章

使用 R 中的 sparklyr 包操作 Spark

4.1 sparklyr 基础知识

sparklyr 是 R 中的一个程序包，可以帮助我们使用 R 语言操作 Spark。本节主要介绍一些基础知识：sparklyr 的简单介绍，sparklyr 的安装和工作流程。

4.1.1 什么是 sparklyr

R 是数据分析的经典工具，可用于快速编写数据分析代码。同时，只需要掌握一些技巧，就可以让 R 代码易于阅读与维护。但在默认条件下，R 会将数据存储在计算机内存中。内存空间对于一般的数据集而言绰绰有余，可当数据集非常大时，继续使用内存存储就会遇到许多棘手的问题。

有很多方法可以帮助解决 R 处理大数据能力不足的问题，使用 Spark 是其中之一。Spark 是一个集成运算平台，这意味着可以将数据和运算工作分散到多台机器上，增强处理大规模数据的能力。同时，Spark 中数据的分散是自动进行的，我们不需要了解具体的机制，这简化了 Spark 的操作难度。通过综合 R 与 Spark，可以编写出简洁且高效的代码。

sparklyr 是一个帮助我们使用 R 语言操作 Spark 的包。通过 sparklyr，我们可以用 R 语言中简洁易懂的语句调用 Spark 强大的数据处理能力。sparklyr 提供 dplyr 接口，这意味着可以使用与 dplyr 风格相似的代码操作 Spark 运算集群，若对 dplyr 比较熟悉，学习 sparklyr 不是件困难的事情。

不过 sparklyr 也存在一定的缺陷。Spark 是一种新兴的技术，而 sparklyr 出现的时间晚于 Spark。目前，Spark 的一些功能还不能通过 R 代码实现，sparklyr 的一些报错信息也不够清晰（相比之下，Scala 与 Python 对 Spark 的接口更加成熟）。本章关注的重点是 sparklyr，尽管它的不成熟可能会带来额外的工作量，但它的强大与便利仍然是无可置疑的。

4.1.2 sparklyr 的安装与工作流程

sparklyr 的安装可以通过在 R 中运行 install.packages("sparklyr") 实现，注意后续操作需要先安装好 Spark 和 Java。

使用 sparklyr 的常见工作流程可以分为以下三步：

- 连接，即连接 Spark 集群；
- 工作，即操作 Spark 完成数据处理工作；
- 断开，即断开与 Spark 集群的连接。

注意：连接 Spark 会耗费一定的时间，所以一般在所有工作开始前连接 Spark，直到所有工作完成后再断开连接。

下面介绍连接 Spark 与断开 Spark 的具体操作。

1. 连接

一般使用 spark_connect() 连接 Spark 集群，这一函数接收目标 Spark 集群的地址，返回与 Spark 的连接，如果想要连接本地的单机 Spark，可以直接为地址赋值 "local"。连接成功后，可以用 spark_version() 查看当前 Spark 的版本。

```
# 加载sparklyr包
library(sparklyr)
# 设置本地Spark的路径
Sys.setenv(SPARK_HOME = "D:/spark/spark-2.4.5-bin-hadoop2.7")


# 连接本地Spark
spark_conn <- spark_connect(master="local",
                            spark_home = Sys.getenv("SPARK_HOME"))


# 打印Spark的版本
spark_version(sc = spark_conn)
[1]  '2.4.5'
```

注意：如果本地的单机 Spark 是通过 R 中指令 spark_install() 直接安装的，则不需要使用 Sys.setenv() 设置 Spark 的路径，否则需要将路径设置为 Spark 的实际安装路径。

2. 断开

完成所有数据分析工作后，还需要用 spark_disconnect() 断开与 Spark 集群的连接。

```
# 断开与 Spark 的连接
spark_disconnect(sc = spark_conn)
```

4.2 Spark 中的数据

这一节将初步介绍 Spark 中数据集的传输与存储。在使用 Spark 强大的数据存储与处理功能之前，首先要将数据传输到 Spark 中，随后便可以利用 R 中相应的数据连接处理存储在 Spark 上的远程数据集。R 中代表远程数据的数据连接与一般的数据集用法类似，但又有所不同。本节将具体介绍展示远程数据集的方式，以及如何控制数据集的存储地点。

在本节出现的所有示例代码中，默认已经加载 sparklyr 包，与 Spark 建立连接，并将连接存储在 spark_conn 中。

在本节与后面介绍 sparklyr 的章节的示例代码中，主要使用来自 Million Song Dataset 的数据集 track_metadata。track_metadata 是一个描述用户的歌曲播放记录的数据集，包括发布 ID、歌曲名、歌曲 ID、发行方、艺术家 ID 等变量。数据集具体内容示例如表 4-1 所示。

表 4-1   track_metadata数据集具体内容

track_id	title	song_id	release
TRDVOZX128F93283A3	Jersey Belle Blues	SOKMEHX12AB0180877	Backwater Blues
TRDPMEU12903CC5434	Get Yourself Together	SOFCPUM12AB018A4EB	Rambler's Blues
TRJQDNJ128F426E8CE	Jersey Bull Blues	SOKDFLC12A8C1354AE	Complete Recordings_CDE

artist_id	artist_mbid	artist_name	duration
ARDNQ0R1187B9BA1EF	dbfd61ef-fce1-4803-9f18-7bfdd3996508	Lonnie Johnson	177.91955
ARDNQ0R1187B9BA1EF	dbfd61ef-fce1-4803-9f18-7bfdd3996508	Lonnie Johnson	190.40608
ARTDUXM1187B9899ED	c71b4f57-29da-4bf2-bccb-9dc81cd2d905	Charley Patton	192.62649

artist_familiarity	artist_hotttnesss	year
0.558926254	0.404827117	1940
0.558932178	0.404827117	1940
0.574300068	0.375593583	1934

虽然超大数据集更能体现 Spark 的运算优势，但 sparklyr 的使用方法不会随数据集的大小变化，为了减少代码的运行时间，我们选取相对较小的数据集示范。

4.2.1 向 Spark 传输数据

在使用 sparklyr 前，首先要思考如何向 Spark 集群传输数据。sparklyr 提供了从文件中读取数据的函数，不过我们也常常直接将 R 中的数据复制到 Spark 集群上。copy_to(dest, df)

可以完成数据复制，它接收两个参数，其中 dest 代表与 Spark 的连接，df 代表 R 中的数据集。下面是向 Spark 复制数据的一个示例：

```
# 读入数据，存储在 track_metadata 中
track_metadata <- readRDS("Data/track_metadata.rds")
# 为了提高代码运行速度，这里随机抽取100条数据
set.seed(1234)
track_metadata <- track_metadata[sample(nrow(track_metadata), 100)]

# 使用 copy_to() 将数据集复制到 Spark 中
track_metadata_tbl <- copy_to(dest = spark_conn,
+                             df = track_metadata)
```

注意：在使用 copy_to() 向 Spark 复制数据之前，要保证数据集已经存储在 R 中。

直接从 R 向 Spark 复制数据集是一种简单直观的传输数据的方式，不过复制数据速度较慢，在数据传输到 Spark 之前，还需要将其存储在内存中，所以这种方式并不适合大数据集。稍后会介绍更多传输数据的方式，其中有一些更适合大型数据集。

如果想知道数据的复制是否成功，可以使用 src_tbls() 查看 Spark 上所有数据集的名称，其参数是与 Spark 的连接。

```
# 使用src_tbls()查看Spark中存储着哪些数据集
library(dplyr) # 导入需要的程序包
src_tbls(spark_conn)
[1] "track_metadata"
```

4.2.2　tibble 与 DataFrame

将数据传输到 Spark 后，该如何通过 R 对数据集进行处理呢？一般情况下，会借助与 Spark 中数据集的连接来处理数据。在复制数据后，copy_to() 会返回一种特殊的 tibble 数据集，它将 R 中的变量与 Spark 上的数据集联系在一起，是处理 Spark 中数据的"手柄"。tibble 是 R 中数据框的一种存储形式，通常有更加简洁整齐的打印格式。tibble 可以存储远程数据集，此时 tibble 中仅仅包括与远程数据集间的连接，而非具体的数据，这一存储方式可以减少占用的存储空间。

在我们的例子中，复制数据后的返回值正是只包含连接的 tibble，而具体的数据已经存储在 Spark 中。Spark 中的数据集称为 DataFrame，它与 R 中的数据框有相似的结构。

也可以使用 tbl() 获得与 Spark 中数据集的连接，这一函数接收一个与 Spark 的连接，以及一个 Spark 中 DataFrame 的名称。

```
# 使用tbl()连接Spark中的数据集
# 并将返回值赋给track_metadata_tbl
track_metadata_tbl <- tbl(spark_conn, 'track_metadata')
```

```
# 使用dim()查看数据集的维度
dim(track_metadata_tbl)
[1] NA 11

# 使用object_size()查看track_metadata_tbl占用的内存空间
library(pryr) # 导入需要的程序包
object_size(track_metadata_tbl)
47.1 kB
```

注意: 在上面的代码中, dim() 返回的数据集行数为 NA, 事实上, 我们经常无法通过 R 中的函数获得 Spark 中数据集的准确行数。

4.2.3　展示 Spark 中的数据集

如果希望获得 Spark 中数据集的直观印象, 可以打印部分数据集, 或者使用一些函数展示数据集的结构。

如果我们尝试打印一个存储远程数据连接的 tibble, 它对应的具体数据会由 Spark 复制回 R 并被打印出来。复制数据是一个耗时的过程, 所以 print() 函数默认展示数据集的前 10 行与所有的列。当然, 可以通过 print() 中的参数 n 与 width 控制数据集打印的行数与列数。如果想要打印所有的列数, 不妨令 width = Inf。

```
# 打印数据集的前5行与所有列
print(track_metadata_tbl, n = 5, width = Inf)
# 输出结果较长, 不在此展示
```

如果想查看 R 中一个数据集的结构, 通常会使用 str() 函数, 但是对于存储远程数据集连接的 tibble, str() 函数会返回数据连接的一些信息, 而不是具体数据的结构。这时可以使用 glimpse() 函数, 它可以获得 tibble 代表的远程数据集的具体信息。不过对于远程数据集, glimpse() 也无法获得准确的行数。

```
# 使用str()展示tibble(数据连接)的结构
str(track_metadata_tbl)
List of 2
  src:List of 1
  .. con:List of 13
  .. .. master    : chr "local[8]"
  .. .. method    : chr "shell"
  .. .. app_name  : chr "sparklyr"
  .. .. config    :List of 6
  ...
# 结果较长, 不全部展示


# 只用glimpse()展示数据集的结构
```

```
glimpse(track_metadata_tbl)
Observations:  ??
Variables:  11
Database:  spark_connection
 track_id          <chr> "TRDVOZX128F93283A3", ...
 ...
# 结果较长，不全部展示
```

4.2.4 compute() 与 collect()

在处理 Spark 中的 DataFrame 这样的远程数据时，数据存储地点的控制是非常重要的。compute() 可以将运算结果存储为 Spark 中的 DataFrame，collect() 可以将结果取回 R。

首先介绍 collect() 的使用方法。如果想要打印数据集，或者利用数据集中的数值绘图，或者在数据集上尝试一些 Spark 并不支持的建模方法，都需要将数据取回 R，此时会用 collect() 函数。在下面的示例中，首先对数据集进行一定的运算，随后将运算结果取回 R，使用 class() 查看返回值类型。

```
# 下一节将学习这一句代码的具体含义
# results 是一个代表远程数据集的 tibble
results <- track_metadata_tbl %>% # %>%来自dplyr接口，下一节将有详细描述
+    filter(artist_familiarity > 0.9)

# 使用 class() 查看 results 的数据类型
class(results)
[1] "tbl_spark" "tbl_sql" "tbl_lazy" "tbl"

# 使用 collect() 将数据取回 R
# 这一句代码等价于:
# collected <- collect(results)
collected <- results %>% # %>%来自dplyr接口，下一节将有详细描述
+    collect()

# 使用 class() 查看 collected 的数据类型
class(collected)
[1] "tbl_df" "tbl" "data.frame"
```

在上面的代码中，筛选出数据集中 artist_familiarity 大于 0.9 的观测，返回值为 results，此时 results 依然是存储数据连接的 tibble。随后，使用 collect() 把筛选结果取回 R，返回值为 collected。可以看到，此时的数据类型显示 collected 中存储的已经是真实的数据，而非与 Spark 中数据集的连接。需要注意的是，从 Spark 将数据取回 R 也是一个耗时的过程，仅在必要时进行这项操作。

　　那么 compute() 函数有什么作用呢？如果在操作的过程中需要存储中间结果，又不想将数据取回 R，就可以使用 compute() 函数将中间结果存储在 Spark 中的一个临时数据集上。compute() 接收两个参数，分别是 tibble 和 Spark 上将要存储中间结果的数据集的名称。

```
# 下一节介绍这句代码的具体含义
computed <- track_metadata_tbl %>%
+    filter(artist_familiarity > 0.8) %>%
+    # 使用 compute() 将运算的中间结果存储在 familiar_artists 中
+    compute("familiar_artists")

# 使用 src_tbls() 查看 Spark 中的所有数据集
src_tbls(spark_conn)
[1] "familiar_artists" "track_metadata"

# 使用 class() 查看 computed 的数据类型
class(computed)
[1] "tbl_spark" "tbl_sql" "tbl_lazy" "tbl"
```

　　这一次，筛选出数据集中 artist_familiarity 大于 0.8 的观测，并将运算结果存储在 Spark 中的数据集 familiar_artists 上。使用 src_tbls() 展示 Spark 上所有的数据集名称，可以发现在原有的 track_metadata 之外，多出了新生成的 familiar_artists。但是 compute() 不会将运算结果取回 R，本例中返回值 computed 的数据类型反映出它依然是一个存储数据集连接的 tibble。

4.3　sparklyr 的 dplyr 接口

　　现在我们已经对 sparklyr 有了基本的了解，接下来学习如何利用 sparklyr 进行数据分析。R 中的 dplyr 包支持多种针对数据框的操作，包括选择目标列、筛选行、对行排序、转换或添加列、计算汇总函数等。sparklyr 提供 dplyr 接口，这意味着可以用 dplyr 的语法操作 Spark 中的数据集。本节介绍 sparkly 中 dplyr 接口的使用方法。

　　在本节的所有示例代码中，默认已经通过 spark_conn 连接 Spark，Spark 上存储有数据集 track_metadata（仅将原数据集的前 100 行传送到 Spark 上），这一数据集在 R 中对应的 tibble 是 track_metadata_tbl。

4.3.1　dplyr 接口简介

　　sparklyr 提供 dplyr 接口，通过 dplyr 中的函数可以非常方便地操作 Spark 集群上的数据集。dplyr 提供了一套进行基本数据处理的语法，主要包括下面五个数据转换函数：
- 选择目标列：select()；
- 筛选行：filter()；

- 对行排序：arrange()；
- 转换或添加列：mutate()；
- 计算汇总函数：summarize()。

这些方法对 R 中的本地数据集与 Spark 集群上的数据集都适用，但是 sparklyr 会将 dplyr 代码转换为 SQL 语句后传送给 Spark，因此在使用 dplyr 语句处理 Spark 中的数据集时，一些在 R 中合法的表达式或者函数将无法识别。

除了上述用于数据处理的函数，dplyr 还支持管道符号 %>%，它可以将上一个表达式的结果传递给下一个函数的第一个参数，经常用于连接多项操作，下面是一个例子：

```
# 下面两段代码等价
# 使用管道符号%>%
a_tibble %>%
  func1(some_args) %>%
  func2(some_args)


# 不使用管道符号
func2(func1(a_tibble, some_args), some_args)
```

显然，%>% 让代码变得更加简洁。在后续的示例中，我们会进一步看到 %>% 在较为复杂的数据处理工作中的优势。

接下来，我们详细介绍 dplyr 接口中的常用操作。

4.3.2 选择目标列

在一些应用场景中，数据集可能包含许多列，但并非所有的列都是数据分析中需要使用的，这时选择目标列可以加快后续工作的运算速度。dplyr 中的函数 select() 可用于选择目标列。需要注意的是，不同于 R 中的数据集，sparklyr 不支持使用中括号取目标列。

```
# select()
track_metadata_tbl %>%
+   # 使用 select() 选取目标列 artist_name, release, title 与 year
+   select(artist_name, release, title, year)
# Source:   spark<?> [??  x 4]
  artist_name    release              title           year
  <chr>          <chr>                <chr>           <int>
 1 Lonnie Johnson Backwater Blues     Jersey Belle Bl … 1940
# 部分输出结果被省略
# …   with more rows


# 尝试用中括号取目标列
# 此段代码会报错，将其置于 tryCatch() 中查看错误信息
tryCatch({
```

```
+    track_metadata_tbl[, c("artist_name", "release", "title", "year")]
+ },
+ # 打印错误信息
+ error = print
+ )
<simpleError in track_metadata_tbl[, c("artist_name", "release", "title", "year
    ")]: incorrect number of dimensions>
```

如果要从数据集中选取较多的列，在 select() 中将列名一一写出是非常麻烦的，这时可以使用 select() 支持的一系列辅助函数来灵活地选择多个目标列。这些函数包括：

- starts_with()：匹配目标列列名的开头；
- ends_with()：匹配目标列列名的结尾；
- contains()：匹配目标列列名中的子串；
- matches()：使用正则表达式匹配目标列列名。

不过这些辅助函数只有在 select() 中才是有效的，不可单独使用。以下是使用示例。

```
track_metadata_tbl %>% select(starts_with("artist"))
# Source:   spark<?> [?? x 5]
   artist_id artist_mbid artist_name artist_familiar …
   <chr>     <chr>       <chr>                   <dbl>
 1 ARDNQOR1 … dbfd61ef-f … Lonnie Joh …            0.559
# 部分输出结果被省略
# …  with more rows, and 1 more variable:
#    artist_hotttnesss <dbl>


# 选择所有列名以"id"结束的列
track_metadata_tbl %>% select(ends_with("id"))
# Source:   spark<?> [?? x 4]
   track_id      song_id      artist_id      artist_mbid
   <chr>         <chr>        <chr>          <chr>
 1 TRDVOZX128F9 … SOKMEHX12AB … ARDNQOR1187 … dbfd61ef-fce1-4803-9 …
# 部分输出结果被省略
# …  with more rows


# 选择所有列名中包含字符串"ti"的列
track_metadata_tbl %>% select(contains("ti"))
# Source:   spark<?> [?? x 7]
   title artist_id artist_mbid artist_name duration
   <chr> <chr>     <chr>       <chr>          <dbl>
 1 Jers … ARDNQOR1 … dbfd61ef-f … Lonnie Joh …  178.
# 部分输出结果被省略
# …  with more rows, and 2 more variables:
#    artist_familiarity <dbl>, artist_hotttnesss <dbl>
```

```
# 选择所有列名与正则表达式"ti.?t"匹配的列
track_metadata_tbl %>% select(matches("ti.?t"))
# Source:   spark<?> [??  x 6]
   title artist_id artist_mbid artist_name artist_familiar …
   <chr> <chr>     <chr>       <chr>                  <dbl>
 1 Jers … ARDNQOR1 … dbfd61ef-f … Lonnie Joh …         0.559
# 部分输出结果被省略
# …   with more rows, and 1 more variable:
#   artist_hotttnesss <dbl>
```

4.3.3　筛选行

有时只需要在原始数据集的某一个子集上进行数据分析,这时需要筛选出满足要求的行,filter() 可以完成这一工作。filter() 接收一个数据集与一个逻辑表达式,目前 sparklyr 支持在表达式中使用比较运算符,比如 >、!= 与 %in%;数学运算符,比如 + 与 %%;逻辑运算符,比如 &、| 与 !;一些数学函数,如 log()、abs() 与 round()。

```
# filter()
track_metadata_tbl %>%
+   select(artist_name, release, title, year) %>%
+   # 筛选记录于20世纪60年代的歌曲
+   filter(year >= 1960 & year < 1970)
# Source: spark<?> [??  x 4]
# … with 4 variables:  artist_name <chr>, release <chr>,
#   title <chr>, year <int>
```

有时,需要获得某一分类变量的所有取值水平,也就是对数据集中目标列的取值进行去重处理,这相当于选出该列中取值未重复的行。dplyr 利用函数 distinct() 完成这一工作。

```
# 找到数据集中artist_name的非重复取值
# 选出artist_name中取值未重复的行
track_metadata_tbl %>% distinct(artist_name)
# Source: spark<?> [??  x 1]
   artist_name
   <chr>
 1 Big Joe Williams
 2 Skip James
 3 Sonny Boy Williamson
 4 Jelly Roll Morton's New Orleans Jazzmen
# 部分输出结果被省略
# … with more rows
```

如果希望得到某几个变量所有的取值组合，只要将这几个变量对应的列名排列在
distinct() 中即可。

```
# 选出 artist_name 与 year 组合中取值未重复的列
track_metadata_tbl %>% distinct(artist_name, year)
# Source:  spark<?> [??  x 2]
    artist_name                    year
    <chr>                          <int>
 1  Skip James                     1931
 2  Sonny Boy Williamson           1940
 3  Roosevelt Sykes                1940
 4  Big Bill Broonzy               1939
# 部分输出结果被省略
# ··· with more rows
```

distinct() 函数可以返回去重后的变量值，那么怎样获得每一组取值出现的次数呢？在
R 中，table() 函数可以完成这一任务，但 sparklyr 不支持 table()，因为它的返回结果并没有
存储在一个 tibble 中。此时可以使用 count() 函数，它的使用方法和效果与 distinct() 类似，
但返回的 tibble 中会多出变量 n，记录每种取值组合出现的次数。如果为 count() 中的参数
sort 赋值 TRUE，count() 的返回结果就会按照 n 的取值从高到低排序，这样就可以统计数
据集中出现频率最高的取值组合。

```
track_metadata_tbl %>%
+   # 记录artist_name中各水平的出现次数，并降序排序
+   count(artist_name, sort = TRUE)
# Source:     spark<?> [??  x 2]
# Ordered by:  desc(n)
    artist_name                    n
    <chr>                          <dbl>
 1  Bukka White                    20
 2  Tampa Red                      7
 3  Skip James                     6
 4  Sleepy John Estes              5
# 部分输出结果被省略
# ··· with more rows
```

4.3.4　对行排序

arrange() 函数可以对数据集的行重新排序，它接收一个数据集与作为排序参考的列的
列名。默认条件下，arrange() 会按照参考列的升序对数据集进行排序。

```
# arrange()
track_metadata_tbl %>%
```

```
+    select(artist_name, release, title, year) %>%
+    filter(year >= 1960, year < 1970) %>%
+    # 先按照artist_name的升序对行排序
+    # 随后一次按照year的降序, title的升序对行排序
+    arrange(artist_name, desc(year), title)
# Source:      spark<?> [??  x 4]
# Ordered by:  artist_name, desc(year), title
   artist_name          release                title                    year
   <chr>                <chr>                  <chr>                    <int>
1 Fred kerstr···           Dagsedlar t k···          Luffaren              1967
2 Gabor Szabo          Gypsy '66              Gypsy '66                1966
3 Harry Belafonte      Christmas              Where The Little Jesus Slee··· 1962
4 Lenny Bruce          The Lenny Bruce Origi··· The Tribunal             1960
5 Leroy Anderson       Memories - The Christ··· Sleigh Ride              1964
# 部分输出结果被省略
# ··· with more rows
```

4.3.5 转换或添加列

如果需要在数据集中新建一列,或者修改已经存在的列,可以使用函数 mutate(),下面是一个使用示例。

```
# mutate()
track_metadata_tbl %>%
+    select(title, duration) %>%
+    # 使用 mutate() 添加新列 duration_munites
+    # 它是以分钟为单位的歌曲时长 (时长 duration 的单位为秒)
+    mutate(duration_minutes = duration/60)
# Source:  spark<?> [??  x 3]
    title                duration duration_minutes
    <chr>                <dbl>    <dbl>
1   Jersey Belle Blues   178.     2.97
2   Get Yourself Together 190.    3.17
3   Jersey Bull Blues    193.     3.21
4   High Fever Blues     174.     2.90
# 部分输出结果被省略
# ···  with more rows
```

4.3.6 计算汇总函数

mutate() 函数可以将一列数据转换为一列新的数据,但如果希望针对某一列数据计算

均值、极值或者方差，则需要将一列数据转为单个数值，这时可以利用 summarize() 计算汇总函数。

```
# summarize()
track_metadata_tbl %>%
+    select(title, duration) %>%
+    mutate(duration_minutes = duration/60) %>%
+    # 利用summarize()计算歌曲平均时长，以分钟为单位
+    summarize(mean_duration_minutes = mean(duration_minutes))
# Source:   spark<?> [??  x 1]
     mean_duration_minutes
                     <dbl>
 1                    3.03
```

dplyr 几乎总是将数据保存在 tibble 中，在本例中，即使计算结果是单个数值，返回值也是单行单列的数据集。

设想这样一个问题：如果希望统计每个月或者每个地区的销量，应该怎样处理数据集？这时需要基于分组后的数据分别计算汇总函数，而在 sparklyr 的 dplyr 接口中，可以先用 group_by() 函数将数据分组，再使用 summarize() 或者 mutate() 分别处理每一组数据。需要注意的是，group_by() 接收的一般是分类变量，如果遇到连续型变量，需要先将连续型变量离散化。下面是分组后计算汇总函数的示例。

```
track_metadata_tbl %>%
+    # 按照artist_name分组
+    group_by(artist_name) %>%
+    # 计算每组duration的均值
+    summarize(mean_duration = mean(duration))
# Source:   spark<?> [??  x 2]
   artist_name                                mean_duration
   <chr>                                              <dbl>
 1 Big Joe Williams                                    184.
 2 Skip James                                          206.
 3 Sonny Boy Williamson                                177.
 4 Jelly Roll Morton's New Orleans Jazzmen             130.
# 部分输出结果被省略
# ··· with more rows
```

分组后，也可以利用 mutate() 对每组中的目标列进行不同的处理。

```
track_metadata_tbl %>%
+    # 分组
+    group_by(artist_name) %>%
+    # 新建一列 time_since_first_release，分组计算其取值
+    # 它代表每首歌曲的发行时间与这位音乐家第一次发行歌曲的时间差
+    mutate(time_since_first_release = year-min(year)) %>%
```

```
+   # 按照时间差降序排序
+   arrange(desc(time_since_first_release))
# Source:      spark<?> [??  x 12]
# Groups:      artist_name
# Ordered by:  desc(time_since_first_release)
  track_id title song_id release artist_id artist_mbid
  <chr>    <chr> <chr>   <chr>   <chr>     <chr>
1 TRCSKCC ··· When ··· SOGPRG ··· Blues ···  ARNEL201 ···  882af819-8 ···
2 TRINBQR ··· Fixi ··· SOLGNY ··· Southe ··· ARNEL201 ···  882af819-8 ···
3 TRILFJR ··· Parc ··· SOCTLR ··· The So ··· ARNEL201 ···  882af819-8 ···
4 TRPFJIN ··· Dist ··· SOCDSJ ··· The Pa ··· ARNEL201 ···  882af819-8 ···
# 部分输出结果被省略
# ···  with more rows, and 6 more variables:  artist_name <chr>,
#   duration <dbl>, artist_familiarity <dbl>,
#   artist_hotttnesss <dbl>, year <int>,
#   time_since_first_release <int>
```

4.3.7 其他常用功能

1. 数据集的连接

除了处理单个数据集，dplyr 接口还允许使用 join_ 类函数来连接多个数据集，主要包括以下四种连接类型。

- left_join()：对两个数据集进行左连接。在连接的过程中保留第一个数据集所有的行，在无法与第二个数据集匹配的地方，新增的列取值为 NA。
- inner_join()：对两个数据集进行内连接，两个数据集中无法匹配的行将会被舍弃。
- anti_join()：返回第一个数据集中无法与第二个数据集匹配的行。
- semi_join()：返回第一个数据集中可以与第二个数据集匹配的行。

```
# 生成待连接的数据集familiar_artists_tbl
familiar_artists_tbl <- track_metadata_tbl %>%
+   filter(artist_familiarity > 0.8) %>%
+   select(artist_id) %>%
+   distinct(artist_id) %>%
+   compute("familiar_artists")


# left join
joined <- left_join(track_metadata_tbl,
+                    familiar_artists_tbl, by = "artist_id")
dim(joined)
[1] NA 11
```

```
# inner join
joined <- inner_join(track_metadata_tbl,
+                      familiar_artists_tbl, by = "artist_id")
dim(joined)
[1] NA 11

# anti join
joined <- anti_join(track_metadata_tbl,
+                     familiar_artists_tbl, by = "artist_id")
dim(joined)
[1] NA 11

# semi join
joined <- semi_join(track_metadata_tbl,
+                     familiar_artists_tbl, by = "artist_id")
dim(joined)
[1] NA 11
```

2. 直接用 SQL 语句操作 Spark

前文提到，sparklyr 的 dplyr 接口会将函数转换为 SQL 语句后发送给 Spark，也可以直接使用 SQL 语句处理 Spark 中的数据集。大多数时候，直接写 SQL 语句比较麻烦且容易出错，但可以让代码具有更好的可移植性。DBI 包中的函数 dbGetQuery() 可以直接用 SQL 语句控制 Spark，但是它会立即执行 SQL 语句，并将结果以 DataFrame（相对于 tibble 更基础的数据集类型）的形式返回 R。下面是一个使用示例。

```
# 导入帮助我们在R中调用SQL语句的包
library(DBI)
library(RMySQL)

# 从数据集中选出year小于1935且duration大于300的行
query <- "SELECT * FROM track_metadata WHERE year < 1935 AND duration > 300"
# 调用函数dbGetQuery()执行SQL语句，将结果赋给results
(results <- dbGetQuery(spark_conn, query))
           track_id                title               song_id
1 TRCYBTD12903CF37BD Devil Got My Woman SOFYCVA12A58A77D38
              release          artist_id
1 Vanguard Visionaries ARL99WU1187B98FB1F
                        artist_mbid artist_name duration
1 f205743d-4441-471d-a3af-66f584738e29 Skip James 312.3979
  artist_familiarity artist_hotttnesss year
1          0.6236982          0.4217952 1931
```

4.4 sparklyr 的特征转换接口

我们已经初步了解了 sparklyr 中 dplyr 接口的用法，不过 sparklyr 还提供了另外两组接口，分别连接 Spark 的机器学习库 MLib 与 Spark DataFrame。本节主要关注 MLib 中具有数据特征转换功能的 ft_ 类函数与 Spark DataFrame 接口的 sdf_ 类函数。

在本节的示例代码中，默认已经与 Spark 建立连接 spark_conn，将数据集 track_metadata 传输到 Spark 中，返回的 tibble 为 track_metadata_tbl（为减少运行时间，随机抽取了 100 条记录进行传输）。

4.4.1 dplyr 接口的局限

在 4.3 节中，我们学习了 dplyr 接口的使用方法与工作机制。当使用 dplyr 接口时，R 代码会转换成 SQL 语句传入 Spark。虽然 SQL 语句支持绝大部分基本的数据处理，却无法完成更加复杂的工作。比如说，可以使用 dplyr 接口计算某一列的均值，却无法计算中位数。

```
track_metadata_tbl %>%
  summarize(mean_duration = mean(duration))  # 可以计算
track_metadata_tbl %>%
  summarize(median_duration = median(duration))  # 无法计算
```

sparklyr 还自带另外两个接口，分别连接 Spark 的机器学习库 MLib 与 Spark DataFrame，它们通过 Scala 或者 Java 代码直接控制 Spark，不需要先转换为 SQL 语句。下面具体介绍这两个接口的使用方法。

4.4.2 MLib 接口

Spark 中机器学习库 MLib 的接口主要包括以下两类函数：
- 转换数据特征的函数，以 ft_ 开头；
- 机器学习函数，以 ml_ 开头。

本小节主要关注 ft_ 类函数，它们可以转化数据特征，比如转换数据类型，或者将连续型变量离散化为分类变量。这些函数有着相似的使用格式，它们接收一个数据集、输入列列名、输出列列名与其他可能需要的参数。

```
a_tibble %>%
  ft_some_transformation("x", "y", some_other_args)
```

1. 数据类型的转换

与 R 相比，Spark 对数据类型的控制更加严格。Spark 中大多数自有函数要求输入的数

据类型为 DoubleType，返回值的数据类型也多为 DoubleType。Spark 可以自动地将 R 中的
numeric 型数据转换为 DoubleType 型数据，但是逻辑型或者整数型数据与 DoubleType 型
数据之间的转换需要用 Spark 的自有函数手动完成。如果要将 Spark 中连续型变量转为 R
中逻辑型变量，不能直接使用 R 中的 as.logical() 函数，而需要先使用 MLib 接口中的函数
ft_binarizer(dat, "x", "is_x", threshold) 进行数据类型的转换。以下是一个转换示例。

```
# 连续型变量转逻辑型变量
hotttnesss <- track_metadata_tbl %>%
+   # 选择artist_hotttnesss
+   select(artist_hotttnesss) %>%
+   # 使用ft_binarizer()新建一列is_hottt_or_nottt
+   # 如果artist_hotttnesss大于0.5，新列取真
+   ft_binarizer("artist_hotttnesss", "is_hottt_or_nottt", threshold = 0.5) %>%
+   # 将数据取回R
+   collect() %>%
+   # 将is_hottt_or_nottt转化为R中的逻辑型变量
+   mutate(is_hottt_or_nottt = as.logical(is_hottt_or_nottt))

# 绘制is_hottt_or_nottt的条形图
library(ggplot2)
ggplot(hotttnesss, aes(is_hottt_or_nottt)) +
+   geom_bar()
```

图 4-1 是转换生成的逻辑型变量 is_hottt_or_nottt 取值的统计条形图，这一图表的正确
生成说明转换成功。

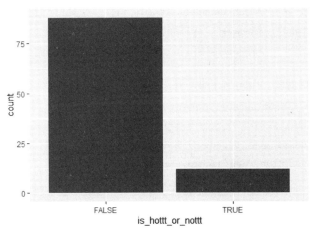

图 4-1　逻辑型变量取值的统计条形图

使用 ft_binarizer() 还有两点需要注意：

● 参数 threshold 必须是一个数值，而不是数据集中某一列的列名。

● ft_binarizer() 的输出列的数据类型其实依然是 DoubleType，而非真正意义上的逻辑
型，这是为了与 Spark 中其他函数的输入输出数据类型保持一致。在上述代码的最后，将数

据取回 R，使用 as.logical() 完成向 R 中逻辑型变量的最终转换。

2. 连续型变量的离散化

有时需要将连续型变量转换为分类变量。在 R 中，可以用 cut() 函数完成这一工作，但对于 Spark 中的数据集，需要使用函数 ft_bucketizer(dat, "x", "x_cate", splits)。ft_bucketizer() 的使用与 cut() 类似，但是两者在临界点的划分上有一定的区别。在分组时，cut() 包含每组的区间右端点，不包含左端点；ft_bucketizer() 则包含左端点，不包含右端点，不过 ft_bucketizer() 会包含最后一个区间的两个端点。另外，cut() 的返回值是 R 中的因子型变量，而 ft_bucketizer() 依然会返回数值型变量：若原始数据输入值落入第一个区间则取 0，落入第二个区间则取 1，依此类推。如果想要获得因子型变量，需要将数据取回 R 后手动转换。下面是一个示例。

```
decades <- seq(from = 1930.01, to = 2010.01, by = 10)
decade_labels <- c("1930-1940", "1940-1950", "1950-1960", "1960-1970",
+                   "1970-1980", "1980-1990", "1990-2000", "2000-2010")

# 通过临界值划分
hotttnesss_over_time <- track_metadata_tbl %>%
+   select(artist_hotttnesss, year) %>%
+   # year 的数据类型为 IntegerType
+   # 将其转化为 numeric(DoubleType) 型变量
+   mutate(year = as.numeric(year)) %>%
+   # 使用 ft_bucketizer() 建立新列 decade
+   # decade 由 year 根据分割点 decades 离散化得到
+   ft_bucketizer("year", "decade", splits = decades) %>%
+   # 将数据取回 R
+   collect() %>%
+   # 将 decade 转化为 R 中因子型变量，标签值为 decade_labels
+   mutate(decade - factor(decade, labels = decade_labels))

# 绘制 artist_hotttnesss 根据 decade 分组的箱线图
ggplot(hotttnesss_over_time, aes(decade, artist_hotttnesss)) +
+   geom_boxplot()
```

图 4-2 是 artist_hotttnesss 的分组箱线图，其中由 year 离散化得到的变量 decade 是分组依据。

如果更希望利用原始数据的分位数进行离散化，可以使用 ft_quantile_discretizer(dat, "x", "x_cate", num_buckets)，它相当于 ft_bucketizer() 的特殊情况。ft_quantile_discretizer() 的参数 num_buckets 表示组数，该函数随后会根据组数平均分配分位数，完成连续型数据的离散化。除此之外，ft_quantile_discretizer() 与 ft_bucketizer() 有相同的用法、分组规则与返回值类型。下面是一个示例，我们将原始变量 duration 分为 5 组，也就是根据 duration 的

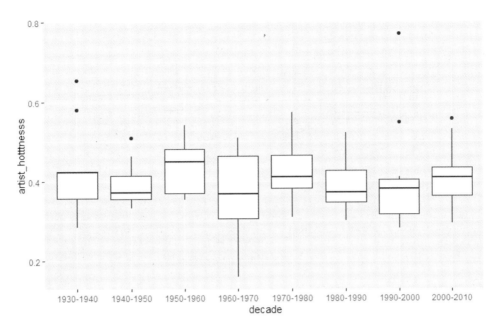

图 4–2　基于离散化变量的分组箱线图（一）

20%、40%、60%、80% 与 100% 分位数将数据离散化。

```
# 通过分位点离散化
duration_labels <- c("very short", "short", "medium", "long", "very long")

familiarity_by_duration <- track_metadata_tbl %>%
+    select(duration, artist_familiarity) %>%
+    # 使用 ft_quantile_discretizer() 新建一列 duration_bin
+    # 新变量是 duration 根据 20%, 40%, 60%, 80%与100%分位点离散化后的结果
+    ft_quantile_discretizer("duration", "duration_bin", num_buckets = 5) %>%
+    # 将数据取回 R
+    collect() %>%
+    # 将 duration_bin 转化为 R 中因子型变量
+    mutate(duration_bin = factor(duration_bin, labels = duration_labels))

# 绘制 artist_familiarity 根据 duration_bin 分组的箱线图
ggplot(familiarity_by_duration, aes(duration_bin, artist_familiarity)) +
+    geom_boxplot()
```

与图 4–2 类似，图 4–3 是 artist_familiarity 的分组箱线图，由 duration 离散化得到的变量 duration_bin 是分组依据。

3. 字符串的划分

在进行文本分析前，我们通常会将字符全部转化为小写，再将句子分割为单个单词，

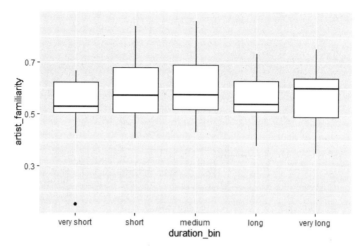

图 4-3　基于离散化变量的分组箱线图（二）

MLib 中的 ft_tokenizer() 可以完成这两项工作。由于句子中单词的数量可能不同，ft_tokenizer() 输出列中的每一个元素都是一个列表，而 R 中 tidyr 包中的函数 unnest() 可以把这种列表展开为元素是单个字符串的字符型向量。当然，我们需要先将结果取回 R 才可以使用 unnest() 函数。下面是使用 ft_tokenizer() 进行字符串划分与大小写处理的示例。

```
# 字符串划分
library(tidyr) # unnest()所在的包

title_text <- track_metadata_tbl %>%
+    select(artist_name, title) %>%
+    # 使用ft_tokenizer()新建一列word
+    # word是将title划分为单个单词的结果
+    ft_tokenizer("title", "word") %>%
+    # 将数据取回R
+    collect() %>%
+    # 将word转化为R中字符型变量
+    mutate(word = lapply(word, as.character)) %>%
+    # 将列表展开，令word的每一维只包含一个单词
+    unnest(word)

head(title_text)
# A tibble: 6 x 3
  artist_name     title                   word
  <chr>           <chr>                   <chr>
1 The Penguins    Earth Angel             earth
2 The Penguins    Earth Angel             angel
3 The Peepshows   Right Now               right
4 The Peepshows   Right Now               now
```

```
5 Andy Griggs Tonight I Wanna Be Your Man tonight
6 Andy Griggs Tonight I Wanna Be Your Man i
```

也可以使用 ft_regex_tokenizer() 自定义划分规则，参数 pattern 可以通过正则表达式指定分割标识。除此之外，ft_regex_tokenizer() 与 ft_tokenizer() 的用法、功能与返回值类型完全一致。下面是一个使用示例。

```
# 根据正则表达式划分字符串
track_metadata_tbl %>%
+   select(artist_mbid) %>%
+   # 使用ft_regex_tokenizer()按照"-"划分artist_mbid
+   ft_regex_tokenizer("artist_mbid", "artist_mbid_chunks", pattern="-")
# Source:  spark<?> [??  x 2]
   artist_mbid                          artist_mbid_chun···
   <chr>                                <list>
1 b64b1d21-b722-442e-a984-789e1050f95a <list [5]>
2 640a8ae2-6694-490d-b6c3-123ed2f12325 <list [5]>
3 47b44a5b-237a-42e0-aaf6-c1f9116716ba <list [5]>
4 4b522d01-7efd-478b-9910-1f9d7de40f72 <list [5]>
# 部分输出结果被省略
# ··· with more rows
```

4.4.3　Spark DataFrame 接口

Spark 提供的另一个接口可以连接 Spark DataFrame，其中的函数带有 sdf_ 前缀，可以进行排序、抽样与数据集划分等工作。下面介绍一些常用的函数。

1. 获取每一列的数据类型

如果想要获得 Spark 数据集中每一列的数据类型，可以使用 sdf_schema() 函数。不同于之前介绍的 glimpse()，sdf_schema() 会返回 Spark 中的数据类型，其与 R 中的数据类型对应情况如表 4-2 所示。

表 4-2　R 与 Spark 数据类型对照表

R	Spark
logical	BooleanType
numeric	DoubleType
integer	IntegerType
character	StringType
list	ArrayType

　　下面是一个使用示例，sdf_schema() 的返回值类型为列表，每个元素是一个二维字符型向量，分别代表列名与该列的数据类型。

```
# 获得列名与对应的数据类型，schema 是一个列表
(schema <- sdf_schema(track_metadata_tbl))
track_id
track_id[["name"]]
[1] "track_id"


track_id[["type"]]
[1] "StringType"
# 输出结果较长，这里只做部分展示
```

　　当然，可以通过一定的技巧转化返回值的格式，将列表转化为数据框，具体的方法参见以下代码：

```
# 将schema转化为tibble后展示
schema %>%
+   lapply(function(x) do.call(tibble, x)) %>%
+   bind_rows()
# A tibble:  11 x 2
   name               type
   <chr>              <chr>
 1 track_id           StringType
 2 title              StringType
 3 song_id            StringType
 4 release            StringType
 5 artist_id          StringType
 6 artist_mbid        StringType
 7 artist_name        StringType
 8 duration           DoubleType
 9 artist_familiarity DoubleType
10 artist_hotttnesss  DoubleType
11 year               IntegerType
```

2. 对行排序

　　Spark DataFrame 接口中的函数 sdf_sort() 与 dplyr 接口中的 arrange() 功能类似，但 sdf_sort() 接收的是一个数据集与一个包含所有参考列列名的字符型向量，arrange() 接收的是一个数据集与参考列不带引号的列名。sdf_sort() 目前只支持根据参考列升序排序，而 arrange() 可以指定升序或者降序。我们采用以下代码对比 sdf_sort() 与 arrange() 的使用方式与运行速度。

```
# 使用 microbenchmark 对比 sdf_sort() 与 arrange() 的速度
library(microbenchmark)
microbenchmark(
+    # 使用 sdf_sorted()
+    sorted = track_metadata_tbl %>%
+       # 使用 sdf_sort() 根据 year, artist_name, release, title 排序
+       sdf_sort(c("year", "artist_name", "release", "title")) %>%
+       # 将数据取回 R
+       collect(),
+    # 使用 arranged()，操作同上
+    arranged = track_metadata_tbl %>%
+       arrange(year, artist_name, release, title) %>%
+       collect(),
+    times = 5  # 重复 5 次
+ )
Unit: milliseconds
     expr      min       lq     mean   median       uq
   sorted 341.9944 349.4315 426.6024 357.8779 514.0320
 arranged 310.1869 460.1080 505.6498 480.1712 535.9167
      max neval
 569.6762      5
 741.8661      5
```

对比两个函数重复运行 5 次的总用时，可以发现 arrange() 的速度快于 sdf_sort()。

3. 数据集抽样与划分

处理一个较大的数据集，有时并不需要使用全部数据，这时可以从原始数据集中抽取部分数据作为样本，减少数据量，提高运行效率。sdf_sample() 可以对 Spark 中数据集抽样，其中的参数 seed 可以令抽样的结果具有可重复性，可以用任一整数为它赋值。下面是一个示例。

```
# 抽样
sampled <- track_metadata_tbl %>%
+    # 使用sdf_sample()不放回地抽取1%的观测
+    sdf_sample(fraction = 0.01, replacement=FALSE, seed=123) %>%
+    # 将结果存储为Spark中的数据集sample_track_metadata
+    compute("sample_track_metadata")

# 查看运行结果
src_tbls(spark_conn)
[1] "sample_track_metadata" "track_metadata"
```

需要训练一个预测模型时，一般会先将数据集划分为训练集与测试集，sdf_random_split()

可以完成这一工作。

```
# 划分
partitioned <- track_metadata_tbl %>%
+    # 使用 sdf_random_split() 划分训练集和测试集
+    # 训练集占原始数据集70%，测试集占30%
+    sdf_random_split(training=0.7, testing=0.3)

# 训练集大小
dim(partitioned[["training"]])
[1] NA 11

# 测试集大小
dim(partitioned[["testing"]])
[1] NA 11
```

sdf_random_split() 的使用方法比较灵活，可以将原始数据集划分为多个任意名称的子集，各子集对应数值之和也可以不为1。以下用法是允许的：

```
# 划分为多个数据集
a_tibble %>%
  sdf_random_split(a = 0.1, b = 0.1, c = 0.1, d = 0.3)
```

在上述代码中，各子集对应小数之和仅为 0.5。但是，sdf_random_split() 会根据比例将原始数据集分配给各个子集，也就是说，最后子集 a 会分配原始数据 20% 的数据量，子集 b 会分配 20%，子集 c 会分配 20%，子集 d 会分配 60%。

4.5 案例：使用 MLib 接口进行机器学习

现在我们已经学会使用 sparklyr 的 dplyr 接口、MLib 接口与 Spark DataFrame 接口进行基本的数据处理。在这一节中，我们将学习如何用 sparklyr 建立一个机器学习模型，结合一个具体的案例来讨论 MLib 中机器学习函数的使用。

在本节的案例中，我们会分别训练一个决策树模型与一个随机森林模型，随后利用模型做预测，最后可视化模型的结果并对比两个模型的预测准确度。在所有示例代码中，默认已经连接 Spark 集群，连接为 spark_conn。

4.5.1　MLib 中的机器学习函数

在上一节中，我们已经学习了 MLib 中一些用于转换数据特征的函数，但 MLib 中丰富的机器学习函数更能体现它的强大之处。MLib 中的机器学习函数都以 ml_ 开头，并且接收相似形式的参数：一个数据集、一个指定解释变量与被解释变量的公式与其他可能需要的参数。

```
a_tibble %>%
  ml_some_model(formula, some_other_args)
```

如果想要了解 MLib 支持的机器学习模型，可以使用 ls() 列出 MLib 中的全部机器学习函数。

```
# 列出 sparklyr 包中所有以"ml"开头的函数
ls("package:sparklyr", pattern = "^ml_")
 [1] "ml_add_stage"
 [2] "ml_aft_survival_regression"
 [3] "ml_als"
 [4] "ml_approx_nearest_neighbors"
# 剩余结果被省略
```

4.5.2　机器学习案例

1. 案例说明

Million Song Dataset 记录了一系列歌曲 12 种音色的取值与它们的发行年份，本例中，我们将尝试利用歌曲的音色特征预测其发行年份。

歌曲的 12 种音色存储在矩阵 timbre 中，一行代表一首歌曲的观测值，一列代表一种音色，矩阵共有 12 列。先将音色矩阵 timbre 读入 R，观察数据的取值情况。

```
# 读入timbre数据集
timbre <- readRDS("Data/timbre.rds")
# 使用colMeans()计算timbre的列均值
(mean_timbre <- colMeans(timbre))
 [1]  39.244095 -39.408016  41.409616   4.748857
 [5]  19.444392  22.716039 -10.596981   6.838041
 [9]   3.179969   2.454293  -4.799178  12.575696
```

2. 数据准备工作

在数据准备阶段，将数据传入 Spark 并将其转化为特定的形式。

CSV 文件可以方便地在磁盘中存储标准化数据，但是读写 CSV 文件非常耗时。在处理较大数据集时，可以用 Parquet 文件存储数据并读入 Spark。除了 Spark，Parquet 文件还可以将其他工具用于 Hadoop 生态系统，比如 Shark、Impala、Hive 与 Pig。

需要注意的是，"Parquet 文件"这一说法具有一定的误导性。数据存储为 Parquet 形式时，会得到一个文件夹，数据会被分散到文件夹中的 Parquet 文件中，文件夹中还会有一些描述各列内容的元数据。以下代码简单地展示了 Parquet 文件夹的结构。

```
# 指定Parquet文件目录
parquet_dir <- "Data/track_data_parquet"
# 使用dir()获取指定目录下所有文件与子目录的路径
# full.names = TRUE意味着获取的是绝对路径
filenames <- dir(parquet_dir, full.names = TRUE)
# 展示目录下的文件名与文件大小
tibble(
+   # 使用basename()获取文件或子目录名
+   filename = basename(filenames),
+   # 使用file.size()获取文件大小
+   size_bytes = file.size(filenames)
+ )
# A tibble:  2 x 2
  filename                                size_bytes
  <chr>                                   <dbl>
1 _SUCCESS                                     0
2 part-r-00000-627ff48c-853d-4de2-a885-···  240214
```

Spark 利用函数 spark_read_parquet() 读取 Parquet 文件，该函数会直接将数据读入 Spark。相对于将数据读入 R 再用 copy_to() 传入 Spark 的方法，直接读入一般会更加高效。本案例中需要使用的所有数据已经存储在 Parquet 文件 track_data_parquet 中，下面将其读入 Spark，并对数据类型进行调整。

```
# 使用 spark_read_parquet() 将数据读入 Spark
# 将 Spark 上的数据集命名为 track_data，返回值为 track_data_tbl
track_data_tbl <- spark_read_parquet(spark_conn, "track_data", parquet_dir)
track_data_tbl <- track_data_tbl %>%
+   # 将 year 转化为 DoubleType
+   mutate(year = as.numeric(year))
```

注意： year 的原始数据类型是 IntegerType，为了满足机器学习函数对输入数据类型的要求，可以使用函数 as.numeric() 将其转化为 DoubleType 型数据。

3. 划分训练集与测试集

训练模型之前，将数据划分为训练集与预测集。在本例中，不建议直接用 sdf_random_split() 划分数据集，因为同一位艺术家的所有作品应该出现在同一个子数据集中。在这里，更加合理的做法是先将艺术家划分到训练集与测试集中，再通过艺术家的唯一标识 artist_id 连接对应歌曲的观测值。

```
# 划分artist_id
training_testing_artist_ids <- track_data_tbl %>%
+   # 取出artist_id
```

```
+    select(artist_id) %>%
+    # 去重
+    distinct() %>%
+    # 按照7:3的比例划分训练集与测试集
+    sdf_random_split(training = 0.7, testing = 0.3)

# 训练集
track_data_to_model_tbl <- track_data_tbl %>%
+    # 与训练集中的artist_id自然连接
+    inner_join(training_testing_artist_ids[["training"]], by = "artist_id")

# 测试集
track_data_to_predict_tbl <- track_data_tbl %>%
+    # 与测试集中的artist_id自然连接
+    inner_join(training_testing_artist_ids[["testing"]], by = "artist_id")
```

4. 决策树模型

准备好数据后，首先建立一个可以根据歌曲音色预测歌曲发行年份的决策树模型，随后利用模型预测测试集中歌曲的发行年份，并对结果做可视化处理。

● 训练模型。MLib 中用于建立决策树的函数是 ml_gradient_boosted_trees()，它既可以用于分类，也可以用于回归。本例需要预测歌曲发行年份，因此需要建立一个回归树模型。本例中解释变量较多（12 个），且 track_data_tbl 中列的组成较为复杂，我们不使用参数 formula，而是直接指定解释变量与被解释变量。

```
library(stringr)
# 找出所有名称中带有"timbre" 的列作为解释变量
feature_colnames <- track_data_to_model_tbl %>%
+    # 返回所有列名
+    colnames() %>%
+    # 使用 str_subset() 找到其中含有"timbre"的列名
+    str_subset(fixed("timbre"))

# 训练决策树模型
gradient_boosted_trees_model <- track_data_to_model_tbl %>%
+    # 使用 ml_gradient_boosted_trees() 训练模型
+    ml_gradient_boosted_trees(type = "regression",  # 建立回归树
+                              # 解释变量名在 feature_colnames 中
+                              features = feature_colnames,
+                              response = "year")  # year 为被解释变量
```

● 模型预测。建立模型后，需要利用测试集检验模型的预测能力。sparklyr 支持 R 基础

包中的 predict() 函数，可以直接通过该函数使用 sparklyr 中的模型进行预测，其中 predict() 的语法与直接在 R 中使用的情况相同。在测试集上做完预测后，我们常常会对比真实值与预测值的相似程度，这时可以将数据取回 R，再进行可视化或者其他运算。

```
# 利用gradient_boosted_trees_model预测歌曲发行年份
responses <- track_data_to_predict_tbl %>%
+   # 选出year, 即歌曲真实的发行年份
+   select(year) %>%
+   # 将数据取回R
+   collect() %>%
+   # 使用mutate()添加一列predicted_year
+   # predicted_year是歌曲发行年份的预测值
+   mutate(
+     # 使用predict()进行预测
+     predicted_year = predict(
+       gradient_boosted_trees_model,  # 决策树模型
+       track_data_to_predict_tbl  # 测试集
+     )
+   )
```

● 结果可视化。现在已经获得了模型的预测值，模型的预测效果究竟如何? 可以使用一些损失函数衡量预测效果，也可以用统计图表直观展示，这里介绍两类常用的图表。

（1）预测值-真实值散点图：直观反映预测值与真实值的数量关系。

（2）残差分布图：在模型的假设中，残差值近似服从正态分布，我们可以从图形上观察这一假设是否成立。sparklyr 不提供直接计算残差的方法，因此需要在绘图前手动计算。

下面是两种图的绘制示例：

```
library(ggplot2)
# 绘制预测值vs.真实值的散点图
ggplot(responses, aes(year, predicted_year)) +
+   geom_point(alpha = 0.1) +
+   # 添加一条表示预测值与真实值相等的参照线
+   geom_abline(slope = 1, intercept = 0)
# 计算残差
residuals <- responses %>%
+   # 残差=预测值-真实值
+   # 使用transmute()得到残差值
+   transmute(residual = predicted_year - year)
# 绘制残差密度曲线
ggplot(residuals, aes(residual)) +
+   geom_density() +
+   # 添加参照线x = 0
```

```
+   geom_vline(xintercept = 0)
```

图 4-4 为决策树模型的预测值–真实值散点图，图 4-5 为决策树模型的残差密度曲线。

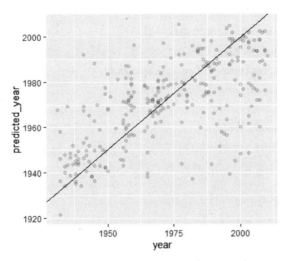

图 4-4　决策树模型的预测值–真实值散点图

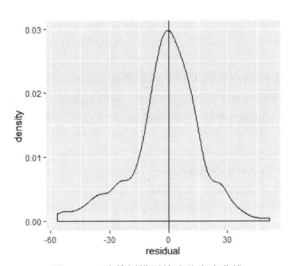

图 4-5　决策树模型的残差密度曲线

5. 随机森林模型

除了决策树模型，还可以建立随机森林模型预测歌曲的发行年份。随机森林模型是一种集成模型，它通过集成一系列简单的模型达到更为出色的效果。本例中，随机森林模型会集成多个树模型，每一个树模型仅仅在原始数据集中随机选取的部分行与变量（列）上进行训练，而随机森林模型的最终预测结果是各个子模型预测结果的汇总。

sparklyr 中，ml_random_forest() 可以用来训练随机森林模型，它的用法与 ml_gradient_boosted_trees() 相同，此处不赘述。得到训练好的随机森林模型 random_forest_model 后，可以用来预测测试集中歌曲的发行年份。

```
# 训练随机森林模型
random_forest_model <- track_data_to_model_tbl %>%
+   # 使用ml_random_forest()训练随机森林模型
+   ml_random_forest(type = "regression",
+                            features = feature_colnames,
+                            response = "year")

# 利用random_forest_model做预测
responses2 <- track_data_to_predict_tbl %>%
+   select(year) %>%
+   collect() %>%
+   # 使用predict()计算预测值
+   mutate(predicted_year = predict(
+     random_forest_model,
+     track_data_to_predict_tbl
+   ))
```

6. 模型的比较

现在, 拥有了两个可以预测歌曲发行年份的模型, 这两个模型的预测准确度是否有高下之分? 哪一个模型更加理想? 为了回答这些问题, 需要对比两个模型的预测效果。在介绍常见的对比方法之前, 我们先将两个模型的预测结果存入同一个数据框, 并计算它们各自预测结果的残差值。

```
# 将两个模型的预测结果存入both_responses
both_responses <- rbind(responses, responses2) %>%
+   # 添加模型的编号: 决策树为1, 随机森林为2
+   mutate(model = factor(rep(1:2, each = nrow(responses))),
+          # 计算残差
+          residual = predicted_year - year)
```

下面采用两种方法对比模型的预测效果。
- 绘制图表: 绘制预测值–真实值拟合图 (见图 4-6) 与残差密度曲线 (见图 4-7)。
- 计算统计量: 计算平均平方残差的算术平方根 (RMSE)。

首先绘制反映预测效果的统计图表。

```
# 绘制两个模型的拟合曲线图
ggplot(both_responses, aes(year, predicted_year,
+                                color = model)) + # 用颜色区分模型
```

```
+   # 绘制拟合曲线
+   geom_smooth() +
+   geom_abline(intercept = 0, slope = 1)
```

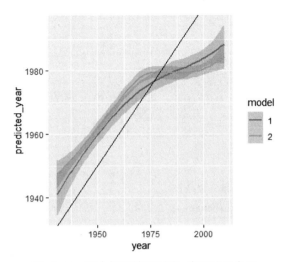

图 4-6　两个模型的预测值-真实值拟合图

```
# 绘制残差密度曲线
ggplot(both_responses, aes(residual,
+                         color = model)) + # 用颜色区分模型
+   geom_density() +
+   geom_vline(xintercept = 0)
```

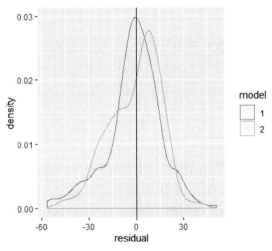

图 4-7　两个模型的残差密度曲线

　　统计图表可以直接体现模型在哪些地方预测比较准确，在哪些地方表现不尽如人意。从预测值-真实值拟合图与残差密度曲线的表现来看，两个模型的预测准确度不分伯仲，但是模型 1（决策树模型）的残差值更符合正态分布假设。

　　我们也可以为模型计算一个具体的得分来反映其预测效果，常用的统计量是平均平方残差的算术平方根：

$$RMSE = \sqrt{\frac{1}{n}\sum_{i=1}^{n} e_i^2}$$

式中，e_i $(1 \leqslant i \leqslant n)$ 是残差值。

对于同一个数据集，RMSE 的值越小，意味着模型的预测效果越好。下面，我们计算并对比两个模型的 RMSE 值。

```
# 计算RMSE
(both_responses %>%
+    group_by(model) %>%   # 根据模型分组
+    summarize(rmse = sqrt(mean(residual^2))))
# A tibble:  2 x 2
  model   rmse
  <fct> <dbl>
1 1       20.8
2 2       17.4
```

模型 2（随机森林模型）的 RMSE 值更小，预测更加准确。显然，统计量可以更加客观、准确地反映模型的预测效果，不过统计图表更能带来直观、全面的感受。在实际的案例中，一般会同时参考这两种比较方式的结果。

习题

1. 连接工作断开模式。当数据库中有数据时，使用 sparklyr 非常类似于使用 dplyr。实际上，sparklyr 在将 R 代码传递给 Spark 之前，将其转换为 SQL 代码。典型的工作流程包括三个步骤：

- 使用 spark_connect() 连接到 Spark。
- 进行工作。
- 使用 spark_disconnect() 关闭与 Spark 的连接。

本题的任务是使用 spark_version() 返回正在运行的 Spark 版本。

spark_connect() 使用一个 URL，该 URL 给出了 Spark 的位置。对于本地集群（正在运行），URL 应该是"本地"。对于远程群集（在另一台计算机上，通常是高性能服务器上），连接字符串是要连接的 URL 和端口。spark_version() 和 spark_disconnect() 均以 Spark 连接为唯一参数。

重要提示：

- 用 library() 加载 sparklyr 软件包。
- 通过调用 spark_connect() 并使用参数 master = "local" 连接到 Spark。将结果分配给 spark_conn。
- 使用 spark_version() 以及参数 sc = spark_conn 获取 Spark 版本。
- 使用参数 sc = spark_conn 的 spark_disconnect() 与 Spark 断开连接。

● 将 sparklyr 合并到自己的工作流程中时，需要在使用 Spark 的时间内保持连接打开。

重要代码：

```
# 加载 sparklyr
___
# 连接 Spark 集群
spark_conn <- ___
# 打印 Spark 版本
___
# 与 Spark 断开连接
___
```

2. 从 Spark 收集数据。在许多情形下，需要将数据从 Spark 移至 R。如果要绘制数据集，或者要使用 Spark 中不可用的建模技术，还需要收集数据集。（毕竟 R 具有所有编程语言中可用模型的最广泛选择。）要收集数据，将其从 Spark 移至 R，则需要使用 collect()。

重要提示：

● 已创建一个 Spark 连接，名称为 spark_conn。附加到 Spark 中存储的轨道元数据的小标题已预先定义为 track_metadata_tbl。

● 过滤 artist_familiarity 大于 0.9 的 track_metadata_tbl 行，将结果分配给 results。

● 打印 results 类别，注意它是 tbl_lazy（用于远程数据）。

● 收集结果，并分配给 collected。

● 打印 collected 类，注意它是 tbl_df（用于本地数据）。

重要代码：

```
# 已预先定义 track_metadata_tbl
track_metadata_tbl
results <- track_metadata_tbl %>%
# 过滤 artist familiarity 大于 0.9 的行
___
# 检查 results 的类别
___
# 收集 results
collected <- results %>% ___
# 检查已收集的 results 类别
___
```

3. 梯度提升树：建模。梯度提升是一种改善其他模型性能的技术，旨在运行一个弱但易于计算的模型，然后用该模型的残差替换响应值，并拟合另一个模型。通过"添加"原始响应预测模型和新的残差预测模型，就可以获得更准确的模型。可以重复此过程，运行新模型以预测先前模型的残差，然后将结果相加。随着每次迭代，模型变得越来越强大。

再举一个更具体的例子，sparklyr 使用梯度提升树，意味着将决策树作为弱但易于计算的模型进行梯度提升。这些可用于分类问题（响应变量是分类的）和回归问题（响应变量是连续的）。在回归的情况下，残差是衡量拟合程度的标准。

R 分类中的监督学习和 R 回归中的监督学习更深入地介绍了决策树，后者还涉及梯度提升。要在 sparklyr 中运行梯度提升树模型，需要使用 ml_gradient_boosted_trees()。

重要提示：

- 已创建一个 Spark 连接，名称为 spark_conn。附加到 Spark 中存储经组合及过滤后的曲目元数据/音色数据的小标题已预先定义为 track_data_to_model_tbl。
- 获取包含字符串"timbre"的列用作特征参数。
- 使用 colnames() 获取 track_data_to_model_tbl 的列名，而 names() 不会提供所需数据。
- 使用 str_subset() 过滤列。
- 该函数的 pattern 参数应为 fixed("timbre")。
- 将结果分配给 feature_colnames。
- 运行梯度提升树模型。
- 调用 ml_gradient_boosted_trees()。
- 输出（response）列为 year。
- 输入列为 feature_colnames。
- 将结果分配给 gradient_boosted_trees_model。

重要代码：

```
# 已预先定义 track_data_to_model_tbl
track_data_to_model_tbl
feature_colnames <- track_data_to_model_tbl %>%
# 获取列名
___ %>%
# 限制 timbre 中的列数
___(___(___))
gradient_boosted_trees_model <- track_data_to_model_tbl %>%
# 运行梯度提升树模型
___
```

## 第 5 章

R 中的可扩展数据处理

内容提要

5.1 R 中的可扩展数据处理简介

本节将讨论当数据集大于可用 RAM（random access memory，随机存取存储器）时的处理方法。此时使用基本 R 函数导入和导出数据可能比较慢，但是有一些简单的方法可以弥补这一缺陷。本节的最后将介绍 bigmemory 包。

5.1.1 什么是可伸缩的数据处理

随着大数据在各个领域出现，可能需要分析越来越大的数据集。在本节中，我们将学习如何处理相对于计算机内存而言过于庞大的数据集。将要学习的方法具有可扩展性、易并行化，并且可以处理离散的数据块。这些可扩展的代码使我们可以更好地利用可用的计算资源。

在 R 中创建的向量、DataFrame、列表或者环境都会存储在计算机内存 RAM 中。R 在 RAM 中保存它创建的变量。现代个人计算机通常配有 8~16GB 的 RAM，但数据集可能比这大得多。

当计算机的 RAM 用完时，未处理的数据将被移到磁盘上，直到再次需要它们，这被称为"交换"。由于磁盘的运行比 RAM 慢得多，"交换"可能导致执行操作所需时间比预期长得多。我们要展示的可扩展解决方案会先将数据子集移入 RAM，随后处理它们，最后丢弃它们——保存计算结果或者将数据写入磁盘。这一方案通常会使计算机执行速度提高几个数量级，并且可以与并行计算甚至分布式计算相结合，更快地进行较大数据的处理。

　　为什么代码执行速度有时会非常慢？如果计算很复杂，意味着其中的许多操作都需要很长时间来执行，这将导致执行代码的时间较长。比如，与拟合随机森林之类的任务相比，总结、制表和其他描述性统计工作要容易得多，执行时间也相对较短。仔细考虑读写操作以及希望对现有数据执行的操作的复杂性，我们能够减少复杂计算的负面影响，更好地利用现有资源。

```
# 使用microbenchmark函数测试两个不同表达式的运行时间
# 第一个表达式随机生成100个正态分布的随机数，第二个表达式则生成10000个随机数
library(microbenchmark)
# 该函数返回两个不同表达式运行时间的分布摘要
# 可以看到第二个表达式的平均运行时间大约是第一个表达式的80倍左右
microbenchmark( rnorm(100), rnorm(10000) )
Unit:  microseconds
expr            min       lq        mean       median     uq        max       neval
rnorm(100)      7.84      8.440     9.5459     8.773      9.355     29.56     100
rnorm(10000)    679.51    683.706   755.5693   690.876    712.416   2949.03   100
```

5.1.2　使用 bigmemory 项目处理"核外"对象

　　这一小节主要介绍 bigmemory 包。我们已经知道，使用 RAM 比使用磁盘快得多，但 RAM 的容量小于磁盘。当 RAM 用完时，计算机可能会将数据移到磁盘上以腾出空间，此时程序可能会继续运行下去，但速度会变慢。大多数情况下，最好在需要时才将相关数据移至 RAM，这一方法有时被称为"核外"计算，也是本小节中我们处理数据的策略。对于至少占 RAM 容量 20% 且表示为密集矩阵（其中大多数值都不为 0）的数据集，可以考虑 bigmemory 包中的数据类型 big.matrix。

　　默认情况下，big.matrix 将数据保留在磁盘上，仅在需要时才将其移至 RAM。这样一来，当用完 RAM 时，计算机不会停下来。数据从磁盘到 RAM 的移动是隐式的，这意味着用户不必主动调用函数即可移动数据，当程序需要某些数据时，big.matrix 就会移动相应的数据。使用 big.matrix 的优势是，由于它将数据存储在磁盘上，因此只需要将数据导入一次即可。读取 big.matrix，类似于读取 DataFrame。不过，使用 big.matrix 会创建一个"备份文件"来保存数据，采用的是二进制格式，说明 R 如何加载数据的"描述符文件"。备份文件在磁盘上保存矩阵的二进制格式，描述符文件则包含有关 big.matrix 的其他信息，例如行数、列数、类型以及列名和行名。在随后的代码中，只需要将 R 指向这两个文件，它们就可以立即被使用，无须再次执行导入数据的过程。

　　下面是创建 big.matrix 对象的一个示例。

```
#首先使用library()函数加载bigmemory包
library(bigmemory)
#然后创建一个big.matrix对象。
#6个参数指定行数、列数、big.matrix将容纳的元素类型、矩阵中所有元素的初始值、后备文件的名称和描述符文件的名称
```

```
x <- big.matrix(nrow = 1, ncol = 3, type = "double",init = 0,
backingfile = "hello_big_matrix.bin",
descriptorfile = "hello_big_matrix.desc")

# 要输出big.matrix对象的元素，需要明确声明要查看的元素
x[,]
0 0 0
#如果只是键入x，将看到其他信息，包括它的类型及其对基础C++数据结构的句柄
x
An object of class "big.matrix"
Slot "address":
<pointer:   0x108e2a9a0>

#big.matrix的行为类似常规的R矩阵。要将第一行和第一列的值更改为3，请将3分配给x[1,1]

x[1, 1] <- 3
#可以通过再次查看其所有元素来验证此更改是否已经发生
x[,]
3 0 0
```

5.1.3　big.matrix 的复制

　　如前所述，big.matrix 的设计在外观和感觉上都类似于常规的 R 矩阵。我们可以像检索常规的 R 矩阵一样检索 big.matrix 的子集，也可以像使用常规的 R 矩阵一样设置 big.matrix 的值，但认识到 big.matrix 实际上不是 R 矩阵非常重要，它们的一些差异很关键。一个区别是，big.matrix 通常存储在磁盘上而不像 R 矩阵那样存储在 RAM 上，这意味着同一个 big.matrix 可以在多个 R 会话中持续存在，甚至可以在多个 R 会话间共享。另一个区别是，big.matrix 对象不会像常规的矩阵那样被复制，将 R 变量分配给其他变量时，新变量实际上会获得原变量的副本。

```
#将R变量分配给其他变量，原变量若变化，新变量不会变化
a <- 42
b <- a
a
42
b
42
a <- 43
a
43
b
```

```
42
```

当参数传递给函数时也是如此。函数实际上没有得到函数外部的变量,它得到的是一个副本。如果想要更改原始的变量,就需要在函数之外进行这样的操作。

```
#在这里将42分配给变量a
a <- 42
#接下来创建一个函数foo(),该函数接收单个参数,将其设置为43,然后输出其值
foo <- function(a){
+    a <- 43
+    paste("Inside the function a is", a)
+ }
#调用foo函数,输出的信息告诉我们,函数内部的a是43
foo(a)
"Inside the function a is 43"
#在函数外部打印另一个值时,它仍然是42。这是因为函数foo实际上没有得到a,它得到的是一个
副本。如果想要更改原始的a,就需要在函数之外进行这样的操作
paste("Outside the function a is still", a)
"Outside the function a is still 42"
```

还有其他类型的变量,例如环境,在传递给函数时不会被复制。类型实际上表明了数据结构。因此,如果更改函数内部的值,函数执行完后将会看到这些更改,这些类型的对象具有引用语义。big.matrix 是引用对象。这意味着分配会创建指向相同数据的新变量。如果要复制,则需要使用 deepcopy() 函数显式地复制。

```
library(bigmemory)
# 创建一个big.matrix为x
x <- big.matrix(nrow = 1, ncol = 3, type = "double",init = 0,
backingfile = "hello-bigmemory.bin",
descriptorfile = "hello-bigmemory.desc")
#为x分配一个新变量x_no_copy,和x引用相同的数据
x_no_copy <- x
x[,]
0 0 0
x_no_copy[,]
0 0 0
#更改x也会反映在x_no_copy中
x[,] <- 1
x[,]
1 1 1
x_no_copy[,]
1 1 1
#但是在x上显式应用deepcopy()创建x_no_copy时,x_no_copy拥有自己的数据副本
x_copy <- deepcopy(x)
```

```
x[,]
1 1 1
x_copy[,]
1 1 1
#在x中更改一个值，将不会反映在x_no_copy中
x[,] <- 2
x[,]
2 2 2
x_copy[,]
1 1 1
```

引用行为可以确保 R 在不知情的情况下不会复制矩阵，这有助于最大限度减少内存使用和执行时间，也意味着更改时要更加小心。

5.2　使用大内存处理和分析数据

我们已经有了使用 bigmemory 的一些经验，本节将介绍一些简单的数据探索和分析技术。我们将了解如何创建表并实现"拆分—计算—合并"(split-apply-combine) 的方法。

5.2.1　bigmemory 软件包套件

我们已经了解了大数据的导入、子集的读取与为 big.matrix 对象赋值，接下来继续使用 bigmemory 进行探索性数据分析。在本小节中，我们将学习如何创建表和总结，以便查看数据的结构。

事实上，bigmemory 包不是独立的，它是利用 bigmemory 处理 big.matrix 对象的一系列软件包中的一个，这些包有用于总结的 biganalytics、用于拆分和制表的 bigtabulate 以及用于线性代数操作的 bigalgebra。

其他有用的包通过 big.matrix 对象拟合模型，包括用于主成分分析的 bigpca、用于线性模型的 bigFastLM、用于惩罚线性和逻辑回归的 biglasso、拟合随机森林的 bigrf 等。稍后，我们将重点讨论如何使用 biganalytics 和 bigtabulate 来进行总结和制表。

在下面的示例中，我们会使用 FIFA 抵押贷款数据集 (存储于 mortgage-sample.csv 中)，这是美国联邦住房金融局公布的一组数据，记录了 2008—2015 年由联邦国民抵押贷款协会 (Fannie Mae) 和联邦住房贷款抵押公司 (Freddie Mac) 持有或证券化的所有抵押贷款。完整的数据集包括数以百万计的抵押贷款，以及有关个人贷款人的人口统计和财务信息。这一数据集可以在网上找到。通过分析这些数据，能够了解不同背景的人群在住房拥有率上的差异、评估违约风险，甚至发现像 2008 年住房市场崩溃那样的事件。

mortgage-sample 数据集为 2.7G，描述了每笔贷款及其贷款人的相关信息。在本小节中，我们将从 70 000 笔贷款中随机抽取一个子集进行分析。我们编写的代码同时适用于子集和完整的数据集。数据集具体内容如表 5-1 所示。

表 5-1　mortgage-sample 数据集具体内容（仅展示前 3 行）

enterprise	record_number	msa	perc_minority
1	566	1	1
1	116	1	3
1	239	1	2

tract_income_ratio	borrower_income_ratio	loan_purpose	federal_guarantee
3	1	2	4
2	1	2	4
2	3	8	4

borrower_race	co_borrower_race	borrower_gender	co_borrower_gender
3	9	2	4
5	9	1	4
5	5	1	2

num_units	affordability	year	type
1	3	2010	1
1	3	2008	1
1	4	2014	0

下面创建表来总结抵押贷款数据。

```
#第一个例子:通过bigmemory来使用bigtabulate
#代码首先加载bigtabulate包，该包提供了大表和其他功能
library(bigtabulate)
#计算每年有多少样本
#要使用bigtable函数，请指定big.matrix对象作为第一个参数，并在第二个参数中指定要制表的
列
bigtable(mort, "year")
2008    2009    2010    2011    2012    2013    2014    2015
8468    11101   8836    7996    10935   10216   5714    6734
# 如果希望创建嵌套表，则需要创建列名的向量。
bigtable(mort, c("msa", "year"))
    2008    2009    2010    2011    2012    2013    2014    2015
0   1064    1343    998     851     1066    1005    504     564
1   7404    9758    7838    7145    9869    9211    5210    6170
```

5.2.2　拆分、计算和合并

简单的表格并不总能提供所需的答案。为了获得想要的数据，需要对数据进行分组或拆分，执行计算，然后返回结果。在本小节中，我们将学习如何使用 split() 去拆分，使用 Map() 去计算，使用 Reduce() 去合并计算结果，从而得到更复杂的总结。

1. 使用 split() 拆分

第一步，使用 split() 拆分数据。split() 函数的第一个参数是需要被拆分的向量或者 DataFrame，第二个参数是用来定义分区的因子或整数。

```
# 获取与抵押贷款数据中每个年份对应的行
year_splits <- split(1:nrow(mort), mort[,"year"])
# year_splits的类型
class(year_splits)
"list"
# 分离的年份
names(year_splits)
"2008" "2009" "2010" "2011" "2012" "2013" "2014" "2015"
# 对应于2010年的前几行
year_splits[["2010"]][1:10]
1 6 7 10 21 23 24 27 29 38
```

2. 使用 Map() 计算

Map() 函数可以处理各个分区，它的第一个参数是应用到每个分区的函数，第二个参数是应用的分区对象。

```
col_missing_count <- function(mort) {apply(mort, 2, function(x) sum(x == 9))}
# 对于每个年份，都要计算所有列缺失值的数量
missing_by_year <- Map(function(x) col_missing_count(mort[x, ]),year_splits)
missing_by_year[["2008"]]
enterprise   record_number   msa
0            12              0
# ...
```

3. 使用 Reduce() 合并

Reduce() 函数将所有分区的计算结果合并，它的第一个参数是用来汇总运算结果的函数，第二个参数是各分区的计算结果。

```
# 按列计算总缺失值
Reduce('+', missing_by_year)
enterprise   record_number   msa
0            64              0
# ...

# 将行标签标记为年份
```

```
mby <- Reduce(rbind, missing_by_year)

row.names(mby) <- names(year_splits)

mby[1:3, 1:3]
        enterprise  record_number  msa
2008           0             12      0
2009           0              8      0
2010           0             10      0
```

5.2.3　使用 Tidyverse 可视化结果

　　我们通过"拆分—计算—合并"得到了想要的结果。在本小节中,我们将使用 tidyr、dplyr 和 ggplot2 可视化按年份划分的男性和女性抵押借款人的数量。

```
library(ggplot2)
library(tidyr)
library(dplyr)

mort %>%
#由于bigmemory包中的函数将数据作为第一个参数,因此可以在执行数据分析时使用管道运算符组
    合各个步骤
#管道操作员获取抵押数据,设置并将其作为bigtable的第一个参数传递,列出借款人性别和年
    份。结果是一个表,或者将其转换为DataFrame
  bigtable(c("borrower_gender", "year")) %>%
  as.data.frame() %>%
#现在使用dplyr包中的mutate()函数在数据框中创建新列。第一个参数是管道转发的DataFrame运
    算符,第二个参数是将要创建的列,称为Category。我们将新的Category列分配给带有字符
    串的字符向量,该字符串指示不同的性别类别。至此我们有了一个短格式的DataFrame
  mutate(Category = c("Male", "Female", "Not Provided",
  "Not Applicable", "Missing")) %>%
#为了使用ggplot()进行绘制,使用tidyr中的gather()将其转换为长格式。gather()的第一个参数
    也是一个DataFrame,再次由管道运算符转发。然后在长数据框中指定需要的列名称Year和
    Count。为了收集除Category以外的所有列,我们使用"-Category"。新的长格式数据框的列
    将是每个类别的年度计数
  gather(Year, Count, -Category) %>%
#最后使用ggplot2包来可视化每年的男性和女性借款人数量。首先将数据框输送到ggplot()。x轴
    是Year,y轴是Count。然后按照Category分组和设置颜色,最后绘制折线图,我们将添加对
    geom_line()的调用。请注意使用 "+" 运算符将图层添加到ggplot(),而不是使用管道符号
  ggplot(aes(x = Year, y = Count, group = Category,
  color = Category)) +
```

```
geom_line()
```

图 5-1 为可视化结果，从中可以看出每年男性借款人多于女性借款人。

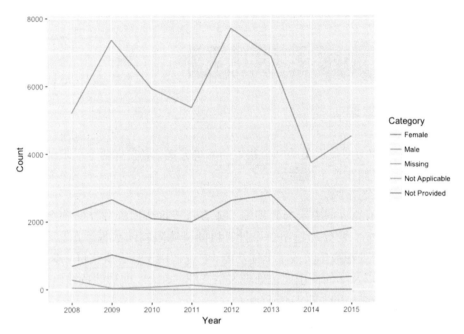

图 5-1　可视化按年份划分的男性和女性抵押借款人的数量

5.2.4　bigmemory 的局限性

1. 适用 bigmemory 的情况

当数据是密集的、数值型的且为矩阵结构时，可以使用 bigmemory 包。它与针对快速模型拟合的低级线性代数库兼容，这些代数库往往用 C 语言编写，例如 Intel 的 Math Kernel Library，因此可以直接在 C 和 C++ 程序中使用 bigmemory 以获得更好的性能。

但是，如果数据不是数值型的，有字符串变量或者需要更大的数值范围，可以尝试 ff 包。它类似于 bigmemory，但支持类似于 DataFrame 的结构。

2. 理解磁盘访问

创建 big.matrix 对象后，可以立即访问任何元素。如果此时相应元素存储在 RAM 或者缓存中，会被立即返回；如果元素不在 RAM 中，则需要先从磁盘移至 RAM 再返回。

由于 big.matrix 可以同等快速地访问任何元素，我们将其称为随机访问数据结构。但是这种快速访问任何元素的能力带来了其他问题，例如，要添加列或行，必须创建一个全新的 big.matrix 对象，并将旧的大矩阵元素复制到适当的位置，然后添加新值，这意味着需要足够的磁盘空间来将整个矩阵容纳在一个大块中。

实际上，我们遇到的许多较大的数据集都不需要随机访问，而且将所有数据存储在单个文件上常常是不可行的。我们通常只需要检索行的连续"块"即可，也就是从不同的位置对数据进行处理，处理结束后移至下一个块。

5.3　使用 iotools 处理大型文件

5.3.1　数据的分块处理

bigmemory 是处理大型数据集的一个很好的解决方案，但它有两个局限性：
- 数据必须全部存储在单个磁盘上；
- 数据必须能表示为矩阵。

如果希望将所使用的数据表示为数据帧，或者希望将数据拆分存储到多台计算机上，就需要另一个解决方案。要处理超出单个计算机的资源限制的数据，可以将数据分块处理，iotools 包通过逐块处理数据实现了上述功能，它也适用于计算机集群。本小节将介绍何时需要使用 iotools 包以及如何使用此包处理大型文件。iotools 的功能特性包括：
- 数据可以是多种类型的，如 DataFrame；
- 可以存储在多台机器上；
- 以块（chunk）的方式处理数据。

将数据集分割成块时，有两种方法可用来处理每个块：顺序处理和独立处理。

顺序处理是指一个接一个地处理每个块。这种情况下 R 一次只处理一个块，仅能看到该块内的数据，但可以在工作区保留所需记录的任意信息。顺序处理的代码通常比独立处理的代码简单，但计算无法并行化。

独立处理允许使用多核或多个机器，但代码实现需要额外的步骤，因为最后的结果必须由每个块的独立结果合并导出。因此，这种方法适合 split-compute-combine，类似于 map-reduce。有些操作可以简单地通过 split-compute-combine 导出，例如求最大值——先计算每个块的最大值，然后对所有块的最大值结果求最大值，就可以得到整个数据集的最大值。计算平均值要比求最大值复杂，因为取块的平均值一般不会得到向量的平均值。但如果为每个块记录值的总和与块的大小，就可以用块的总和除以块大小的总和来求平均值。

```
# 生成随机向量
x <- rnorm(100)
# 计算向量中元素均值
mean(x)
```

```
输出：
[1] 0.1357472
```

```
# 计算向量切片的和与长度
sl <- Map(function(v) {
```

```
c(sum(v), length(v))},
list(x[1:25], x[26:100]))
# 将两个切片的和与长度分别相加
slr <- Reduce('+', sl)
# 计算均值
slr[1]/slr[2]
```

```
输出:
[1] 0.1357472
```

但是有些问题不能很容易地使用 split-compute-combine 解决, 求中值就是一个例子。要计算中值, 必须对全体数据排序并取中间值, 这不是可以在 split-compute-combine 框架中执行的操作。幸运的是, 大多数回归程序, 包括线性模型和广义线性模型, 可以用 split-compute-combine 方式来表示。

5.3.2　初识 iotools: 导入数据

分块处理的基本步骤是加载数据片段 (piece), 将其转换为可以计算的本地对象, 执行所需的计算并存储结果。重复上述步骤, 直到处理完所有数据。本小节将展示 iotools 包如何简化和加快上述流程。处理大数据时往往不重视数据的导入, 本小节从数据导入开始。在实际应用中, 加载数据通常比处理数据花费更多的时间, 有两个原因: 必须从磁盘中检索数据, 这是一个相对缓慢的操作过程; 数据必须从原始形式 (通常是文本) 转换为本地对象 (矢量、矩阵、数据帧)。在分块处理中, 必须执行数据加载、数据处理, 保存或存储结果并丢弃块。这意味着继续处理不同的块时, 通常不能在后续重用加载过的数据, 因此要求代码中提供有效的函数来加载数据。

iotools 包提供了一种模块化的方法, 能够把数据的物理加载与转换为 R 本地对象的过程分离, 以获得更好的灵活性和性能。R 提供原始向量作为处理输入数据的方法, 这种方法几乎不影响性能。这意味着可以关注如何快速读取原始向量并获取块的数据读取方法, 这样的方法主要有两种:

- readAsRaw() 用于读取全体数据并得到原始向量;
- read.chunk() 用于分块读取数据并得到原始向量, 这种方法只读取内存中预定义大小的数据。

两种方法的结果都是得到一个原始向量, 原始向量可以解析为其他 R 对象, iotools 提供的主要方法也有两种:

- mstrsplit() 用于读取矩阵;
- dstrsplit() 用于读取数据帧。

两者都对速度和效率有一定优化。这种设计是专门为了支持分块处理, 若希望完整加载数据集, 也可以使用, 效率也能得到相应提升。当然 iotools 提供了更快捷的实现方式, read.delim.raw() 可以认为是 readAsRaw() 和 dstrsplit() 的组合版本。

处理连续的块意味着块的顺序与数据的存储顺序一致, 不必提前对整个数据集进行分区，拆分仅仅意味着数据的一部分移到紧邻的另一部分。

分块处理的主要特性如下：

- 不必导入所有的数据；
- 一次从数据源中读取"chunk"行；
- 没有中间结构。

连接到数据，读取数据块，将其解析为 R 对象，计算并存储结果。重复此过程，直到处理完所有数据。块的大小可以控制，这将限制一次迭代中处理的数据量。R 非常适合向量和矩阵运算，所以这种方法一次处理整个块非常有效。

```
# 打开文件
fc <- file("mortgage-sample.csv", "rb")
# 读入第一行（列名）
readLines(fc, n = 1)
# ....
# 读入并处理数据的代码
# ....
# 关闭文件
close(fc)
```

```
输出：
[1] "\"enterprise\",\"record_number\",\"msa\",\"perc_minority\",\"tract_income_ratio\",
    \"borrower_income_ratio\",\"loan_purpose\",\"federal_guarantee\",\"borrower_race\",
    \"co_borrower_race\",\"borrower_gender\",\"co_borrower_gender\",\"num_units\",
    \"affordability\",\"year\",\"type\""
```

5.3.3 chunk.apply 的巧妙运用

到目前为止本节一直在通过创建一个循环来读取、解析和计算数据。本小节将使用一个新的函数 chunk.apply()，它有效地使用 apply() 而非 for 循环来等效处理每个块。它精简了循环过程，并设计了一种收集结果的方法，实现并行化执行。iotools 包是 hmr 包的基础，hmr 包可以在 Apache Hadoop 的基础上处理数据，这些软件包在 AT&T 实验室等地用来处理数百兆字节的数据。假设我们有一个文件 mortgage-sample.csv，其中有 16 列数值型字段，目标是得到每个字段的总和。

```
library(iotools)
# 使用chunk.apply()分块读入mortgage-sample.csv
chunk_col_sums <- chunk.apply("mortgage-sample.csv",
# 处理每个块的函数
function(chunk) {
# 将块转化为矩阵
m <- mstrsplit(chunk, type = "numeric", skip=1L, sep = ",")
```

```
# 返回列和
colSums(m)
},
# 块占用的最大位数
CH.MAX.SIZE = 1e5)
# 计算每一列的总和
colSums(chunk_col_sums)
```

输出：

[1]	96664	34981483	62585	137866	163969	188220	263608
[8]	278786	374867	489841	102096	213388	72762	299928
[15]	140738722	37090					

上面的代码显示了如何使用 chunk.apply() 分块处理此文件：第一个参数是将读取的文件，第二个参数是带有一个参数 chunk 的函数。在这里，使用 mstrsplit() 函数将块转化为矩阵。然后，函数通过获取列和来处理块并将块列的总和保留为中间变量。chunk.apply() 返回一个矩阵，其中每一行对应于 chunk 和，每列是 mortgage-sample.csv 的 16 列的 chunk 和。最后可以通过再一次调用 colSums() 来获取所有列的总和。

使用 mstrsplit() 将每个块作为矩阵解析到处理函数中并不总是可行的。读取每列中元素类型相同的矩形数据时，可能希望将数据作为数据帧读入，这时可以使用 dstrsplit() 函数。

```
library(iotools)
# 使用chunk.apply()分块读入mortgage-sample.csv
chunk_col_sums <- chunk.apply("mortgage-sample.csv",
# 处理每个块的函数
function(chunk) {
# 将块转化为数据框
d <- dstrsplit(chunk, col_types = rep("numeric", 16), skip = 1L, sep = ",")
# 计算列和
colSums(d)
},
# 块占用的最大位数
CH.MAX.SIZE = 1e5)
# 计算每一列的总和
colSums(chunk_col_sums)
```

输出：

V1	V2	V3	V4	V5	V6	V7
96664	34981483	62585	137866	163969	188220	263608
V8	V9	V10	V11	V12	V13	V14
278786	374867	489841	102096	213388	72762	299928
V15	V16					
140738722	37090					

dstrsplit() 函数与 mstrsplit() 一样，生成一个包含指定列类型的数据帧。此外，它还允许高效地从数据中选择字段子集。

chunk.apply() 函数还有一个并行选项，可以更快地处理数据。在 Unix 上将 parallel 选项设置为大于一个倍数的值时，处理器同时读取和处理数据，从而减少执行时间。

```
# 使用chunk.apply()分块读入mortgage-sample.csv
chunk_col_sums <- chunk.apply("mortgage-sample.csv",
# 处理每个块的函数
function(chunk) {
# 将块转化为数据框
d <- dstrsplit(chunk, col_types = rep("numeric", 16), skip = 1L, sep = ",") colSums(d)
},
# 使用两个处理器读入并处理数据
parallel = 2)
# 计算每一列的总和
colSums(chunk_col_sums)
```

```
输出：
      V1          V2          V3          V4          V5          V6          V7
   96664    34981483       62585      137866      163969      188220      263608
      V8          V9         V10         V11         V12         V13         V14
  278786      374867      489841      102096      213388       72762      299928
     V15         V16
140738722       37090
```

注意，增加处理器的数量并不能总是加快代码执行速度，这意味着处理器数量翻倍并不一定会使执行速度减半。

5.4 案例：抵押贷款数据的基础分析

在这一节中，我们进一步分析抵押贷款数据集（mortgage-sample.csv）。首先，对比不同人种获得的抵押贷款数量；其次，检查数据集中的数据缺失与其他变量间是否存在一定关系；再次，分析不同人种贷款数量随时间的变化趋势；最后，统计城镇与乡村的贷款数量与不同收入群体获得联邦担保贷款的情况。在这一系列分析中，我们会使用前面介绍过的 bigmemory 与 iotools。

在本节的示例代码中，默认已经使用 read.big.matrix() 读入抵押贷款数据集，存储为 mort，并且已经加载了 iotools、bigmemory 及配套的工具包。

5.4.1 不同人种的抵押贷款的数量

下面是美国人口调查局公布的美国各人种占总人口的比例，表中比例之和不为 1，而且

"其他种族"不在我们的考虑范围内，尽管他们占总人口的 6.2%。另外需要注意，拉丁裔与西班牙裔在考虑范围内，但并未在表 5-2 中出现。

表 5-2　美国各人种占比

人种	百分比
白人	72
美洲印第安人或阿拉斯加原住民	0.9
亚裔	4.8
非洲裔	12.6
夏威夷原住民或其他太平洋岛民	0.2
两种及以上种族混血	2.9
其他种族	6.2

已知白人获得了大部分抵押贷款，由于白人占总人口的 72%，其获得抵押贷款的数量最多也在情理之中。不同人种的人口总数不同，各人种获得贷款的绝对数量不具有可比性，而这也是后面要通过数据分析解决的问题。在本小节中，我们会先统计各人种获得贷款的数量比。

```
# 统计各人种获得贷款的数量
race_table <- bigtable(mort, "borrower_race")
# 重命名
race_cat <- c("Native Am", "Asian", "Black", "Pacific Is",
+             "White", "Two or More", "Hispanic", "", "Not Avail")
names(race_table) <- race_cat[as.numeric(names(race_table))]
# 目前我们只关注没有缺失数据的前7个人种
# 计算各人种获得贷款的数量比
(borrower_proportion <- race_table[1:7] / sum(race_table[1:7]))
  Native Am        Asian       Black  Pacific Is        White Two or More     Hispanic
0.002330129  0.072315464 0.032915105 0.003177448 0.814828092 0.008603552 0.065830210
```

在上面的代码中，主要使用 bigtabulate 中的函数解决问题，也可以使用 iotools 中的方法。

```
# 使用iotools中的方法统计各人种获得贷款的数量
mort_names <- c("enterprise", "record_number", "msa", "perc_minority",
+               "tract_income_ratio", "borrower_income_ratio",
+               "loan_purpose", "federal_guarantee", "borrower_race",
+               "co_borrower_race", "borrower_gender", "co_borrower_gender",
+               "num_units", "affordability", "year", "type")
race_table_chunks <- chunk.apply(
+   "Data/mortgage-sample.csv", function(chunk) {
+     x <- mstrsplit(chunk, sep = ",", type = "integer")
+     colnames(x) <- mort_names
+     table(x[, "borrower_race"])
```

```
+    }, CH.MAX.SIZE = 1e5)
race_table <- colSums(race_table_chunks)
# 计算各人种获得贷款的数量比
borrower_proportion <- race_table[1:7] / sum(race_table[1:7])
```

下面，对比一下各人种的贷款数量比与人数比。

```
# 各人种人数占人口总数的比例
pop_proportion <- c(0.009, 0.048, 0.126, 0.002, 0.724, 0.029, 0.163)
names(pop_proportion) <- race_cat[1:7]
# 对比各人种的贷款数量比与人数比
matrix(c(pop_proportion, borrower_proportion), byrow = TRUE, nrow = 2,
+         dimnames = list(c("Population Proportion", "Borrower Proportion"),
race_cat[1:7]))
                          Native Am Asian      Black   Pacific Is     White Two or More
Population Proportion 0.009000000 0.04800000 0.12600000 0.002000000 0.7240000
0.029000000
Borrower Proportion   0.002330129 0.07231546 0.03291511 0.003177448 0.8148281
0.008603552
                          Hispanic
Population Proportion 0.16300000
Borrower Proportion   0.06583021
```

5.4.2 数据缺失与其他变量的关系

抵押贷款数据集中存在数据缺失情况，这一问题并不容易妥善处理。本小节将简单介绍分析数据缺失情况的方法，以及如何使用 bigmemory 与 iotools 处理数据集中的缺失数据。

通常，数据缺失有下列三种情况：

- MCAR：数据缺失完全随机；
- MAR：数据缺失随机；
- MNAR：数据缺失不随机。

如果数据缺失是完全随机的，我们将无法预测数据集中哪些地方会出现缺失值。在数据分析过程中，一般会直接将数据集中含有缺失值的行删除。

当数据的缺失与其他变量有关时，我们称数据缺失是随机的。注意，此处的"随机"是一种具有误导性的说法，它的实际含义是：当数据集中的某些变量确定时，数据缺失是条件随机的。为了处理 MAR 数据，一般会多次预测缺失值，构造多个数据集，以寻找数据集中变量间的关系，之后再进行数据分析。这一过程称为多重插补。

如果数据缺失既不是完全随机的，也不是随机的，就属于三种情况中的最后一类，即数据缺失不随机。MNAR 意味着数据缺失与数据集中其他变量间有确定的关系。对 MNAR 的分析与处理超出了本书的范畴，此处不作详细说明。

现在考虑 MCAR 与 MAR 的情况。由于没有直接判断数据缺失是否为 MCAR 的方法，我们一般会检验数据缺失是否为 MAR，如果得到否定的答案，就认为数据缺失是完全随机的。若要检验数据缺失是否随机，我们首先会将含有缺失值的变量改写为 0–1 取值的变量，其中 1 代表原变量对应位置为缺失值，0 代表对应位置不是缺失值。随后分别建立这一 0–1 变量与其他变量的逻辑回归模型，并计算回归系数显著性检验的 p 值。若 p 值显著，说明数据缺失是 MAR 的；若所有 p 值都不显著，则数据缺失可以认为是 MCAR 的。在这里我们进行了多次显著性检验，很可能会由于随机性出现一些取值较小的 p 值，所以需要谨慎地根据检验的数量选择显著性水平。

　　下面是在 R 中检验数据缺失是否随机的一个示例。首先新建变量 is_missing，它含有 1 000 个元素，反映原始数据的缺失情况；随后，从标准正态分布中随机抽样，产生 10 个相互独立的变量，将结果存入一个 1 000 行 10 列的矩阵；接下来，使用 glm() 分别建立矩阵中每一列与 is_missing 的逻辑回归模型，显著性检验的 p 值存储在模型总结中的 coefficients 矩阵中，位于第 2 行第 4 列。下面是代码与 p 值：

```
set.seed(1234)
# 被解释变量，0-1取值
is_missing <- rbinom(1000, 1, 0.5)

# 解释变量，从正态分布中随机抽样获得
data_matrix <- matrix(rnorm(1000*10),
+                      nrow = 1000, ncol = 10)

p_vals <- rep(NA, ncol(data_matrix))
# 逻辑回归
for (j in 1:ncol(data_matrix)){
+    s <- summary(glm(is_missing data_matrix[, j],
+             family = binomial))
+    p_vals[j] <- (s[["coefficients"]])[2, 4]
+ }

# 展示p值
p_vals
 [1] 0.5894797 0.5004774 0.1999733 0.8840353 0.2641120
 [6] 0.9948348 0.4997592 0.7299527 0.4997366 0.6481737
```

　　此时，所有的 p 值取值都较大，说明数据缺失与其他变量之间没有显著的关系，所以数据缺失是完全随机的。当然，这一结果在情理之中，因为所有的数据都是随机生成的。

　　接下来，我们分析抵押贷款数据集中的变量 borrower_race 的数据缺失情况是否与变量 affordability 相关。

```
# 新建变量borrower_race_ind，代表borrower_race是否缺失
borrower_race_ind <- mort[, "borrower_race"] == 9
# 新建因子型变量affordability_factor，代表变量affordability
```

```
affordability_factor <- factor(mort[, "affordability"])

# 建立affordability_race_ind与borrower_race_ind的逻辑回归模型
summary(glm(borrower_race_ind   affordability_factor, family = binomial))

Call:
glm(formula = borrower_race_ind ~ affordability_factor, family = binomial)

Deviance Residuals:
    Min       1Q   Median       3Q      Max
-0.5969  -0.5016  -0.5016  -0.5016   2.0867

Coefficients:
                       Estimate   Std.Error    z value    Pr(>|z|)
(Intercept)             -1.7478      0.1376    -12.701     <2e-16 ***
affordability_factor1   -0.2241      0.1536     -1.459     0.1447
affordability_factor2   -0.3090      0.1609     -1.920     0.0548 .
affordability_factor3   -0.2094      0.1446     -1.448     0.1476
affordability_factor4   -0.2619      0.1383     -1.894     0.0582 .
affordability_factor9    0.1131      0.1413      0.800     0.4235
---
Signif. codes:  0 '***' 0.001 '**' 0.01 '*' 0.05 '.' 0.1 ' ' 1

(Dispersion parameter for binomial family taken to be 1)

    Null deviance:  52279  on 69999  degrees of freedom
Residual deviance:  52166  on 69994  degrees of freedom
AIC: 52178
Number of Fisher Scoring iterations:  4
```

　　根据逻辑回归模型的系数显著性检验结果，可以认为 borrower_race 的数据缺失与 affordability 无关。当然，这里只是一个简单的例子，实际案例中对数据缺失的分析会更加复杂。

5.4.3 不同人种贷款数量的变化趋势

　　在 5.4.1 小节中，我们统计了不同人种的贷款数量比与人数比，在 5.4.2 小节中简单地检查了数据集中变量 borrower_race 的数据缺失情况，本小节将关注调整后各人种贷款数量随时间变化的趋势。

　　根据人口占比调整后的贷款数量可以客观地反映不同人种的贷款情况差异。接下来，我们会画图反映各人种调整后贷款人数随时间的变化情况，并对比不同人种的变化规律。令所有人种的贷款率上升或下降的原因通常是宏观经济的变化；如果某一人种的变化规律与其他人种不同, 则通常是由文化差异或社会因素引起的。下面计算抵押贷款数据集中各人种的调整后贷款数量, 并绘制它们随年份变化的曲线图。首先, 需要统计抵押贷款数据集中各人种的贷款绝对数量与贷款的年份。

```
# make_table() 可读入块, 存储为矩阵, 并统计人种与年份
make_table <- function(chunk) {
+    m <- mstrsplit(chunk, sep = ",", type = "integer")
+    colnames(m) <- mort_names
+    # 统计人种与对应的年份
+    bigtable(m, c("borrower_race", "year"))
+ }


# 打开与文件的连接, 并跳过列名
fc <- file("Data/mortgage-sample.csv", "rb")
readLines(fc, n = 1)
# 此处省略输出
# 使用 make_table() 处理数据
race_year_table <- chunk.apply(fc, make_table)
# 关闭文件连接
close(fc)

# 将矩阵转化为数据框
# 同样, 只关注前7个人种
rydf <- as.data.frame(race_year_table[1:7, ])

# 将人种标签加入数据框
rydf["Race"] <- race_cat[1:7]
rydf
    2008 2009 2010 2011 2012 2013 2014 2015         Race
1     11   18   13   16   15   12   29   29    Native Am
2    384  583  603  568  770  673  369  488        Asian
3    363  320  209  204  258  312  185  169        Black
4     33   38   21   13   28   22   17   23  Pacific Is
5   5552 7739 6301 5746 8192 7535 4110 4831        White
6     43   85   65   58   89   78   46   64  Two or More
7    577  563  384  378  574  613  439  512    Hispanic
```

接下来, 需要调整各人种的贷款数量。不同人种的总人数不同, 不能直接比较各人种贷款的绝对数量, 而应该根据各人种的人数对贷款数量进行调整, 再对比不同人种的贷款情况。下面是具体的 R 代码, 输出图片为图 5-2。

```
# 转换数据框的形式
# 变量Year记录年份, Count记录贷款数量, Race是人种标签
library(tidyr)
```

```
rydfl <- gather(rydf, Year, Count, -Race)
# 计算根据人口占比调整后的各人种贷款数量
rydfl["Adjusted_Count"] <- rydfl["Count"] / pop_proportion[rydfl["Race"]]

# 绘制各人种调整后的贷款数量变化趋势图
library(ggplot2)
ggplot(rydfl, aes(x = Year, y = Adjusted_Count, group = Race, color = Race)) +
+    geom_line()
```

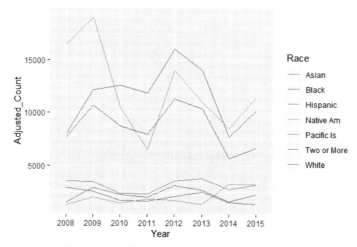

图 5-2   调整后的各人种贷款数量变化趋势图

下面进一步探究各人种贷款数量的相对变化趋势。为了达到这一目标，我们使用 2008 年的数据对每年的数据作标准化处理。下面是具体操作，输出图片为图 5-3。

```
# 取出2008年的数据
column1 <- rydf[, 1]
# 用2008年的数据对每年数据作标准化处理
for(this_column in 1:8) {
+    rydf[, this_column] <- rydf[, this_column] / column1
+ }

# 转换数据框的形式
rydf_long <- gather(rydf, Year, Proportion, -Race)
# 绘制相对变化趋势图
ggplot(rydf_long, aes(x = Year, y = Proportion, group = Race, color = Race)) +
+    geom_line()
```

5.4.4 乡村与城镇的贷款变化趋势

除了分析不同人种的贷款情况变化趋势，还可以对比乡村与城镇获得抵押贷款的趋势。

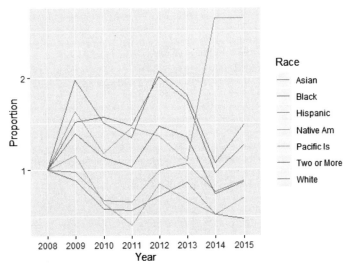

图 5-3　各人种贷款数量相对变化趋势图

乡村与城镇的对比非常直接。如果一座房屋位于大都市地区，就认为它位于城镇，否则认为它位于乡村。数据集中的变量 msa 代表房屋的位置，取1代表位于城镇。

下面开始统计每年城镇与乡村获得抵押贷款的数量，处理过程与上一小节中统计不同人种贷款数量的变化趋势非常类似。下面是具体代码，输出图片为图 5-4。

```
# make_table() 可以统计房屋位置与年份
make_table <- function(chunk) {
+    # Create a matrix
+    m <- mstrsplit(chunk, sep = ",", type = "integer")
+    colnames(m) <- mort_names
+    # Create the output table
+    bigtable(m, c("msa", "year"))
+ }


# 打开文件连接, 跳过列名
fc <- file("Data/mortgage-sample.csv", "rb")
readLines(fc, n = 1)
# 此处省略输出
# 使用 make_table() 处理数据
msa_year_table <- chunk.apply(fc, make_table)
# 关闭文件连接
close(fc)


# 将矩阵转化为数据框
df_msa <- as.data.frame(msa_year_table)
# 添加位置标签
df_msa["MSA"] <- c("rural", "city")
```

```
# 转化数据框的形式
df_msa_long <- gather(df_msa, Year, Count, -MSA)
# 绘制城镇与乡村贷款数量变化趋势图
ggplot(df_msa_long, aes(x = Year, y = Count, group = MSA, color = MSA)) +
+    geom_line()
```

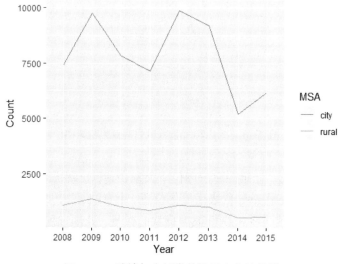

图 5-4　城镇与乡村贷款数量变化趋势图

5.4.5　收入与联邦担保贷款

在本小节中，我们将对比不同收入水平的群体获得联邦担保贷款的情况。联邦担保贷款可以在借方违约时保护发放贷款的公司。如果借款人无力偿还剩余的债务，联邦政府会买下这份贷款，于是借款人的还贷对象变成了政府。可以认为这类贷款是向资产较少的人发放的，因为它们可以降低贷款公司的风险。借款人的绝对收入并不在数据集中，但是绝对收入除以当地人收入中位数的值存储在变量 borrower_income_ratio 中。

我们将统计每一个收入群体获得联邦担保贷款的情况，以了解联邦担保贷款与收入间是否存在一定的联系。这一次主要使用 bigmemory 及其配套工具包中的函数完成分析工作。

```
# 统计收入水平与领取联邦担保贷款的情况
ir_by_fg <- bigtable(mort, c("borrower_income_ratio", "federal_guarantee"))

# 调整行名与列名
income_cat <- c("0 <= 50", "50 < 80", "> 80", "Not Applicable")
guarantee_cat <- c("FHA/VA", "RHS", "HECM", "No Guarantee")
dimnames(ir_by_fg) <- list(income_cat, guarantee_cat)
```

```
# 将每一收入群体领取不同贷款的数量转化为比例
for (i in seq_len(nrow(ir_by_fg))) {
+   ir_by_fg[i, ] = ir_by_fg[i, ] / sum(ir_by_fg[i, ]) + }
ir_by_fg
                      FHA/VA          RHS        HECM No Guarantee
0 <= 50        0.008944544 0.0014636526 0.0443974630     0.9451943
50 < 80        0.005977548 0.0024055985 0.0026971862     0.9889197
> 80           0.001113022 0.0002428412 0.0006475766     0.9979966
Not Applicable 0.023676880 0.0013927577 0.0487465181     0.9261838
```

5.4.6　小结

现在，我们完成了对 R 中可拓展数据的学习。我们学习了如何将数据集拆分为多个部分，对每一部分分别计算，最后合并结果，这一过程称为"拆分—计算—合并"。通过拆分数据集，可以保证 R 处理的数据量不会超过计算机中可用计算资源的承载能力，同时也方便了数据分析过程的并行化，因为可以独立地处理数据集的每一部分。这些操作可以在一台计算机上并行运行，也可以在计算机集群上分布式运行。

在 R 的基础包中，可以使用 split() 将数据集拆分为多个部分，随后使用 Map() 分别处理每一部分，最后使用 Reduce() 合并结果。

我们也介绍了另外两个进行 split-apply-reduce 的 R 包：bigmemory 与 iotools。如果待处理的数据量相对于计算机内存过大，且数据以密集矩阵的形式存储，可以使用 bigmemory。它将数据存储在磁盘中，只有在需要使用的时候才读入内存，且这一过程是自动的。另外，bigmemory 中矩阵的操作方法与 R 中的矩阵相同。

iotools 以连续块的形式从磁盘或其他地方读入数据。在处理完一个数据块后，一个中间结果的 ID 会被存储，随后程序会检索下一个数据块，直到处理完整个文件。与 bigmemory 相比，iotools 无法在不处理整个文件的情况下直接从数据集中取值，但它支持的数据结构包括数据框与矩阵，它的输入形式也更加多样化。

在最后的案例中，使用 bigmemory 与 iotools 中的方法分析了美国抵押贷款数据集（mortgage-sample.csv）中不同人种获得贷款的数量变化、城镇与乡村的贷款数量变化趋势及不同收入群体获得联邦担保贷款的情况，并对结果可视化。

习题

1. 使用 read.big.matrix() 函数创建第一个文件支持的 big.matrix 对象。该函数看起来与 read.table() 相似，但还需要知道读取哪种类型的数值（"char""short""integer""double"），需要用于保存矩形数据的文件名（后备文件），并且需要用于保存有关矩阵信息的文件名（描述符文件）。结果需要以磁盘上的一个文件呈现，其中包含读取的值以及描述符文件，该描述符文件包含有关 big.matrix 对象的额外信息（如列数和行数）。

重要提示：

• 加载 bigmemory 包。

• 使用 read.big.matrix() 函数读取一个名为"mortgage-sample.csv"的文件，该文件包含标题，并由整数值组成。同时，创建一个名为"mortgage-sample.bin"的后备文件；创建一个名为"mortgage-sample.desc"的描述符文件。

• 使用 dim() 函数找到 x 的尺寸。

重要代码：

```
# 加载 bigmemory 包
___
# 创建 big.matrix 对象: x
x <- ___(___, header = ___,
    type = ___,
    backingfile = ___,
    descriptorfile = ___)
# 查找 x 的尺寸
___
```

2. 按年份处理借款人种族（race）和种族划分（ethnicity）信息问题（I）。

假设人们希望查看按年计算的总数而不是一次查看所有年份的总数。本题需要为每年的每个种族划分创建一个表格。

重要提示：

• 使用 bigtable() 函数按年（year）创建借款人种族（borrower_race）表。

• 使用 as.data.frame() 函数将表转换为 DataFrame 并将其分配给 rydf。

• 使用 race_cat 变量创建一个包含种族（民族）信息的新列（Race）。

重要代码：

```
# 按年份创建借款人种族表
race_year_table <- ___(mort, c(___, ___))
# 将 rydf 转换为数据帧
rydf <- ___(race_year_table)
# 创建新的列 Race
rydf$___ <- ___
# 查看结果
rydf
```

3. 将数据作为 DataFrame 读取。读取作为矩阵的块，然后将其转换为 DataFrame，或者使用 dstrsplit() 函数（将数据作为数据帧读入）。

重要提示：

• 在函数 make_msa_table() 中，将每个块作为数据帧读取。

• 调用 chunk.apply() 以大块形式读取数据。

• 通过添加所有行来获取每一列的总数。

重要代码：

```
# 定义要应用于每个块的函数
    make_msa_table <- function(chunk) {
# 读取每个块作为数据帧
  x <- ___(chunk, col_types = rep("integer", length(col_names)), sep = ",")
# 设置已读取的数据框的列名
  colnames(x) <- col_names
# 创建新列 msa_pretty, 其中包含有关借款人居住地的字符串描述
  x$msa_pretty <- msa_map[x$msa + 1]
# 从 msa_pretty 列创建一个表
    table(x$msa_pretty)
}
# 创建与抵押贷款数据.csv 的文件连接
    fc <- file("mortgage-sample.csv", "rb")
# 读取第一行以摆脱标题
readLines(fc, n = 1)
# 读取大块数据
    counts <- ___(fc, ___, CH.MAX.SIZE = 1e5)
# 关闭文件连接
    close(fc)
```

4. 按年份处理借款人种族和种族划分信息问题 (II)。在本题中, 需要同时使用 iotools 和 bigtabulate 来按年份列出借款人的种族和种族划分。

重要提示:

• 创建一个函数 make_table(), 该函数读取块作为矩阵, 然后按借款人的种族和年份将其制成表格。

• 使用 chunk.apply() 从创建的文件连接中导入数据。

• 将 race_year_table 转换为数据框。

重要代码:

```
# 打开与文件的连接, 然后跳过标题
    fc <- file("mortgage-sample.csv", "rb")
    readLines(fc, n = 1)
# 创建一个读取块的函数
    make_table <- function(chunk) {
# 创建一个矩阵
  m <- ___(chunk, sep = ",", type = "integer")
  colnames(m) <- mort_names
# 创建输出表
  ___(m, c("borrower_race", "year"))
}
# 使用 chunk.apply 导入数据
    race_year_table <- ___(fc, make_table)
# 关闭连接
```

```
    close(fc)
# 投射到数据框
    rydf <- ___(race_year_table)
# 创建一个新的具有种族/种族划分的专栏
    rydf$Race <- race_cat
```

第三部分

Python 语言并行计算

第6章

使用 Python 进行 Dask 并行编程

内容提要

6.1 Dask 基础知识

6.1.1 Dask 简介

Dask 是一个并行计算库，能在集群中进行分布式计算，能以一种更方便简洁的方式处理大数据。与 Spark 这类大数据处理框架相比较，Dask 更轻。Dask 侧重与其他框架如 NumPy、Pandas、Scikit-learn 相结合，从而更方便地进行分布式并行计算。

Dask 对于硬件具有良好的适用范围，从常见的笔记本电脑到百台以上的服务器集群均可使用 Dask 进行相应的计算分析。

Dask 是一个开源工具，它提供类似于 Python 中常规 NumPy Array、Pandas DataFrame 和 list 的抽象，允许在多核系统上并行处理数据。

Dask 提供类似 NumPy、列表和 Pandas 的高级 Array、Bag 和 DataFrame 集合，可以在不适合主内存的数据集上并行运行。Dask 的高级集合是大型数据集的 NumPy 和 Pandas 的替代品。

Dask 由两部分组成：

• 针对计算优化的动态任务调度，可对交互式计算工作负载进行优化。

• "大数据"集合，像并行数组 Array、数据框 DataFrame 和列表 Bag 一样，将通用接口（如 NumPy、Pandas 或 Python 迭代器）扩展到大于内存或分布式环境。这些并行集合运行在动态任务调度器之上。

6.1.2　Dask 的主要优点

Dask 的主要优点如下。

- 熟悉：提供并行的 NumPy 数组和 Pandas DataFrame 对象。
- 灵活：提供任务计划界面，以实现更多自定义工作负载并与其他项目集成。
- 本土化：在纯 Python 中启用分布式计算并可以访问 PyData 堆栈。
- 快速：以低开销、低延迟和快速数值算法执行所需的最少序列化操作。
- 扩大规模：在具有 1 000 个核心的集群上弹性运行。
- 缩小：在单个过程中轻松设置并在笔记本电脑上运行。
- 响应式：在设计时考虑了交互式计算，可提供快速反馈和诊断功能。

Dask 主要功能示意图见图 6-1。

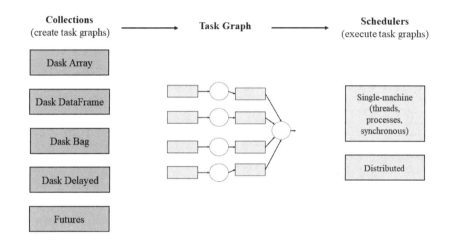

图 6-1　Dask 主要功能示意图

6.1.3　安装 Dask

可以有选择地安装 Dask。
- 使用 pip 安装 Dask 全部功能，同时安装 Pandas、NumPy 等依赖库。

```
python -m pip install "dask[complete]"
```

- 仅安装 Dask 库。

```
python -m pip install dask
```

- 也可根据需要安装 Dask 指定的模块。

```
python -m pip install "dask[array]"        # 安装dask array
python -m pip install "dask[bag]"          # 安装dask bag
```

```
python -m pip install "dask[dataframe]"    # 安装dask dataframe
python -m pip install "dask[delayed]"      # 安装dask delayed
python -m pip install "dask[distributed]" # 安装distributed dask
```

6.2　Dask 对不同数据结构的操作

Dask 存在三种最基本的数据结构，分别是 Array、DataFrame 以及 Bag。

6.2.1　Dask 对 Array 的操作

Dask 库有很多工具可以加速计算，此处以在 Dask 中对数组进行分块操作为例来说明。我们可以将 Dask 库的 Array 看作 NumPy 数组的扩展。

1. 创建 NumPy 数组

首先，创建一个一维的 NumPy 数组 a，其中包含 10 000 个均匀分布在 0 和 1 之间的随机数。请记住，NumPy 数组类似于列表，但 NumPy 数组要求数组中元素的数据类型相同，而 Python 列表中元素可以是不同类型。NumPy 数组还具有许多属性和方便的数值处理方法。

其次，打印数组形状和数据类型。数组 a 是一维数组，包含 10 000 个元素，数据类型为 float64（64 位浮点数）。可以用 NumPy 数组自带的方法计算和以及平均值。

```
import numpy as np
a = np.random.rand(10000)
print(a.shape, a.dtype) # 查看数组形状和数据类型
输出：(10000,) float64
print(a.sum()) # 计算和
输出：5017.32043995
print(a.mean()) # 计算平均值
输出：0.501732043995
```

2. 从 NumPy 数组创建 Dask 数组

我们可以导入模块 dask.array 作为 da 以使用 Dask 数组。from_array 函数从 NumPy 数组构造 Dask 数组。参数 chunks 表示生成的 Dask 数组中的每个块包含的元素个数。这里的块大小是 a 的长度除以 4(本例中为 2 500)。Dask 数组也有一个叫作 chunks 的属性，能够以元组 (tuple) 类型返回 Dask 数组中每个块包含的元素个数，此处构造的 a_dask 数组包含 4 个块，每个块中有 2 500 个元素。

```
import dask.array as da
a_dask = da.from_array(a, chunks=len(a)//4)
# 使用Dask数组的chunks属性
a_dask.chunks
输出：((2500,2500,2500,2500),)
```

3. NumPy 数组分块求和

下面介绍如何在 NumPy 中分块计算数组内元素和。

使用整数除法根据原始数组的长度确定块的大小。变量 result 用于存储累加和，即最终结果。在循环中，需要通过查找每个块的偏移量（每个块开始的实际索引）来精确地对每个块进行切片，然后将 sum 方法应用到该块并将其添加到 result。注意，每个循环迭代都是独立的（如果可能，并行执行）。最后，可以打印累加和。

```
n_chunks = 4
chunk_size = len(a) // n_chunks
result = 0 # 累加和
for k in range(n_chunks):
    offset = k * chunk_size # 计算偏移量
    a_chunk= a[offset:offset + chunk_size] # 对数组切片
    result += a_chunk.sum()
print(result)
输出：5017.32043995
```

4. Dask 数组求和

接下来使用 Dask 数组重做前面的 sum。

创建一个具有适当块大小的 Dask 数组。对 sum 的调用会产生一个未计算的 Dask 对象。注意，不需要明确地计算偏移量或分割块，Dask 数组方法做到了这一点。调用 compute() 强制计算 sum(如果可能，并行执行)。

还可以使用 visualize() 查看相关的任务图，设置参数 rankdir='LR'强制任务图水平布局。任务图中间的四个矩形表示数据块。随着数据从左向右流动，将在每个块上调用 sum 方法。Dask 调度器可以将工作并发地分配给多个线程或进程 (如果可用的话)。

```
a_dask = da.from_array(a, chunks=len(a)//n_chunks)
result = a_dask.sum()
result
输出：dask.array<sum-aggregate, shape=(), dtype=float64, chunksize=()>
print(result.compute())
输出：5017.32043995
```

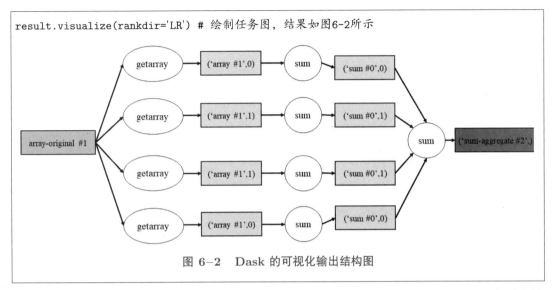

```
result.visualize(rankdir='LR')  # 绘制任务图，结果如图6-2所示
```

图 6-2　Dask 的可视化输出结构图

此外，Dask 数组与 NumPy 数组共享许多属性和方法。除了 shape 和 dtype，还有更多的常见属性。大多数 NumPy 数组聚合也可用于 Dask 数组，例如 max、min、mean 以及 std，等等，所有这些都会生成一个与图 6-2 类似的任务图。一些数组的转换方法，如 reshape、stack 和 transpose 等，Dask 数组与 NumPy 数组也都可用。当然，许多 NumPy 数学运算和通用函数也可以用于 Dask 数组。

6.2.2　Dask 对 DataFrame 的操作

Dask DataFrame 是 Pandas DataFrame 的延时版本，就像 Dask 数组是 NumPy 数组的延时版本一样。Dask DataFrame 和 Pandas DataFrame 在使用方法上有大量相似之处。例如，Dask read_csv 函数类似于 Pandas read_csv 函数。它可以使用星号通配符一次性读取一个或多个文件，以匹配文件名模式并连接 DataFrame。Dask DataFrame 可以包含超过可用内存容量的数据，下面介绍 Dask 库中的 DataFrame 是如何操作的。

按照惯例，使用别名 dd 导入 dask.dataframe。在调用 dataframe.compute() 方法之前，函数 dd.read_csv 实际上不会读取文件 (正如在前面的 dask.delayed 对象中看到的那样)。因此，Dask DataFrame 可以包含超过可用内存容量的数据。

让我们看一个将多个文件读入 dask.dataframe 的示例。调用 dd.read_csv 并将结果绑定到 df。输入字符串 '*.csv' 被称为 glob 模式。其中，* 是一个通配符，它匹配零个或多个有效的文件名字符，在本例中将匹配当前文件夹中所有以 "2014-" 开头的 CSV 文件。来自所有匹配文件的数据自动连接到一个 Dask DataFrame。

生成的 Dask DataFrame 与 Pandas DataFrame 有许多相同之处，例如头和尾。注意，head() 和 tail() 不需要调用 compute()。这是有意为之，因为在大多数情况下不需要并行性来检查 Dask DataFrame 的首行和尾行。但是，有些 Dask DataFrame 方法及操作确实需要使用 compute 方法进行计算，例如以下代码中按条件提取数据的操作。

读取 CSV 文件。

```
import dask.dataframe as dd
df = dd.read_csv('2014-*.csv')
df.head()
输出:      x y
        0 1 a
        1 2 b
        2 3 c
        3 4 a
        4 5 b
        5 6 c
# 提取df中y列值为'a'的记录的x值，并加1
df2 = df[df.y == 'a'].x + 1
df2.compute()
输出:   0     2
        3     5
        Name:  x, dtype:  int64
```

6.2.3 Dask 对 Bag 的操作

Bag 可以对集合及 Python 对象进行 map、filter、fold、groupby 等操作，它使用 Python 迭代器以较小的内存使用量去并行执行此操作。Bag 可以配合许多 Python 列表或迭代器，使每个列表或迭代器构成较大集合的一个分区。

在 Bag 上执行有两个好处。

● 并行：数据被拆分，允许多个内核或机器并行执行；

● 迭代：数据处理延迟，即使在单个分区内的单个计算机上，也可以平稳地执行大于本地内存的数据。

1. Dask 对 Bag 的操作

我们已经使用 Dask 数组和 DataFrame 来处理结构化的数据，但并非所有数据都是结构化的。

Dask 包是一种方便的、异构的、类似列表的数据结构。要构造一个 Dask 包，我们从一个包含其他容器的 Python 列表开始，包括列表、字典和字符串。注意其中有些是空的。

首先导入 dask.bag 作为 db，然后使用 db 中的函数 from_sequence 将嵌套的容器转换为 Dask 包。利用 Dask 包的计数方法可以计算出包的元素个数。

方法 any 和 all 的值评估为 True 或 False，与相应的 NumPy 方法的值完全相同。

```
nested_containers = [[0, 1, 2, 3],{},
                      [6.5, 3.14], 'Python',
                      {'version':3}, ' ']
import dask.bag as db
```

```
the_bag = db.from_sequence(nested_containers)
the_bag.count().compute()
输出：6
the_bag.any().compute(), the_bag.all().compute()
输出：True, False
```

2. 读取文本文件

Dask 包被设计用于处理凌乱或非结构化的文件，通常是原始 ASCII 或其他文本文件。read_text() 函数逐行将单个文件或文件集合读取到一个 Dask 包中。

在这里，我们读的是 Tim Peters 的《Python 之禅》(*The Zen of Python*)。我们可以用 take() 方法来检查包中的元素。调用 take(1) 返回一个元组。检查 taken，我们看到它有一个元素，即文件的第一行。然后运行 zen.take(3)，获取一个包含 3 个元素的元组，即文件的前 3 行。

```
import dask.bag as db
zen = db.read_text('zen')
taken = zen.take(1)
type(taken)
输出：tuple
taken
输出：('The Zen of Python, by Tim Peters\n',)
zen.take(3)
输出：('The Zen of Python, by Tim Peters\n', '\n',
'Beautiful is better than ugly.\n')
```

3. glob expression

Dask 函数 dask.bag.read_txt 和 dask.dataframe.read_csv 都接收 glob 输入从而一次加载许多文件，所以理解这一点将有助于对文件的分析。

我们使用 glob patterns 中的通配符 * 来匹配 taxi 目录中以 .csv 结尾的所有文件名。这里的斜杠字符是一个目录分隔符。星号是一个匹配 0 或多个字符的通配符。

```
import dask.dataframe as dd
df = dd.read_csv('taxi/*.csv', assume_missing=True)
```

让我们来看一下用 IPython %Is 命令获得的目录清单。工作目录中有许多文件和目录。

我们可以导入一个名为 glob 的 Python 模块，该模块允许我们使用 glob 表达式。

glob.glob 函数返回一个字符串列表，这些字符串使用 glob 模式来匹配工作目录中的文件。例如，设定 glob.glob('*.txt') 到 txt 文件，返回以 .txt 结尾的所有文件名的列表。这包括当前目录中以 a 或 b 开头并以 .txt 结尾的所有文件名。

```
\ %ls
输出: Alice Dave README a02.txt a04.txt b05.txt b07.txt b09.txt b11.t Bob Lisa
    a01.txt a03.txt a05.txt b06.txt b08.txt b10.txt taxi

import
glob txt_files = glob.glob('*.txt')
txt_files
输出: ['a01.txt', 'a02.txt',
...
'b10.txt', 'b11.txt']
```

通过混合文件名字符和通配符, 我们可以匹配更专门化的模式。例如, glob('b*.txt') 返回文件名 b05.txt 到 b11.txt 的列表。

```
glob.glob('b*.txt')
输出: ['b05.txt',
       'b06.txt',
       'b07.txt',
       'b08.txt',
       'b09.txt',
       'b10.txt',
       'b11.txt']
```

问号也是一个通配符, 但它只匹配一个字符。因此, glob('b?.txt') 返回一个空列表。

```
glob.glob('b?.txt')
输出: []            .
```

最后, 方括号可用于提供字符值的范围。在这种情况下, glob('?0[1-6].txt') 返回文件名, 其中任何字符后紧跟 0, 然后是 1~6 之间的字符, 最后是 .txt。glob('??[1-6].txt') 返回与之前相同的列表以及 'b11.txt' 文件。

```
glob.glob('?0[1-6].txt')
输出: ['a01.txt',
       'a02.txt',
       'a03.txt',
       'a04.txt',
       'a05.txt',
       'b05.txt',
       'b06.txt']

glob.glob('??[1-6].txt')
```

```
输出：['a01.txt',
      'a02.txt',
      'a03.txt',
      'a04.txt',
      'a05.txt',
      'b05.txt',
      'b06.txt',
      'b11.txt']
```

　　总而言之，在使用 glob 模式时，文件名中的任何字符都可以使用 glob 模式。星号是一个通配符，它匹配 0 个或多个字符 (即最大匹配)。问号是刚好匹配一个字符的通配符。字符范围在括号中指定 (注意，它们可以是任何字母或数字)。

4. map 和 filter

　　接下来介绍两种在 dask.bag 中常见的方法，即 map 和 filter。这两种方法也是 Python 内置的处理序列的方法，其中 map 会根据提供的函数对指定序列做映射，filter 则会对指定序列执行过滤操作。

　　使用 map 和 filter：

```python
# 定义一个计算序列平方值的函数
def squared(x):
    return x ** 2
squares = map(squared, [1, 2, 3, 4, 5, 6])
squares
输出：<map at 0x1037a1b70>
squares = list(squares)
squares
输出：[1, 4, 9, 16, 25, 36]

# 定义一个筛选出序列中偶数的函数
def is_even(x):
    return x % 2 == 0
evens = filter(is_even, [1, 2, 3, 4, 5, 6])
list(evens)
输出：[2, 4, 6]
even_squares = filter(is_even, squares))
list(even_squares)
输出：[4, 16, 36]
```

　　使用 dask.bag.map 和 dask.bag.filter：

```python
import dask.bag as db
numbers = db.from_sequence([1, 2, 3, 4, 5, 6])
```

```
squares = numbers.map(squared)
squares
输出: dask.bag<map-squared, npartitions=6>
result = squares.compute() # 注意此处result的大小不可超出内存
result
输出: [1, 4, 9, 16, 25, 36]

numbers = db.from_sequence([1, 2, 3, 4, 5, 6])
evens = numbers.filter(is_even)
evens.compute()
输出: [2, 4, 6]
even_squares = numbers.map(squared).filter(is_even)
even_squares.compute()
输出: [4, 16, 36]
```

6.3　在大数据集上训练

　　在计算机内存较小的情况下，比如使用个人电脑等，读者可能希望在比内存更大的数据集上进行训练。Dask-ML 包实现了可以在大于计算机内存的 Dask 数组或数据帧上进行机器学习训练。

6.3.1　安装 Python 包

　　如果已经安装，可以略过这一步。

```
python -m pip install dask-ml
```

6.3.2　导入包

　　导入包的代码如下：

```
import dask.array as da
import dask.delayed
from sklearn.datasets import make_blobs
import numpy as np
```

6.3.3　创建随机数据集

　　使用 scikit-learn 在本地创建一个小型（随机）数据集。

```
n_features = 20
X_small, y_small = make_blobs(n_samples=1000, centers=n_centers, n_features=n_features,
random_state=0)
centers = np.zeros((n_centers, n_features))
for i in range(n_centers):
    centers[i] = X_small[y_small == i].mean(0)
```

6.3.4　生成数据集

使用 dask.delayed 来适应 sklearn.datasets.make_blobs，以便在工作节点上生成实际的数据集。在 Dask-ML 中实现的算法是可扩展的，可以很好地处理要求内存较大的数据集。

```
n_samples_per_block = 200000
n_blocks = 500
delayeds = [dask.delayed(make_blobs)(n_samples=n_samples_per_block,
                                     centers=centers,
                                     n_features=n_features,
                                     random_state=i)[0]
            for i in range(n_blocks)]
arrays = [da.from_delayed(obj, shape=(n_samples_per_block, n_features), dtype=X.dtype)
          for obj in delayeds]
X = da.concatenate(arrays)
```

6.3.5　K-means 计算

K-means 计算代码如下：

```
from dask_ml.cluster import KMeans
clf = KMeans(init_max_iter=3, oversampling_factor=10)
%time clf.fit(X)
clf.labels_
clf.labels_[:10].compute()
```

6.3.6　使用 Dask 可视化示例

● 创建 h5py.Dataset。

```
import h5py
from glob import glob
import os
```

```
filenames = sorted(glob(os.path.join('data', 'weather-big', '*.hdf5')))
dsets = [h5py.File(filename, mode='r')['/t2m'] for filename in filenames]
```

- 每个 dset 数据展示。

```
import matplotlib.pyplot as plt

fig = plt.figure(figsize=(16, 8))
plt.imshow(dsets[0][::4, ::4], cmap='RdBu_r');
```

- 使用 dask.array 划分数据块。

```
arrays = [da.from_array(dset, chunks=(500, 500)) for dset in dsets]
```

- 通过 da.stack 堆叠数据。

```
x = da.stack(arrays, axis=0)
```

- 绘制平均温度。

```
result = x.mean(axis=0)
fig = plt.figure(figsize=(16, 8))
plt.imshow(result, cmap='RdBu_r');
```

结果如图 6-3 所示:

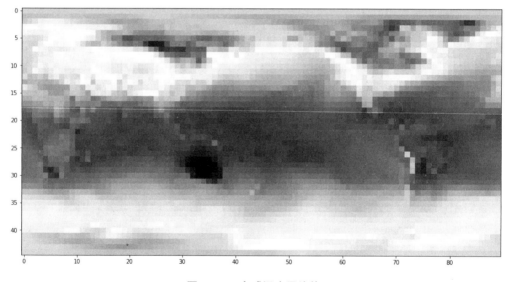

图 6-3　全球温度平均值

- 绘制平均值与第一天的差异。

```
result = x[0] - x.mean(axis=0)
fig = plt.figure(figsize=(16, 8))
plt.imshow(result, cmap='RdBu_r');
```

6.4　并行及分布式机器学习

Dask-ML 结合 Dask 及机器学习库 Scikit-Learn, 提供了可扩展的机器学习。

6.4.1　生成随机数据

生成随机数据的代码如下:

```
from sklearn.datasets import make_classification
X, y = make_classification(n_samples=10000, n_features=4, random_state=0)
```

6.4.2　支持向量机

- 导入包。

```
from sklearn.svm import SVC
```

- 创建估算量。

```
estimator = SVC(random_state=0)
estimator.fit(X, y)
```

- 检查属性。

```
estimator.support_vectors_[:4]
```

- 检查准确性。

```
estimator.score(X, y)
```

6.5　分布式部署示例

6.5.1　Dask 分布式简介

在 Dask 分布式 (也可以是伪分布式, 即在本机中通过线程或者进程来并行处理) 中, 共有三种角色: 主节点 (scheduler)、工作节点 (worker) 和客户端 (client), 其中 client 负责提交 task 给 scheduler, scheduler 负责对提交的 task 按照一定的策略分发给 worker, worker 进行实际的计算、数据存储, 在此期间, scheduler 时刻关注着 worker 的状态。

Dask 内部自动实现了分布式调度, 无须用户自行编写复杂的调度逻辑和程序; 通过调用简单的方法就可以进行分布式计算, 并支持部分模型的并行化处理。可以说 Dask 就是

Python 版本的 Spark，是一个用 Python 语言实现的分布式计算框架。

6.5.2 启动主节点

在终端上，执行以下命令即可启动主节点：

```
dask-scheduler
```

启动后，输出的信息如下：

```
distributed.scheduler - INFO - ------------------------------------------------
distributed.scheduler - INFO - ------------------------------------------------
distributed.scheduler - INFO - Clear task state
distributed.scheduler - INFO -    Scheduler at:  tcp://192.168.0.201:8786
```

其中 Scheduler at: tcp://192.168.0.201:8786 是主节点的连接地址及暴露的端口，而 192.168.0.201 是本机 IP。

6.5.3 启动工作节点

启动工作节点使用 dask-worker 命令，其后紧跟具体的 IP 地址和端口，如果是伪分布式部署，IP 可以直接使用 127.0.0.1，而如果是在另外的机器上部署，则使用具体的 Scheduler 的 IP 地址及端口。

本书采用的是伪分布式，故启动工作节点直接使用 127.0.0.1:8786。

```
dask-worker 127.0.0.1:8786
```

工作节点启动后，输出信息如下：

```
distributed.nanny - INFO -         Start Nanny at: 'tcp://127.0.0.1:33821'
distributed.worker - INFO -        Start worker at:    tcp://127.0.0.1:42409
distributed.worker - INFO -          Listening to:    tcp://127.0.0.1:42409
distributed.worker - INFO - Waiting to connect to:    tcp://127.0.0.1:8786
distributed.worker - INFO - ------------------------------------------------
distributed.worker - INFO -                Threads:             8
distributed.worker - INFO -                 Memory:          13.31 GB
distributed.worker - INFO -        Local Directory:  /home/zhanglw/dask-worker-space/
    worker-qeh59b37
distributed.worker - INFO - ------------------------------------------------
distributed.worker - INFO -          Registered to:  tcp://127.0.0.1:8786
distributed.worker - INFO - ------------------------------------------------
distributed.core - INFO - Starting established connection
```

6.5.4　运行 Dask 分布式示例

计算从 1 到 1 000 的每个数的平方数之和。

编写代码，并保存为 distribute-demo.py。

```python
# 导入dask的distributed包
from dask.distributed import Client
from time import time

"""
定义求平方的函数
"""
def square(x):
    return x ** 2

"""
main 方法，程序入口
"""
if __name__ == '__main__':
    num_max = 1000
    num_array = range(1, num_max+1)
    start_time = time()

    # 客户端，连接主节点
    client = Client('127.0.0.1:8786')
    # 分发任务
    A = client.map(square, num_array)
    # 提交任务
    total = client.submit(sum, A)
    # 打印任务执行结果
    print('result:'.format(total.result()))
    end_time = time()
    # 打印耗时
    print('elapsed:s'.format(end_time-start_time))
```

```
python distributed-demo.py
```

运行结果如下：

```
result:  333833500
elapsed time:  0.4281790256500244 s
```

以上是一个比较简单的 Dask 分布式示例，演示了一个基本的分布式的执行方式。

习题

1. 连接和绘制 WDI 数据。本题的任务是使用 len() 确定块数以及过滤器保留的实际行数。使用 pd.concat() 从 dfs 列表中创建单个 DataFrame。函数 pd.concat() 将获取 DataFrame 列表并将其连接到一个新的 DataFrame 对象中，最后绘制结果。已使用标准别名（分别为 plt 和 pd）导入了模块 matplotlib.pyplot 和 Pandas。

重要提示：

- 打印 dfs 列表的长度。
- 使用 dfs 调用 pd.concat() 并分配给 df。
- 打印 df 的长度。
- 点击"提交答案"以查看图。
- 将对 len() 的调用放在 print() 函数内。

重要代码：

```
# 打印 dfs 列表的长度
# 使用 dfs 调用 pd.concat 并分配给 df
# 打印 DataFrame df 的长度
# 调用 df.plot.line 的 x='Year'和 y='value'作为参数
df.plot.line(x='Year', y='value')
plt.ylabel('% Urban population')
# 调用 plt.show() 显示图片
```

2. 过滤和分组数据。本题的任务是建立一个计算管道，以计算全年数据中每天的每小时平均小费分数。需要从 payment_type 列中筛选类型 1 的付款（信用卡交易），使用 hour 列进行组交易，最后汇总 tip_fraction 列的均值。

重要提示：

- 使用 df ['payment_type'] == 1 创建一个布尔数组，并在 .loc [] 访问器中使用它。
- 使用带有"hour"作为参数的 groupby() 方法。
- 选择 hourly 的 tip_fraction 列并将其连接到 mean() 方法。
- 使用 type() 函数显示 result 的类型。

重要代码：

```
# 过滤 payment_type == 1： credit 的行
credit = ____
# 按照'hour'分组
hourly = ____
# 计算总平均值 'tip_fraction' 并打印数据类型
result = ____
print(____)
```

3. 筛选词组。本题的任务是使用 filter 功能获取 226 个国际电联的州地址，并找到提到"卫生保健"一词的地址。为此，首先必须将每段语音中所有单词的大写标准化。

需要将所有语音转换为小写并编写一个 Lambda 函数，如果每段语音中都包含 "health care"子字符串，则该函数将返回 true。最后，计算过滤功能保留的语音数量。已提供 Speeches 包。

重要提示：

- 使用 str.lower() 将 Speeches 转换为小写。
- 使用 Lambda 函数 lambda s:'health care' in s，并分配给 health。
- 将 health 中的条目数计为 n_health。
- 计算并打印 n_health 的值。
- 要计算 n_health 的值，请使用 compute() 方法。

重要代码：

```
# 将 Speeches 转换为小写
lower = ____
# 过滤'health care': health
health = lower.____(lambda s:'health care' in s)
# 计算 health 中的条目数： n_health
n_health = ____
# 计算并打印 n_health 的值
print(____)
```

4. 航班信息读取和清理。为了有效使用每月航班信息数据的子集，需要做一些清理工作。具体来说，需要将 WEATHER_DELAY 列中的 0 替换为 na.nan。此替换将使以后的计数延迟更加容易。此操作需要构建 Pandas DataFrame 操作的延迟管道。然后，将输出转换为 Dask DataFrame，其中每个文件都是一个块。

此任务的第一步是编写一个函数，以将单个 CSV 文件读取到 DataFrame 中；第二步，返回的 DataFrame 将在 FL_DATE 列中使用 Pandas TimeStamps，并在 WEATHER_DELAY 列中将 np.nans 替换为 0。可以使用 flightdelays-2016-1.csv 文件来验证该功能是否按预期工作。

重要提示：

- 定义以文件名作为输入的 @delayed 函数 read_flights。
- 请记住将 @delayed 放置在功能签名上方。
- 在函数中，使用 parse_dates = ['FL_DATE'] 将文件名读取到 DataFrame 中。
- 使用 replace() 将 df ['WEATHER_DELAY'] 中的所有 0 替换为 np.nan。

重要代码：

```
# 定义 @delayed 函数 read_flights
____
def ____:
        # 在 DataFrame 中读取： df
        df = ____
```

```
    # 把 df['WEATHER_DELAY'] 中所有的 0 替换成 np.nan
    df['WEATHER_DELAY'] = _____
    # 返回 df
    return df
```

第7章

PySpark 基础操作

内容提要

本章将介绍 PySpark 的精彩世界，以及与 PySpark 相关的各种概念和框架。读者将了解为什么 PySpark 被认为是大数据的最佳框架。

7.1 PySpark 简介

Java、Scala、Python 或 R 等语言都可以编写驱动程序与 Spark 建立连接，这些语言各有利弊。使用 Java 编写比较烦琐，需要很多代码来完成简单的任务。相比之下，Scala、Python 和 R 作为高级语言，只需少量代码就可以完成很多工作。高级语言支持 REPL(Read-Evaluate-Print Loop, 交互式解释器) 环境，这对交互式开发至关重要。本章使用 Python 与 Spark 进行交互，通过 PySpark 模块在 Python 解释器中使用 Spark 功能。

7.1.1 PySpark 相关概念

1. PySpark

Apache Spark 是用 Scala 编写的。为了支持 Python 和 Spark, Apache Spark 社区发布了 PySpark。与以前的版本不同，最新版本的 PySpark 提供了与 Scala 类似的计算功能。PySpark API 类似于 Pandas 和 Scikit-learn。因此，对于初学者来说，PySpark 的入门难度非常低。

通过 PySpark 的不同子模块可以调用 Spark 不同功能的接口，PySpark 的主要子模块有：
- 结构化数据，即 pyspark.sql；
- 流数据，即 pyspark.streaming；
- 机器学习，即 pyspark.mllib(deprecated) 和 pyspark.ml。

2. Spark Shell

Spark Shell 是运行 Spark 作业的交互式环境，通过它可以快速、方便地实现 Spark 的功能。Spark Shell 特别有助于在集群上运行作业之前进行快速交互原型设计。

与其他 Shell 不同，Spark Shell 允许数据进行跨多台计算机的交互，而 Spark 负责自动分配此处理。Spark Shell 包括以下三种：
- 基于 Scala 的 Spark Shell；
- 基于 Python 的 PySpark Shell；
- 基于 R 的 SparkR。

PySpark Shell 是基于 Python 的命令行工具，允许数据科学家访问 Spark 数据结构接口，支持连接到集群。

3. SparkContext

为了更好地学习 Spark，需要先理解 SparkContext。SparkContext 是进入 Spark 世界的入口点，是连接到 Spark 集群的一种方式。PySpark 有一个名为 sc 的默认 SparkContext。在理解 SparkContext 之前，先了解一下入口点。

入口点就像房子的钥匙。没有钥匙，就不能进入房间，没有入口点，就不能运行任何 PySpark 程序。读者可以使用一个名为 sc 的变量访问 PySpark Shell 中的 SparkContext。

4. SparkSession

SparkSession 是 Spark 2.0 之后引入的新概念，为用户提供了统一的切入点来学习 Spark 的各项功能。

在 Spark 2.0 之前，用户需要使用不同的 Context 来调用不同的功能。
- SparkContext：创建和操作 RDD；
- StreamingContext：使用 Streaming；
- sqlContext：使用 SQL；
- HiveContext：使用 Hive。

而在 Spark 2.0 中，SparkSession 统一了上述 Context。

7.1.2　PySpark 初步操作

1. 进入 PySpark Shell

可在 Linux 终端进入 PySpark Shell。

```
/usr/local/spark/bin/pyspark
```

注意： 本章的 Python 相关代码均在 PySpark Shell 中执行。本章中使用的数据文件均可在中国人民大学出版社网站下载。

下载文件后，可以存储到 Linux 文件系统中，也可通过以下命令上传到 hdfs 文件系统中：

```
# 进入hadoop的bin目录
cd /usr/local/hadoop/bin
# 上传单个文件到hdfs系统的默认目录上(下载文件存放在/home/hadoop/chapter2的目录下),如上
传test.txt文件
./hdfs dfs -put /home/hadoop/chapter2/test.txt
# 本书使用的hdfs文件系统的默认路径为/user/hadoop,可以使用以下命令上传多个文档到默认空
间
./hdfs dfs -put /home/hadoop/chapter2/* /user/hadoop
```

若从本地文件系统读取文件，请在文件绝对路径前加上 file:///，例如读取用户主目录下的 test.txt 文件，需使用 file:////home/hadoop/test.txt. 作为文件路径。

2. 导入 PySpark

作为一项前沿技术，Spark 的变化迅速且频繁。在使用 PySpark 前，要确保使用的是最新的版本。读者可以转到最新的 URL，或者输入版本号、主版本号、次版本号和修补程序以获取特定版本的 PySpark。

在导入 PySpark 模块前，使用 FindSpark 进行初始化，保证 PySpark 在不同的 Python编译环境下都能与 Spark 顺利连接，导入 PySpark 后可以查看 Spark 版本信息。

```
#找到并激活Spark
import findspark
findspark.init()
#查看版本信息
import pyspark
pyspark.__version__
```

```
输出:
[1] '3.0.1'
```

3. 指定计算机集群位置

指定所使用的计算机集群位置，有两个选择：

● 连接到远程集群。在这种情况下，需要指定一个 Spark URL，给出集群主节点的网络位置。URL 由 IP 地址或 DNS 名称和端口号组成，Spark 的默认端口是 7077。

● 连接到本地集群。在这种情况下仅需使用 local 表示本地集群，并给出使用的核数。

在学习 Spark 如何工作的过程中，直接使用远程集群可能会遇到不必要的障碍。创建本地集群来学习 Spark 将更加高效，在这个集群中所有事件都发生在一台计算机上，可以更好地监控 Spark 的执行过程。本章将使用本地集群进行操作。默认情况下，Spark 会话将在本地集群单个核上运行，可以通过中括号指定特定的核数，或者使用 * 来选择所有可用的核。

连接 Spark 集群的重要参数如下。

（1）远程集群：URL-spark://<IP address | DNS name>:<port>；示例：spark://13.59.151.161:7077。

（2）本地集群示例：

● local，1 个核；

● local[4]，4 个核；

● local[*]，所有核。

4. 创建 SparkContext

```
from pyspark import SparkContext
#这是SparkContext（一个类）
sc = SparkContext("local", "First App")
#生成sc实例，这个和pyspark shell的内置sc一样都是local
#version:检索SparkContext版本
sc.version
2.3.1
#Python Version:检索Python版本的SparkContext
sc.pythonVer
3.6
#Master:集群的URL或"local"字符串，以SparkContext的本地模式运行
sc.master
local[*]
```

5. 创建 SparkSession 对象

创建 SparkSession 对象连接到 Spark。SparkSession 类在 pyspark.sql 子模块中使用类属性 builder 进行创建操作。对 builder 使用类方法 master() 指定集群的位置，使用 appName()

方法为应用程序指定名称，最后调用 getOrCreate() 方法，该方法将创建新的会话对象或返回现有对象。

```
from pyspark.sql import SparkSession
spark = SparkSession.builder \
              .master('local[*]') \
              .appName('first_spark_application')\
              .getOrCreate()
```

　　创建会话后，开始与 Spark 进行交互。使用 SparkSession 可以同时创建多个会话，这是同时管理多个并行应用的一个很好的做法。

```
spark
```

```
输出:
SparkSession - in-memory
SparkContext

Spark UI
Version
v3.0.1
Master
local[*]
AppName
first_spark_application
```

6. 在 PySpark 中加载数据

　　在 PySpark 中加载数据的方法如下：

```
#parallelize()方法
rdd = sc.parallelize([1,2,3,4,5])
#textFile()方法
rdd2 = sc.textFile("test.txt")
```

7. 关闭与 Spark 的交互

　　当所有工作结束时通过 stop() 方法结束会话，关闭与 Spark 的交互。

```
# 关闭与Spark的交互
spark.stop()
```

　　注意：如果在非交互式的环境下编程且需要使用 SparkSession 对象，可以在对应的.py 文件开头使用如下代码。

```
from pyspark.sql import SparkSession
spark = SparkSession.builder.appName(name = 'application').getOrCreate()

# 返回spark的版本
spark.version
# 返回python的系统信息
import sys
sys.version_info
```

7.1.3 Python 中的匿名函数

Lambda 函数是 Python 中的匿名函数, 也就是在运行时不指定名称的函数。Lambda 函数非常强大, 可以很好地集成到 Python 中, 通常与典型的函数 (如 map 和 filter 函数) 结合使用。Lambda 函数创建稍后要调用的函数, 类似于 def, 但它返回没有任何名称的函数。这就是 Lambda 被称为匿名函数的原因。在实践中, 它被用作内联函数定义或延迟代码执行的一种方式。

内联函数: 当编译器发现某段代码在调用一个内联函数时, 它不是去调用该函数, 而是将该函数的代码整段插入当前位置。这样做的好处是省去了调用的过程, 加快程序运行速度。

延迟代码执行: 将代码的执行延迟到一个合适的时间点。调用的时候, Lambda 可以起到内联函数和延迟代码执行的作用。相比函数, 其运行更高效 (调用函数消耗巨大); 相比直接的一段代码, 它又可以像函数一样重复使用、易于修改。

1. Lambda 函数的语法

Lambda 函数可以在需要函数对象时使用。它可以有任意数量的参数, 但只能有一个表达式, 表达式会被运行并返回。

Lambda 函数常见形式如下:

```
#x是参数, x * 2是评估并且返回的表达式
#这个函数没有名字, 它返回一个函数对象, 该对象被赋值给这里的标识符 "double"
double = lambda x:   x * 2

print(duplicate(3))
6
```

2. def 和 Lambda 函数的主要区别

def 和 Lambda 函数的主要区别如下:
- def 包含返回语句, Lambda 函数不包含返回语句, 它总是包含一个返回的表达式;

● 与使用 def 的普通 Python 函数不同，可以将 Lambda 函数放在任何需要函数的地方，而且不需要将其赋值给变量。

在短时间内需要一个匿名函数时，可使用 Lambda 函数。

```
#求立方
def cube(x):
...     return x ** 3

#Lambda没有返回语句
#可以把Lambda函数放在任何地方
g = lambda x:  x ** 3

print(g(10))
1000
print(cube(10))
1000
```

3. Python 中 Lambda 函数的使用——map()

map() 函数的参数为一个函数和一个列表，函数作用于参数列表中的每个元素后得到的结果会组成一个新列表返回。

```
#map()的一般语法
#map(function, list)

#map()的例子
items = [1, 2, 3, 4]
#把列表items里的每个元素依次代入函数中，得到的结果按顺序组成一个新列表返回
list(map(lambda x:  x + 2 , items))
[3, 4, 5, 6]
```

4. Python 中 Lambda 函数的使用——filter()

filter() 函数接收一个函数和一个列表，并返回一个新列表。将参数列表中的元素分别代入该函数，计算结果为"True/False"，其中函数计算结果为"True"的元素组成新列表返回。

```
#filter()的一般语法
# filter(function, list)

#filter()的例子
items = [1, 2, 3, 4]

list(filter(lambda x:  (x%2 != 0), items))
```

```
[1, 3]
```

7.2　PySpark RDD 相关编程

Spark 提供的主要抽象是弹性分布式数据集 (RDD)，这是该引擎的基础和主要数据类型。本节介绍 RDD 的概念，并展示 RDD 的创建方法、转换操作和执行操作等内容。

7.2.1　什么是 RDD

RDD 即弹性分布式数据集。它是 Spark 处理数据的核心抽象，它只是分布在集群中的一组数据。

RDD 是 PySpark 中的基本数据类型和主干数据类型。当 Spark 开始处理数据时，它将数据分区，并将数据分布在集群节点上，每个节点包含一个数据片。

RDD 分别指 resilient (弹性)、distributed (分布式)、datasets (数据集)。
- 弹性：承受失败的能力，这意味着能够承受故障和重新计算丢失或损坏的分区。
- 分布式：跨越多台机器，这意味着跨越集群中的多个节点来进行有效的计算。
- 数据集：分区数据的集合，比如数组、表、元组等。

7.2.2　创建 RDD 的方法

创建 RDD 的方法有以下几种：
- 并行化一个现有的对象集合创建RDD (最简单的)。
- 通过文件系统加载外部数据创建 RDD。文件系统支持的数据类型包括 HDFS 文件、Amazon S3 bucket 中的对象等。

```
#parallelize()用于从Python列表创建
RDDsnumRDD = sc.parallelize([1,2,3,4])


helloRDD = sc.parallelize("Hello world")


type(helloRDD)
<class 'pyspark.rdd.PipelinedRDD'>


#textFile() 用于从外部数据集创建RDD
fileRDD = sc.textFile("README.md")


type(fileRDD)
<class 'pyspark.rdd.PipelinedRDD'>
```

7.2.3　RDD 的转换操作

PySpark 中的 RDD 支持两种不同类型的操作（operation）——转换（transformation）和执行（action）。

- transformation：创建新的 RDD。
- action：在 RDD 上执行计算。

本小节介绍 RDD 上的转换操作。帮助 RDD 进行容错和优化资源使用的最重要的特性是延迟计算。

转换操作是延迟计算。Spark 根据在 RDD 上执行的所有 operation 创建一个图，只有在 RDD 上开始执行 action 时，图的执行才会启动，如图 7-1 所示。这在 Spark 中称为延迟计算。

图 7-1　Spark 延迟计算示意图

基本的 transformation 包括 map()、filter()、flatMap() 和 union()。

```
#map()transformation 将一个函数应用于RDD中的所有元素
RDD = sc.parallelize([1,2,3,4])
RDD_map = RDD.map(lambda x:  x * x)


#filter接收一个函数并返回一个RDD，该RDD只有符合过滤条件的元素
RDD = sc.parallelize([1,2,3,4])
RDD_filter = RDD.filter(lambda x:  x > 2)


#flatMap类似于map转换，只是它返回的每个元素都源于原来的RDD
RDD = sc.parallelize(["hello world", "how are you"])
RDD_flatmap = RDD.flatMap(lambda x:  x.split(" "))


inputRDD = sc.textFile("logs.txt")


errorRDD = inputRDD.filter(lambda x:  "error" in x.split())


warningsRDD = inputRDD.filter(lambda x:  "warnings" in x.split())



#union转换返回一个RDD与另一个RDD的联合
combinedRDD = errorRDD.union(warningsRDD)
```

7.2.4 RDD 的执行操作

action 是在 RDD 上应用的操作，用于在运行计算后返回一个值。

1. 基本执行操作

基本的 RDD action 包括 collect()、take(N)、first() 和 count()。

```
#collect()以数组的形式返回数据集中的所有元素
#take(N)返回数据集中的前N个元素的数组
RDD_map.collect()
[1, 4, 9, 16]
RDD_map.take(2)
[1, 4]
#first()打印RDD的第一个元素
RDD_map.first()
[1]
#count()返回RDD中的元素数量
RDD_flatmap.count()
5
```

2. 其他执行操作

reduce 操作接收一个函数（在 Python 中一般为 Lambda 函数），该函数对相同类型的 RDD 中的两个元素进行操作，并返回一个相同类型的新元素。这个函数应该是可交换的和可结合的，这样它才能正确地并行计算。

在 PySpark 中 reduce() 操作的一个例子如下：

```
#一个简单的例子是plus
x = [1,3,4,6]

RDD = sc.parallelize(x)

RDD.reduce(lambda x, y :  x + y)
14
```

saveAsTextFile() 将 RDD 保存到目录中的一个文本文件中，每个分区作为一个单独的文件。

```
RDD.saveAsTextFile("tempFile1")
#coalesce()方法可用于将RDD保存为单个文本文件
RDD.coalesce(1).saveAsTextFile("tempFile2")
```

注意：在许多情况下，不建议在 RDD 上运行 collect 操作，因为数据量非常大。通常将数据写到分布式存储系统 (如 HDFS 或 Amazon S3) 中。

7.2.5　创建 RDD 对的方法

实际数据集通常是键值对，每一行都是一个键，映射到一个或多个值上。RDD 对是处理这类数据集的特殊数据结构。

RDD 对：键是标识符，值是数据。

创建成对 RDD 的两种常见方法：

- 利用键值元组列表创建；
- 利用一个普通的 RDD 创建。

```
#为成对的RDD将数据转换成键值形式
my_tuple = [('Sam', 23), ('Mary', 34), ('Peter', 25)]
#将键值形式的列表转为RDD
pairRDD_tuple = sc.parallelize(my_tuple)
#创建一个list
my_list = ['Sam 23', 'Mary 34', 'Peter 25']
#转为RDD
regularRDD = sc.parallelize(my_list)
#用map修改原来的RDD变为RDD对
pairRDD_RDD = regularRDD.map(lambda s:  (s.split(' ')[0], s.split(' ')[1]))
```

RDD 对上的 transformation：所有的常规转换都在 RDD 对上操作，必须传递针对键值对而不是单个元素进行操作的函数。

下面是成对的 RDD 转换的例子。

- reduceByKey()：合并具有相同键的值；
- groupByKey()：对具有相同的键的值进行分组；
- sortByKey()：返回一个按键排序的 RDD；
- join()：根据两个 RDD 对的键值连接它们。

```
#reduceByKey()将具有相同键的值合并
#它对数据集中的每个键执行并行操作，这是一种transformation，而不是action
regularRDD = sc.parallelize([("Messi", 23), ("Ronaldo", 34), ("Neymar", 22), ("Messi", 24)])
pairRDD_reducebykey = regularRDD.reduceByKey(lambda x,y :x + y)
pairRDD_reducebykey.collect()
[('Neymar', 22), ('Ronaldo', 34), ('Messi', 47)]


#sortByKey()操作命令通过密钥对RDD进行配对
#它返回一个按键升序或降序排序的RDD
pairRDD_reducebykey_rev = pairRDD_reducebykey.map(lambda x:(x[1], x[0]))
```

```
pairRDD_reducebykey_rev.sortByKey(ascending=False).collect()
[(47, 'Messi'), (34, 'Ronaldo'), (22, 'Neymar')]

#groupByKey()将RDD对中具有相同键的所有值分组
airports = [("US", "JFK"),("UK", "LHR"),("FR", "CDG"),("US", "SFO")]

regularRDD = sc.parallelize(airports)

pairRDD_group = regularRDD.groupByKey().collect()

for cont, air in pairRDD_group:
...      print(cont, list(air))
FR ['CDG']
US ['JFK', 'SFO']
UK ['LHR']

#join()根据两个RDD对的键连接它们
RDD1 = sc.parallelize([("Messi", 34),("Ronaldo", 32),("Neymar", 24)])

RDD2 = sc.parallelize([("Ronaldo", 80),("Neymar", 120),("Messi", 100)])

RDD1.join(RDD2).collect()
[('Neymar', (24, 120)), ('Ronaldo', (32, 80)), ('Messi', (34, 100))]
```

7.2.6   RDD 对的执行操作

RDD 对的 action 操作利用键值数据，RDD 对操作的例子比较少，有 countByKey() 和 collectAsMap()。

countByKey() 只适用于 (K, V) 类型，会计算每个键的元素数量。

下面是一个简单的列表上的 countByKey() 的例子。

```
rdd = sc.parallelize([("a", 1), ("b", 1), ("a", 1)])

for kee, val in rdd.countByKey().items():
...      print(kee, val)
('a', 2)
('b', 1)
```

collectAsMap() 以字典的形式返回 RDD 中的键值对。

简单元组上的 collectAsMap() 示例如下：

```
sc.parallelize([(1, 2), (3, 4)]).collectAsMap()
{1:2, 3:4}
```

与 countByKey 类似, 只有在预期结果数据很小的情况下才使用这个操作, 因为所有数据都被加载到内存中。

7.3　PySpark 的 DataFrame

在本节中, 读者将了解 Spark SQL, 这是一个用于结构化数据处理的 Spark 模块。它提供了一个称为 DataFrame 的编程抽象, 还可以充当分布式 SQL 查询引擎。本节展示 Spark SQL 如何允许读者在 Python 中使用 DataFrame。

7.3.1　PySpark 数据流简介

PySpark SQL 是一个用于结构化数据的 Spark 库, 它提供了更多关于数据结构和计算的信息。

PySpark DataFrame 是一个具有指定列的不可变的分布式数据集合, 用于处理结构化的数据 (例如关系数据库) 或半结构化的数据 (例如 JSON)。DataFrame API 可在 Python、R、Scala 和 Java 中使用。

PySpark 既支持 SQL 查询 (SELECT * from table), 也支持表达式方法 (df.select ())。

在深入讨论如何操作 DataFrame 之前, 先介绍它的一些功能和特点。

- DataFrame 由行和列组成, 通常类似于数据库表;
- DataFrame 是不可变的, 对数据的结构或内容的任何更改都会创建一个新的 DataFrame;
- 可以通过转换操作来修改 DataFrame。

注意: 在 Python 中, 有时候要从 CSV 里读取表格形成 DataFrame, 当文件过大读取很慢时, 可以存为 JSON 格式, 令文件变小, 读取起来快很多。

7.3.2　SparkSession——DataFrame API 的入口点

SparkContext 是创建 RDD 的主要入口点, 与之类似的是 SparkSession 提供了与 Spark 数据流交互的单一入口点, 用于创建数据 DataFrame、注册数据 DataFrame、执行 SQL 查询。SparkSession 在 PySpark Shell 中记为 Spark, 它对 DataFrame 的作用与 SparkContext (sc) 对 RDD 的作用相同。

7.3.3　在 PySpark 中创建数据流

在 PySpark 中创建数据流有两种方法:
- 使用 SparkSession 的 createDataFrame() 方法从现有的 RDD 中获取。

• 使用 SparkSession 的读取方法从各种数据源 (CSV、JSON、TXT) 中获取。

注意：和一般 SQL 中的 Schema 概念类似，PySpark DataFrame 中的数据结构也能帮助 Spark 更有效地优化数据查询，提供有关列名、列中的数据类型、空值等信息。

从 RDD 中创建一个 DataFrame。

```
#要从RDD创建一个DataFrame，需要将一个RDD和一个模式传递到SparkSession的createDataFrame方法中
#在本例中，首先使用SparkContext的parallelize方法从一个iphone列表中创建一个名为iphones_RDD的RDD
iphones_RDD = sc.parallelize([("XS", 2018, 5.65, 2.79, 6.24),
…("XR", 2018, 5.94, 2.98, 6.84),
…("X10", 2017, 5.65, 2.79, 6.13),
…("8Plus", 2017, 6.23, 3.07, 7.12)])
#接下来，使用SparkSession的createDataFrame方法(使用iphones_RDD)创建一个DataFrame，并使用模型、年份等列名列表作为Schema
#这里需要注意的一点是，当Schema是列名列表时，每个列的类型将从上面显示的数据中推断出来。但是，当Schema为空时，它将尝试从数据中推断Schema
names = ['Model', 'Year', 'Height', 'Width', 'Weight']


iphones_df = spark.createDataFrame(iphones_RDD, schema=names)


type(iphones_df)
pyspark.sql.dataframe.DataFrame
```

读取 CSV/JSON/TXT/Parquet 创建一个 DataFrame。

```
#文件路径和两个可选参数
#两个可选参数header=True, inferSchema=True。header=True确保该方法将第一行作为列名处理。可以传递inferschema=True来指示DataFrame读取器从数据中推断Schema，通过这样做，它将尝试根据内容为每一列分配正确的数据类型
\textcolor{red}{#以下使用的people文件是一个描述音乐类别与属性的数据集，此处仅供用于构建DataFrame。}
df_csv = spark.read.csv("people.csv", header=True, inferSchema=True)


df_json = spark.read.json("people.json")


df_txt = spark.read.text("people.txt")


# Parquet文件
spark.read.parquet('example.parq')
```

Parquet 数据格式如图 7-2 所示。与运行 Spark 的 Hadoop 平台中大多数数据格式一样，Parquet 是一种一次写入、多次读取的数据存储格式。Parquet 数据是柱状存储的，这意味着它是按列排列的，这是大型数据集的一个重要特性，因为这样读入所需的数据会非常

快，而 CSV 文件必须读取和解析整个数据集才能读取单个字段。Parquet 文件的字段是类型化的，这样可以避免用户自己去定义数据类型，但写起来相对较慢。另外，Parquet 文件不是由字符分隔的，不太可能出现误读分割字符的情况。目前，整个行业迅速采用了 Parquet 存储格式。

综上所述，Parquet 数据格式具有如下三大优势。

- 按列存储：可以快速查询列子集；
- 结构化的定义架构：字段和数据类型非常适合凌乱的文本数据；
- 行业采用：拥有好的技能。

图 7-2　Parquet 数据格式

7.3.4　DataFrame 的转换操作

与 RDD 操作类似，PySpark 中的 DataFrame 操作可以分为转换和执行。

- DataFrame 转换：select()、filter()、withColumn()、groupby()、orderby()、drop()、dropDuplicates()、withColumnRenamed()、cast()。
- DataFrame 执行：printSchema()、show()、count()、columns()、describe()。

本小节介绍 DataFrame 的转换操作。

1. select()

select() 方法返回从 DataFrame 中请求的列。

```
df_id_age = df_csv.select('age')
```

2. filter()

filter() 仅保留满足参数中定义的要求的行，可以用 where() 别名代替。这类似于 SQL 中的 where 字句。

```
#filter()转换根据一个条件过滤掉行
new_df_age21 = df_csv.filter(df_csv.age > 21)


new_df_age21.show(3)
+---+---------+--------------+------+-------------+---+
| id|person_id|          name|   sex|date of birth|age|
+---+---------+--------------+------+-------------+---+
|  0|      100|Penelope Lewis|female|    1990/8/31| 30|
|  1|      101| David Anthony|  male|   1971/10/14| 49|
|  2|      102|     Ida Shipp|female|    1962/5/24| 58|
+---+---------+--------------+------+-------------+---+
```

3. withColumn()

withColumn() 在 DataFrame 中创建一个新列, 第一个参数是列名, 第二个参数是创建列的命令。下面是创建的一个名为 year 的列, 其中仅包含年份信息。

```
voter_df.withColumn('year', voter_df.date.year)
```

4. groupby()

groupby() 操作可用于对变量进行分组。

```
df_age_group = df_csv.groupby('age')
```

5. orderby()

orderby() 操作对基于一个或多个列的数据流进行排序。

```
df_age_group.count().orderby('age').show(3)
+----+-----+
| age|count|
+----+-----+
|null| 1996|
|   0|  348|
|   1|  610|
+----+-----+
```

6. drop()

drop() 从 DataFrame 中删除列。

```
voter_df.drop('unused_column')
```

7. dropDuplicates()

dropDuplicates() 删除重复值。

```
#dropDuplicates() 删除数据中身高体重及年龄重复的数据
df_no_dup = df_csv.select('Height','Weight','Age').dropDuplicates()
df_no_dup.count()
891
```

8. withColumnRenamed()

withColumnRenamed() 重命名 DataFrame 中的一个列。

```
df_gender = df_csv.withColumnRenamed('Gender','sex')

df_gender.show(3)
+---+---------+--------------+------+-------------+---+
| id|person_id|          name|gender|date of birth|age|
+---+---------+--------------+------+-------------+---+
|  0|      100|Penelope Lewis|female|    1990/8/31| 30|
|  1|      101| David Anthony|  male|   1971/10/14| 49|
|  2|      102|     Ida Shipp|female|    1962/5/24| 58|
+---+---------+--------------+------+-------------+---+
```

9. cast()

cast() 将字符串数据转换为其他类型。下例使用 cast() 函数执行到 IntegerType() 的转换。

```
voter_df.withColumn('year', voter_df['_c4'].cast(IntegerType()))
```

7.3.5　DataFrame 的执行操作

1. printSchema()

printSchema() 操作用于打印 DataFrame 中列的类型。

```
iphones_df.printSchema()
root
 |-- Model:  string (nullable = true)
 |-- Year:  long (nullable = true)
 |-- Height:  double (nullable = true)
 |-- Width:  double (nullable = true)
 |-- Weight:  double (nullable = true)
```

2. show()

show() 操作用于打印 DataFrame 中的前几行 (默认 20 行)。

```
df_id_age.show(3)
+---+
```

```
|age|
+---+
| 17|
| 17|
| 17|
+---+
```

3. count()

count() 操作用于查找非空值的数据。

```
df_age_group.count().show(3)
+---+-----+
|age|count|
+---+-----+
| 31| 1884|
| 85|  119|
| 65|  805|
+---+-----+
```

4. columns()

columns() 操作用于打印数据流中的列。

```
iphones_df.columns
['Model', 'Year', 'Height', 'Width', 'Weight']
```

5. describe()

describe() 操作用于计算 DataFrame 中数字列的汇总统计信息。

```
iphones_df.describe().show()
+-------+-----+------------------+------------------+-----
-------------+------------------+
|summary|Model|              Year|            Height|
            Width|            Weight|
+-------+-----+------------------+------------------+-----
-------------+------------------+
|  count|    4|                 4|                 4|
                4|                 4|
|   mean| null|            2017.5|
5.867500000000001| 2.9074999999999998|6.5825000000000005|
```

```
| stddev| null|0.5773502691896477|
0.27765386124933805|0.14056433876817168|0.4751403301481925|
|    min|8Plus|                2017|                5.65|
                2.79|                6.13|
|    max|   XS|                2018|                6.23|
                3.07|                7.12|
+-------+-----+-------------------+-------------------+-----
-------------+-------------------+
```

7.3.6　有条件的 DataFrame 转换操作

到目前为止，我们介绍的 DataFrame 转换是一揽子转换，也就是无论数据如何都将应用，但更常见的是有条件地更改数据的某些方面。

虽然 Spark 中可以执行传统的 if/then/else 样式的语句，但是会导致性能严重下降，因为需要分别计算 DataFrame 中的每一行。Spark 提供了一些内置的条件语句，其作用类似于传统编程环境中的 if/then/else 语句，使用优化的内置条件语句可以缓解这种情况。条件子句有两个组成部分：when() 和 otherwise()。

pyspark.sql.function 模块中的 when() 子句包含两个参数：if 条件以及评估为 true 时该怎做。

```
.when(<if condition>, <then x>)
```

下面来看一个例子，我们想要在包含姓名和年龄列的 DataFrame 中增加一个额外的参数"是否为成人"。

使用 select() 方法、when() 子句，选择 df.name 和 df.age，对第三个参数定义一个 when 条件，如果不匹配，就不返回。请注意，返回的 DataFrame 包含未使用定义的未命名列，select 函数可以根据提供的参数动态地创建列。

```
df.select(df.Name, df.Age, F.when(df.Age >= 18, "Adult"))
```

```
输出：
+-------+-----+------+
| Name  | Age|      |
+-------+-----+------+
|  Alice|   14|      |
|    Bob|   18| Adult|
| Candice|  38| Adult|
+-------+-----+------+
```

也可以根据需要将多个 when 语句连接在一起，类似于 if、else 结构。下例定义了两个 when 子句，根据年龄返回成人或未成年人。

```
df.select(df.Name, df.Age,
        .when(df.Age >= 18, "Adult")
        .when(df.Age < 18, "Minor"))
```

```
输出:
+--------+-----+------+
|  Name  | Age|      |
+--------+-----+------+
|  Alice |  14| Minor|
|    Bob |  18| Adult|
| Candice|  38| Adult|
+-------+------+------+
```

otherwise 类似于 else 结构，when 和 otherwise 语句连接在一起，类似于 if、else 结构。这意味着如果一个或多个 when 子句的计算结果不为 True，只需一个参数即可返回。这与上例所得到的 DataFrame 相同，但是方法不同。

```
df.select(df.Name, df.Age,
        .when(df.Age >= 18, "Adult")
        .otherwise("Minor"))
```

```
输出:
+--------+-----+------+
|  Name  | Age|      |

+--------+-----+------+
|  Alice |  14| Minor|
|    Bob |  18| Adult|
| Candice|  38| Adult|
+-------+------+------+
```

7.3.7 在 DataFrame 中实现用户自定义函数

用户自定义函数（UDF）是用户编写的 Python 方法，以执行特定的位运算或逻辑运算。UDF 写入后，将与普通 Spark 函数一样通过 pyspark.sql.function 调用，其结果被存储为变量。

我们举个例子说明如何定义 UDF。首先定义一个 Python 函数：使用名为 mystr 的参数调用函数 reverseString()。该函数使用 Python 方法来反转字符串并返回它。这里不需要了解 return 语句的工作原理，只要知道它将颠倒所输入内容的字母顺序即可（如，将 "help" 变为 "pleh"）。

```
def reverseString(mystr):
    return mystr[::-1]
```

其次是封装函数并将其存储在变量中，以备后用。我们使用 pyspark.sql.function.UDF 方法，它有两个参数：上一步定义的方法的名称，以及返回的 Spark 数据类型。返回的数据类型可以是 PySpark 中的任何可选类型，甚至可以是更复杂的类型，包括完全定义的架构对象。

通常，我们返回一个简单的对象类型或一个 ArrayType。本例中我们将使用新的方法名称 reverseString 调用 UDF，并返回 StringType() 类型，然后将其存储为 udfReverseString()。

```
udfReverseString = udf(reverseString, StringType())
```

最后，通过 withColumn() 方法为 DataFrame 的每行调用 UDF 函数，将感兴趣的列作为 udfReverseString() 的参数传递。UDF 函数调用存储的值、指定的列（每行），将其传递给 Python 方法，最终结果反馈到 DataFrame 中。

```
user_df = user_df.withColumn('ReverseName',
                    udfReverseString(user_df.Name))
```

另一个快速的示例是使用不需要参数的函数。首先定义 sortingCap() 函数以随机返回字母"G""H""R""S"。其次创建 UDF 函数，并将返回类型定义为 StringType()。本例与上例的主要区别在于调用函数，本例没有传递参数，因为参数不是必需的。

```
def sortingCap():
      return random.choice(['G', 'H', 'R', 'S'])
udfSortingCap = udf(sortingCap, StringType())
user_df = user_df.withColumn('Class', udfSortingCap())
```

```
输出：
+--------+-----+------+
| Name  | Age| Class|
+--------+-----+------+
|   Alice|   14|     H|
|     Bob|   18|     S|
| Candice|   38|     G|
+-------+------+------+
```

7.3.8　与 ArrayType 列进行交互

使用 Spark 进行数据清洗时，可能需要与 ArrayType() 列进行交互，这类似于普通 Python 环境中的列表。

一个常用的函数是 size，它返回指定 ArrayType 参数中存在的项目数；另一个常用的函数是 getItem，它使用一个索引参数，返回列表中该索引值对应的项目。

```
.size(<column>) #返回ArrayType()列的项目数
.getItem(<index>) #返回列表中该索引值对应的项目
```

Spark 具有更多可用的转换和实用的程序功能，在使用 Spark 时，请查阅参考文档以获取可用选项。

7.4 提升 DataFrame 操作的性能

我们已讨论了使用 Spark DataFrame 进行缓存的好处，接下来介绍将数据放入 DataFrame 时如何提高速度。

7.4.1 提高数据导入的性能

Spark 集群由两种类型的进程组成：驱动程序进程（driver process）和辅助进程（worker process）。

- 驱动程序进程负责任务分配，并合并工作人员的数据结果；
- 辅助进程通常处理 Spark 作业的实际转换、操作任务。

分配任务之后，它们将独立运行，将结果报告给驱动程序。可能有一个单节点 Spark 集群（本节的环境就是这样），但几乎不会在生产环境中看到这种情况。运行 Spark 集群的方法有很多种，具体采用的方法取决于特定环境。

1. 优化导入对象的大小和数量

将数据导入 Spark DataFrame 的过程因任务类型而异，但是可以放心地假设：可用的导入对象越多，集群分配工作的效果越好。这对单节点集群来说可能无关紧要，但是在较大的集群上，由于每个工作人员都可以参与导入过程，导入许多小文件的性能比导入一个大文件好很多。根据集群的配置，我们可能无法处理较大的文件，但是可以通过数据拆分，轻松处理相同数据量的较小的文件。

使用可以匹配任何字符的通配符来定义一个导入语句，可以一次性导入多个文件。

```
airport_df = spark.read.csv('airports-*.txt.gz')
```

如果要导入的多个文件大小比较均匀，集群将比文件大小不一时表现得更好。

2. 拆分对象

很多有效的方法可用来将一个对象（主要是文件）拆分成更多较小的对象。第一种是使用内置的 OS 实用程序，例如 split、cut 或者 awk。

下例使用 split 将参数 -l 与每个文件的行数（在这种情况下为 10 000）一起使用。参数 -d 告诉 split 使用数字后缀。两个参数分别是要拆分的文件的名称和要使用的前缀。假设 largefile 有 1 000 万条记录，那么我们将得到名为 chunk-0000 到 chunk-9999 的文件。

```
split -l 10000 -d largefile chunk-
```

第二种方法是使用 Python（或任何其他语言）将对象拆分为合适的对象。可以使用自定义脚本；如果经常使用 DataFrame，那么简单的方法是读取单个文件，然后将其写回 Parquet 文件，即使初始导入很慢，它也可以很好地用于以后的分析。注意，如果由于集群规模而受到限制，尝试在写入 Parquet 文件之前进行尽可能少的处理。

```
df_csv = spark.read.csv('singlelargefile.csv')
df_csv.write.parquet('data.parquet')
df = spark.read.parquet('data.parquet')
```

3. 优化 Spark Schema

我们之前介绍过 Schema 及其重要性，Spark 中定义明确的模式可以显著提升导入性能，原因在于：
- 避免多次读取数据；
- 提供导入时的验证。

如果未定义模式，导入任务需要多次读取数据以推断结构，当导入大量数据的时候，速度会非常慢。Spark 模式还提供导入时的验证，这样可以减少执行数据清洗作业的步骤，缩短整体处理时间。

7.4.2　集群尺寸建议

Spark 具有许多可用的配置设置，可控制安装的各个方面。我们可以修改这些配置，以更好地满足集群的特定需要。这些配置可以通过 Spark Web 界面以及运行时的代码在配置文件中找到。

要读取配置设置，使用 Spark.conf.get，以设置名称作为函数的声明。

```
spark.conf.get(<configuration name>)
```

下面的例子展示了读取 Spark 配置的操作。

```
#查看Spark应用实例的名称
app_name = spark.conf.get('spark.app.name')

#查看Driver的TCP端口
driver_tcp_port = spark.conf.get('spark.driver.port')

#查看分区数
num_partitions = spark.conf.get('spark.sql.shuffle.partitions')

#打印结果
print("Name: %s" % app_name)
```

```
print("Driver TCP port:  %s" % driver_tcp_port)
print("Number of partitions:  %s" % num_partitions)
```

```
输出:
Name:  pyspark-shell
Driver TCP port:  41119
Number of partitions:  200
```

要写或修改配置设置,使用 Spark.conf.set,以真实值作为函数的声明。

```
spark.conf.set(<configuration name>)
```

下面的例子展示了修改 Spark 配置的操作。

```
#在变量中存储分区数
before = departures_df.rdd.getNumPartitions()

#配置Spark,使用500个分区
spark.conf.set('spark.sql.shuffle.partitions', 500)

#将相同文件导入到新的DataFrame中
departures_df = spark.read.csv('departures.txt.gz').distinct()

#打印配置前后的分区数
print("Partition count before change:  %d" % before)
print("Partition count after change:  %d" % departures_df.rdd.getNumPartitions())
```

```
输出:
Partition count before change:  200
Partition count after change:  500
```

Spark 的部署可以根据用户的具体需求而有所不同。部署的一大组成部分是进群管理机制。Spark 的集群类型有:

● 单节点集群 (single node),将所有组件部署在单个系统上 (物理/VM/容器);

● 独立集群 (standalone),以专用计算机作为驱动程序和工作程序;

● 拖管集群 (managed),集群组件由第三方集群管理器 (例如 YARN、Mesos 或 Kubernetes) 处理。

在以下代码示例中将使用单节点集群模式。

1. driver

我们前面提到,每个 Spark 集群有一个 driver。driver 负责如下事项。

● 任务分配:driver 将任务分配给集群中的各个节点、进程;监控所有进程和任务的状态并处理任务重试;

● 结果验证:driver 负责整理集群中其他进程的结果;

● 访问共享数据：每个工作进程都有必要的资源（代码、数据），driver 处理对共享数据的任何访问并进行验证。

考虑到 driver 的重要性，建议进行以下操作：

● 将内存增加一倍，这对于监控任务和数据合并任务很有用;

● 利用快速本地存储（SSD/NVMe）进行缓存。

2. worker

Spark worker 负责的事项包括：

● 处理 driver 分配的正在进行的任务，并将这些结果传达到 driver。

● 理想情况下，拥有所有代码、数据和完成给定任务所需的资源。如果其中任何一个都不可用，则必须暂停以获取资源。

调整集群大小时，可考虑以下建议：

● 更多的 worker 节点通常比更大的 worker 好。在导入和导出操作期间，这一点尤其明显，因为有更多的机器可以完成这项工作。

● 测试各种配置以找到适合工作负载的平衡。假设有云环境，则 16 个工作节点可以在 1 小时内完成一项工作，花费 50 美元的资源；1 个 8 worker 配置可能需要 1.25 小时，但花费仅为前者的一半。

● 利用快速本地存储（SSD/NVMe）进行缓存。

7.4.3　查看 Spark 执行计划

要了解 Spark 性能的含义，必须了解它的功能。最简单的方法是在一个 DataFrame 中使用 explain() 函数查看物理计划。

下面是一个介绍过的例子，简单请求一个列，并执行 distinct，结果是 estimated plan，运行该计划以从 DataFrame 中生成结果。不必担心该计划的细节，只要记得在需要时如何查看。

```
voter_df = df.select(df['VOTER NAME']).distinct()
voter_df.explain()
```

```
== Physical Plan ==
*(2) HashAggregate(keys=[VOTER NAME#15], functions=[])
+- Exchange hashpartitioning(VOTER NAME#15, 200)
   +- *(1) HashAggregate(keys=[VOTER NAME#15], functions=[])
      +- FileScan csv [VOTER NAME#15] Batched:false, Format:CSV, Location:
      InMemoryFileIndex[file:/DallasCouncilVotes.csv.gz],
      PartitionFilters:  [], PushedFilters:  [],
      ReadSchema:  struct<VOTER NAME:string>
```

7.4.4 限制 shuffling

Spark 在集群中的各个节点之间分配数据。一个副作用被称为 shuffling（改组）。

1. 什么是 shuffling

shuffling 是根据需要将数据在 worker 之间移动，以完成某些任务。shuffling 的影响有：
- 对用户隐藏了整体复杂性（用户不知道哪些节点有什么数据）。
- 完成必要的传输可能会很慢，尤其是在几个节点需要所有数据的情况下。
- shuffling 降低了集群整体的吞吐量，因为 worker 必须花时间等待数据传输。这限制了系统中剩余任务可用的 worker 数量。
- shuffling 通常是必要的，但是应尽可能减少。

2. 如何限制 shuffling

完全删除 shuffling 可能会很麻烦，但是有一些操作可以限制它。
- 使用 coalesce() 替代 repartition()。repartition() 函数采用单个参数，即请求的分区数。重新分区要求节点和进程之间的数据完全 shuffling，成本很高。如果需要减少分区数，可使用 coalesce 将一些比当前分区小的分区合并，而无须进行完整的数据 shuffling。

```
.coalesce(num_partitions)
```

- 谨慎使用 join() 函数。join() 函数提供了强大的功能，是 Spark 的绝佳用法；但无差别地调用 join() 函数通常会导致 shuffling 操作，使集群负载增加和处理时间变长。
- 使用广播函数 broadcast()，接下来会进行说明。
最后要强调的是，进行数据的 shuffling 操作，要针对重要事项进行优化。

3. 广播函数

Spark 中的广播函数是一种向每个 worker 提供对象副本的方法。当每个 worker 拥有自己的数据副本时，节点之间的通信需求就减少了，这限制了数据 shuffling，节点更有可能独立完成任务。使用广播函数还可以显著提升 join() 操作速度，尤其是当一个被 join 的 DataFrame 比另一个小很多的时候。

首先从 pyspark.sql.functions 导入广播函数；接下来只需调用广播函数，指定所想广播的 DataFrame 名字。注意，当使用非常小的 DataFrame 或者广播数据量更大的 DataFrame 时，广播函数可以延缓操作。

```
from pyspark.sql.functions import broadcast
combined_df = df_1.join(broadcast(df_2))
```

7.5　在 PySpark 中使用 SQL 查询

7.5.1　DataFrame API vs. SQL 查询

7.3 节使用 DataFrame API，本节使用 SQL 查询与 PySpark SQL 进行交互。那么，DataFrame API 和 SQL 查询之间有什么区别呢？

在 PySpark 中，可以通过 DataFrame API 或 SQL 查询与 Spark SQL 交互。DataFrame API 提供了一个程序化接口——基本上是一种用于与数据交互的领域特定语言 (DSL)。DataFrame 转换和操作更容易以编程方式构造。而 SQL 查询更简洁、更容易理解，对 DataFrame 的操作也可以使用 SQL 查询来完成；它还具有可移植性，可以在不修改任何受支持的语言的情况下使用。

7.5.2　执行 SQL 语句

SparkSession SQL() 方法执行 SQL 查询。SQL 方法接收一个 SQL 语句作为参数，将结果作为 DataFrame 返回。但 SQL 查询不能直接针对数据流运行。要对现有的 DataFrame 发出 SQL 查询，可以利用 createOrReplaceTempView 函数来构建一个临时表，如下所示。

```
#在创建临时表之后，可以简单地使用SQL方法，该方法允许我们编写SQL代码来操作DataFrame 中
的数据
iphones_df.createOrReplaceTempView("table1")

df2 = spark.sql("SELECT * FROM table1")

df2.show()

+-----+----+------+-----+------+
|Model|Year|Height|Width|Weight|
+-----+----+------+-----+------+
|   XS|2018|  5.65| 2.79|  6.24|
|   XR|2018|  5.94| 2.98|  6.84|
|  X10|2017|  5.65| 2.79|  6.13|
|8Plus|2017|  6.23| 3.07|  7.12|
+-----+----+------+-----+------+

#SQL查询来提取数据
iphones_df.createOrReplaceTempView("tmp_table")

query = 'SELECT Model,Year FROM tmp_table WHERE Width>2.8'
```

```
tmp_df = spark.sql(query)

tmp_df.show()
+-----+----+
|Model|Year|
+-----+----+
|   XR|2018|
|8Plus|2017|
+-----+----+

#使用SQL查询汇总和分组数据
df_csv.createOrReplaceTempView("age_table")

query ='SELECT age, max(id) FROM age_table GROUP BY age'

spark.sql(query).show(3)
+---+----------+
|Age|count(Age)|
+---+----------+
| 28|        17|
| 27|        14|
| 26|        15|
+---+----------+
only showing top 3 rows

#使用SQL查询过滤列
df_csv.createOrReplaceTempView("w_table")

query = 'SELECT id,person_id,name,sex,age FROM w_table WHERE person_id > 200 AND sex ==
"female"'

spark.sql(query).show(5)
+------+---+
|Gender|Age|
+------+---+
|female| 22|
|female| 24|
|female| 22|
|female| 22|
|female| 22|
+------+---+
only showing top 5 rows
```

7.5.3　DataFrame 连接操作

在本小节中，我们将介绍如何将其他数据连接到已有的数据集。外部数据是提高模型性能的好方法，但是引入这些数据像一把双刃剑：添加外部数据可能会为模型添加有利的预测因子，添加太多的数据则可能会影响模型的性能。

我们将从"左"开始的原始数据集称为"左数据集"，并将希望合并的数据集称为"右数据集"。有很多方法可以将数据连接在一起，通常是内部连接或左连接，这取决于目的。不同类型的连接如图 7-3 所示。

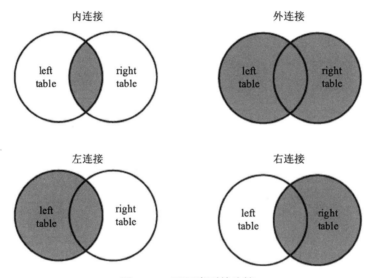

图 7-3　不同类型的连接

对于我们来说，希望始终保留完整的左数据集，并在右数据集可用的位置添加数据。这意味着需要使用左连接。在 PySpark 中，连接可以通过两种方式完成。

第一种是数据框连接方法。代表左数据集的左数据框通过调用 join() 函数实现与代表右数据集的右数据框连接，join() 函数中的参数 other 代表需要进行连接的右数据框，参数 on 代表用于连接的键，参数 how 代表连接的类型。

```
Dataframe.join(
      other,     #连接的另一个数据框
      on=None,   #用于连接的键
      how=None) #连接类型，默认内连接
```

假设想看看银行假期出售房屋的影响。我们可以通过创建一个联合条件将数据框连接在一起，并使用"left"确保所有原始记录保存在 df 中。最后，使用颚化符（~）将不是 isNull 的数据作为银行假期销售额。

```
# 查看数据框开头
hdf.show(2)
```

```
输出:
+----------+----------------+
|       dt|              nm|
+----------+----------------+
|2012-01-02|    New Year Day|
|2012-01-16|Martin Luther Kin|
+----------+----------------+
only showing top 2 rows
```

```
# 确定连接条件
cond = [df['OFFMARKETDATE'] == hdf['dt']]
# 连接数据框
df = df.join(hdf, on=cond, 'left')
# 银行假期出售房屋的数量
df.where( df['nm'].isNull()).count()
```

```
输出:
0
```

毫不奇怪,没有房子在银行假期售出。

第二种将数据帧连接在一起的方法是使用 Spark SQL,将 SQL 语句直接应用于数据框。为此,需要将数据框注册为一个临时表并给它命名。完成后,可以使用 Spark SQL 执行查询并以数据框的形式返回。

在本例中,我们使用 SELECT * 获取所有可用的列,使用 FROM df 创建起始表,使用左连接 hdf 作为要连接的表,并使用 df.OFFMARKETDATE = hdf.dt 创建连接条件。

```
# 将数据框注册为一个临时表
df.createOrReplaceTempView("df")
hdf.createOrReplaceTempView("hdf")
```

```
# 使用SQL语句
sql_df = spark.sql("""
                    SELECT
                        *
                    FROM df
                    LEFT JOIN hdf
                    ON df.OFFMARKETDATE = hdf.dt
                """)
```

7.6　案例:房屋售价探索性分析

本节将介绍我们使用的数据集以及我们试图解决的问题,还会介绍如何通过检查行、列和数据类型来检查数据是否正确加载。

如果没有解决正确的问题，数据分析就没有意义。在本案例中，我们将建立一个模型来预测房子的售价。当然，这个问题可以用多种方式来诠释，这就是为什么 IT 部门会花时间去定义这个问题。

现在假设我们是房地产大亨，正在寻找下一个最佳投资机会，对于市场上的一套房子，有一个上市价格和一系列描述房子的属性，我们会关心它实际上能卖多少钱，也就是最终成交价会是多少。

我们拥有 2017 年售出房屋的数据集 Real_Estate。Real_Estate 是一个描述房地产地图信息的数据集，包括可能影响房价的属性、地理位置、销售价格和便利设施等变量。

利用这个样本，我们简单地考察是否值得为 2017 年在美国售出的 500 万套住房投资更多。为此需要了解现有数据的一些局限性。

首先，数据集只覆盖了一个很小的地理区域，所以将模型应用到新的区域会存在极大的风险；其次，只有住宅数据，所以不应该期望预测一个商业位置的价值；最后，只有一年的数据，我们很难从这个数据集中得出关于季节性价格变化的有力结论。

该数据集具体变量名与示例如表 7-1 所示：

表 7-1　Real_Estate 数据集具体内容（竖向展示前 20 个变量）

变量名	示例 1	示例 2	示例 3
MLSID	RMLS	RMLS	RMLS
StreetNumberNumeric	11511	11200	8583
streetaddress	11511 Stillwater Blvd N	11200 31st St N	8583 Stillwater Blvd N
STREETNAME	Stillwater	31st	Stillwater
PostalCode	55042	55042	55042
StateOrProvince	MN	MN	MN
City	LELM - Lake Elmo	LELM - Lake Elmo	LELM - Lake Elmo
SALESCLOSEPRICE	143000	190000	225000
LISTDATE	7/15/2017 0:00	10/9/2017 0:00	6/26/2017 0:00
LISTPRICE	139900	210000	225000
LISTTYPE	Exclusive Right	Exclusive Right	Exclusive Right
OriginalListPrice	139900	210000	225000
PricePerTSFT	145.9184	85.2783	204.1742
FOUNDATIONSIZE	980	1144	1102
FENCE	Other		None
MapLetter	C4	C1	E1
LotSizeDimensions	279X200	100x140	120x296
SchoolDistrictNumber	834 - Stillwater	834 - Stillwater	622 - North St Paul-Maplewood
DAYSONMARKET	10	4	28
offmarketdate	7/30/2017 0:00	10/13/2017 0:00	7/24/2017 0:00

7.6.1　读入并检查数据

　　大数据意味着在加载数据时可能会出错，下面我们将读入数据，并通过数据集的行列信息来检查数据的读入是否正确。

```
df = spark.read.csv('Real_Estate.csv',header=True,inferSchema=True,nullValue='NA')
```

　　下面通过行数、列名与列数来检查数据读入是否正确。

```
# 行数
df.count()
```

```
输出: 5000
```

```
# 列名
df.columns
```

```
输出
['No',
'MLSID',
'StreetNumberNumeric',
'streetaddress',
'STREETNAME',
'PostalCode',
'StateOrProvince',
'City',
'SALESCLOSEPRICE',
'LISTDATE',
'LISTPRICE',
'LISTTYPE',
'OriginalListPrice',
'PricePerTSFT',
'FOUNDATIONSIZE',
'FENCE',
'MapLetter',
'LotSizeDimensions',
'SchoolDistrictNumber',
'DAYSONMARKET',
'offmarketdate',
'Fireplaces',
'RoomArea4',
... ... ...
'AssessedValuation']
```

使用 Parquet 文件时，它会为所有字段设置数据类型，这相对于 CSV 文件是很大的优势。但仍然需要检查 Parquet 文件的读入情况，特别是当数据集不是我们自己定义的时候。为了检查数据集的变量类型，可以使用数据帧来创建一个元组列表，其中每一个元组包含一个列名及其对应的数据类型。

```
# 变量的数据类型
df.dtypes
```

7.6.2　房屋售价的描述统计量

在本小节中，我们将探索数据并进行可视化处理。

在数据分析的过程中，使用的数据可能不太完美，因此需要了解数据的优点、缺点和局限性，以便有效利用。如果希望了解数据，要从查看每一列的内容开始。PySpark 中的描述函数可以满足计数及计算平均值、标准差、最小值和最大值的基本需求，具体的函数如下。

- 均值 (mean)：pyspark.sql.functions.mean(col)；
- 偏斜系数 (skewness)：pyspark.sql.functions.skewness(col)；
- 最小值 (minimum)：pyspark.sql.functions.min(col)；
- 协方差 (covariance)：cov(col1, col2)；
- 相关系数 (correlation)：corr(col1, col2)。

以上函数可以在整个数据框架、单个列或列表上运行。如果希望立即得到结果，可以将 show() 添加到末尾。下面是一些应用示例：

```
# 使用 DataFrame.describe() 获取描述性信息
df.describe(['LISTPRICE']).show()
```

```
输出：
+-------+------------------+
|summary|         LISTPRICE|
+-------+------------------+
|  count|              5000|
|   mean|        263419.365|
| stddev|143944.10818036905|
|    min|             40000|
|    max|           1850000|
+-------+------------------+
```

均值函数被认为是一个聚合函数，因此，需要将 agg 方法和 column 一起传递给它，以便将其作为字典运行。要强制它立即返回结果，可以使用 collect 函数。

```
# 计算均值
df.agg('SALESCLOSEPRICE': 'mean').collect()
```

```
输出：
[Row(avg(SALESCLOSEPRICE)=262804.4668)]
```

协方差是一个函数，可以反映两个变量如何一起变化。此函数应用于数据帧，接收两个数字列并返回一个值。

```
# col1表示第一列,col2表示第二列。
df.cov('SALESCLOSEPRICE', 'YEARBUILT')
```

```
输出：
1281910.3840634783
```

7.6.3 使用可视化方式查看数据

探索数据的另一个很好的方法是统计绘图，seaborn 是一个专门为此设计的 Python 数据可视化库。我们可以使用像 seaborn 这样的非 Spark 库对 Spark 中的数据进行可视化处理，但在使用之前需要将 PySpark DataFrame 转换为 Pandas 数据格式。

注意：转换大型数据集可能会导致 Pandas 崩溃，PySpark 是为大型数据集而设计的，但 Pandas 不是。因此在转换为 Pandas 格式之前需要对 PySpark DataFrame 进行采样，sample() 函数可以帮助我们得到一个相对较小的数据集。

在这里，使用不放回抽样抽取 50% 的数据，并设置一个随机种子保证代码的可重复性，sample() 函数及其参数的含义如下。

- withReplacement：有放回抽样；
- fraction：样本子集数目占总集的比例；
- seed：随机数种子。

```
# 抽取50%的行, 并打印行数
df.sample(False, 0.5, 42).count()
```

```
输出：
2504
```

我们将利用 seaborn 的 distplot() 函数展示因变量 SALESCLOSEPRICE(成交价) 的分布，这一函数没有涉及许多可选参数。在这里，加载 seaborn 程序包，然后从 Spark 数据框中选出 SALESCLOSEPRICE 并对其进行抽样，再将其转换为 Pandas 数据集，最后，在 Pandas 中调用 distplot() 函数绘制变量分布图。

如果没有程序包 seaborn，可使用以下命令安装：

```
sudo pip install seaborn
# 加载seaborn, 用于绘图
import seaborn as sns
```

```
# Sample the dataframe
sample_df = df.select(['SALESCLOSEPRICE']).sample(False, 0.5, 42)
# Convert the sample to a Pandas DataFrame
pandas_df = sample_df.toPandas()
# Plot it
fig = sns.distplot(pandas_df)
# Save it
fig = fig.get_figure()
fig.savefig('1.1.png')
```

销售收盘价分布图如图 7-4 所示。

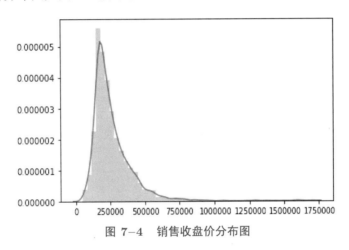

图 7-4　销售收盘价分布图

根据分布图，可以看到大多数数据被推到左边，这意味着需要根据选择的模型修正数据。在后面的章节中会详细介绍修正数据的方法。

另一个常用的绘图工具是 lmplot，其中 lm 是线性模型的缩写，这一函数可以帮助我们快速查看两个变量之间是否存在线性关系。下面我们将研究成交价 (SALESCLOSEPRICE) 的变化与房屋地上面积 (SQFTABOVEGROUND) 的关系。我们需要从数据集中选出这两列变量并对其进行抽样，再将数据转换为 Pandas 中的数据集，最后，使用 lmplot 函数绘制这两个变量的线性模型图（如图 7-5 所示）：

```
s_df = df.select(['SALESCLOSEPRICE', 'SQFTABOVEGROUND'])
# Sample dataframe
s_df = s_df.sample(False, 0.5, 42)
# Convert to Pandas DataFrame
pandas_df = s_df.toPandas()
# Plot it
fig = sns.lmplot(x='SQFTABOVEGROUND', y='SALESCLOSEPRICE', data=pandas_df)
# Save it
fig.savefig('1.2.png')
```

可以看到，一套房子的地上面积与其成交价之间有着密切的关系，因此可以认为地上面

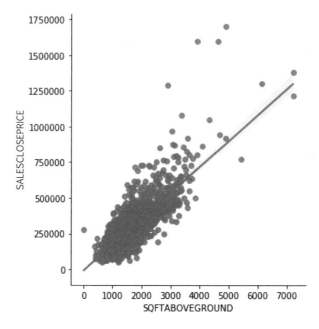

图 7-5　房屋地上面积与成交价之间的线性模型图

积是预测房价时需要考虑的一个因素。

习题

1. 在 PySpark Shell 中加载数据。本题的任务是从 PySpark Shell 中的本地文件加载数据。注意工作区中已经有 SparkContext sc 和 file_path 变量（这是 README.md 文件的路径）。

重要提示：

可以使用 PySpark Shell 中的 SparkContext 的 textFile() 方法加载本地文本文件。

重要代码：

```
# 将本地文件加载到 PySpark Shell 中
lines = sc.__(file_path)
```

2. 创建一个基本的 RDD 并对其进行转换。现有的非结构化数据（日志行、图像、二进制文件）的数量急剧增加，PySpark 是通过 RDD 分析此类数据的出色框架。本题的任务是编写代码来计算《莎士比亚全集》中最常用的单词。

以下是编写单词计数程序的简要步骤：

- 在 Complete_Shakespeare.txt 文件中创建基本 RDD；
- 使用 RDD 转换，利用基本 RDD 的每个元素创建一长串单词；
- 从数据中删除停止词；
- 创建 RDD 对，其中每个元素都是（'w', 1）；

- 按关键字（word）对 RDD 对中的元素进行分组，然后将其值相加；
- 交换键（word）和值（counts），以使键为计数，而值为单词；
- 按降序对 RDD 排序，并打印 10 个最常用的单词及其频率。

重要提示:

- 创建一个名为 baseRDD 的 RDD，该 RDD 从 file_path 中读取行；
- SparkContext 的 textFile() 可以在文件中创建基本 RDD；
- 将 baseRDD 转换为一长串单词，然后创建一个新的 splitRDD；
- 使用 flatMap() 转换将行拆分为单个单词；
- 计算 splitRDD 中的总单词数。

重要代码:

```
# 从 file path 中创建 baseRDD
baseRDD = __(file_path)
# 将 baseRDD 中的行拆分为单个单词
splitRDD = baseRDD.__(lambda x:  x.__())
# 计算总单词数
print("Total number of words in splitRDD:", splitRDD.__())
‘
```

3. 从 CSV 文件创建 DataFrame。每隔 4 年，全世界的足球迷都会庆祝国际足联世界杯。本题的任务是使用 PySpark SQL 对"FIFA 2018 World Cup Player"数据集进行探索性数据分析（EDA），其中涉及 DataFrame 操作、SQL 查询和可视化。

首先，将 CSV 格式的 FIFA 2018 World Cup Player 数据集（Fifa2018_dataset.csv）加载到 PySpark 的 DataFrame 中，并使用基本 DataFrame 操作检查数据。注意工作区中已经有 SparkSession spark 和 file_path 变量（这是 Fifa2018_dataset.csv 文件的路径）。

重要提示:

- 在 file_path 中创建一个 PySpark DataFrame，这是 Fifa2018_dataset.csv 文件的路径；
- printSchema() 打印 DataFrame 列的数据类型；
- 打印前 10 个观测值，show (n) 显示 n 个观测值。

重要代码:

```
# 加载 DataFrame
fifa_df = spark.__(__, header=True, inferSchema=True)
# 检查列模式
fifa_df.__()
# 显示前 10 个观测值
fifa_df.__(__)
# 打印总行数
print("There are {} rows in the fifa_df DataFrame".format(fifa_df.__()))
```

4. 将电影镜头数据集加载到 RDD 中。协作过滤是一种用于推荐系统的技术，其中，用户的评分及与各种产品的交互用于推荐新产品。随着机器学习和数据并行处理的出现，推荐系统在最近几年十分流行，并广泛用于电影、音乐、新闻、书籍、研究文章、搜索查询、社交标签等领域。本题的任务是使用 PySpark MLlib 和 MovieLens 100k 数据集的子集开发一个简单的电影推荐系统。注意工作区中有一个 SparkContext sc，也已经有 file_path 变量（这是 ratings.csv 文件的路径）和 ALS 类。

重要提示：

- 将 ratings.csv 数据集加载到 RDD 中；
- map() 与 split() 函数可以一起基于分隔符拆分 RDD；
- map() 以及 Rating() class 有助于创建 userID、productID 和 rating 元组；
- 将数据随机分为训练数据和测试数据（分别占原始数据集的 80% 和 20%）。

重要代码：

```
# 将数据加载到 RDD 中
data = sc.__(file_path)
# 拆分 RDD
ratings = data.__(lambda l:  l.split('__'))
# 在 RDD 中创建 rating
ratings_final = ratings.__(lambda line:  Rating(int(line[0]), int(__), float(__)))
# 将数据分为训练数据和测试数据 training_data, test_data = ratings_final.__([0.8, 0.2])
```

第8章

PySpark 特征工程

内容提要

8.1 数据科学思维简介

数据科学工作流程图如图 8-1 所示,其中最重要的内容之一就是特征工程,这是一个使用专业领域的知识来创建新特性以帮助模型更好地执行学习任务的过程,目的是最大限度地从原始数据中提取特征以供算法和模型使用。

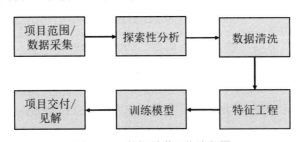

图 8-1 数据科学工作流程图

在深入学习之前要注意的是,虽然本书中所介绍的技术非常实用,但数据科学中的各种问题并不能用同一种方法应对,需要仔细研究数据并且成为自己数据的专家。本章将介绍探索数据、清理数据并将其工程化的方法,以便更好地在模型中使用数据。

8.2　数据清洗

8.2.1　什么是数据清洗

数据清洗是对数据进行重新审核和验证的过程，目的在于删除重复信息、纠正存在的错误，并实现数据的一致性，这是处理任何数据系统的必要步骤。有许多任务属于数据清洗范畴，包括：

- 重新格式化或替换文本；
- 根据数据进行计算；
- 删除垃圾或不完整的数据。

8.2.2　使用 Spark 进行数据清洗的优势

大多数数据清洗系统都有两个功能：优化性能和组织数据流。传统的编程语言（例如 Perl、C++ 或是标准语言 SQL）能够在数据量少时清洗数据，面对数百万甚至数十亿数据则无法及时处理。

使用 Spark 进行数据清洗的优势如下：

- 随着需求的发展扩展数据处理能力，及时处理大量信息；
- 可以在一个框架内管理许多复杂的任务，为处理大量数据提供步骤流水线。

8.2.3　使用 Spark Schema 验证数据集

Spark 提供了内置功能，可以使用 Schema 来验证数据集，你可能在数据库或 XML 中使用过，Spark 与之很相似。

Spark Schema 定义并验证给定 DataFrame 的列数和类型；Schema 可以包含许多不同类型的字段，如整数、浮点数、日期、字符串、数组或映射结构；定义的 Schema 允许 Spark 过滤读取期间不符合要求的数据，从而保证预期的正确性。此外，Schema 还具有性能优势：通常，数据导入时将尝试推断读取时的模式——这需要两次读取数据，而 Schema 会将其限制为单次读取操作。

下面讨论清洗小型数据集的例子（见图 8-2），原数据为一张包含姓名、年龄和城市的表格，我们想要在 DataFrame 中将名字和姓氏作为单独的列，将年龄以月为单位表示，添加城市所在的州，并删除数据异常的行。使用 Spark 进行转换，我们可以创建具有这些属性的 DataFrame，然后继续处理。

导入模式：导入 PySpark.SQL.types 库并定义 StructField 的实际列表 StructType。StructField() 包含字段名称、dataType 以及数据是否可以为 null。

Raw data:

name	age (years)	city
Smith, John	37	Dallas
Wilson, A.	59	Chicago
null	215	

Cleaned data:

last name	first name	age (months)	state
Smith	John	444	TX
Wilson	A.	708	IL

图 8-2　原数据和清洗后的数据

```
import pyspark.sql.types
peopleSchema = StructType([
    #定义姓名列模式
    StructField('name', StructType(), True),
    #添加年龄列模式
    StructField('age', IntegerType(), True),
    #添加城市列模式
    StructField('city', StringType(), True)
])
```

读取数据：定义好了模式，就可以将其添加到 Spark 中，加载调用并根据我们的数据对其进行处理。load() 方法采用两个参数：文件名和模式，将定义的模式用于正在加载的数据。

```
people_df = spark.read.format('csv').load(name='rawdata.csv', schema=peopleSchema)
```

8.2.4　使用数据管道进行转换操作

数据管道（data pipeline）是对原始数据进行处理得到最终结果的一系列步骤，它可以包括任意数量的步骤或组件，能够实现系统之间的数据迁移。

数据管道通常由输入、转换和输出组成，在将数据交付给下一个用户之前，通常会有验证和分析步骤。

输入可以是我们到目前为止了解的所有数据类型。数据可能来自本地文件系统，也可能来自 web 服务、API、数据库等。其基本思想是将数据读取到 DataFrame 中。

将数据保存至 DataFrame 后，通常需要以某种方式进行转换。之前，我们一次只完成了数据转换的一个或两个步骤；而数据管道可以完成所有转换步骤，如 withColumn()、filter()、drop() 等，可以一次性将数据格式化为所需的输出。

定义转换后，需要将数据输出为可用形式，如 CSV、Parquet、数据库等。

最后的验证和分析步骤根据需求会有很大不同，其目的是对数据进行某种形式的测试以验证其是否符合预期。这两步可以包括验证数据行数、执行特定计算，以及其他所有能够使用户更好地使用数据集的工作。

注意：在 Spark 中，数据管道不是正式定义的对象，而是一个概念，这与在 Spark 中使用 pipeline 对象不同。就我们的目的而言，数据管道是完成任务所需的所有普通代码。

在下面的示例中，将执行下列操作：定义 Schema，读取数据文件，添加 ID，然后输出两种不同的数据类型。实际的任务可能要复杂得多，但概念通常是相同的。

```
#定义Schema
schema = StructType([
StructField('name', StringType(), False),
StructField('age', StringType(), False)
])
#读取数据文件
df = spark.read.format('csv').load('datafile').schema(schema)
#添加ID
df = df.withColumn('id', monotonically_increasing_id())
#输出Parquet格式的数据
df.write.parquet('outdata.parquet')
#输出JSON格式的数据
df.write.json('outdata.json')
```

在将数据读取到 Spark 中时，很少会得到与期望一致的文件。通常，有些内容需要删除或者重新格式化。常见的问题包括：

● 数据不正确，如空行、带注释的行、标题行。

● 嵌套结构，如使用不同定界符的列，包括通过逗号分隔的主列、通过分号分隔的某些组件等。

● 不规则数据。由于实际数据通常不适合表格格式，有时各行含有不同的数据类型。

下面的例子使用来自斯坦福大学的 ImageNet 数据集，以在各种 ImageNet 图像中查找和识别狗。该数据集包含 120 种狗的 20 580 张图片、所有已识别狗的类别签和边界框标注，以及其他元数据，如 ImageNet 中的文件夹、图片尺寸等。

在示例行中，有文件夹名称、ImageNet 图像名称、宽度和高度，一个或多个狗品种的图像数据。每个品种的列均由品种名称和图像中的边框组成，第一行包含一个纽芬兰，第二行确定了两个 Bull 犬，并定义了一个附加的列。

```
02111277   n02111277_3206   500   375   Newfoundland,110,73,416,298
02108422   n02108422_4375   500   375   bull_mastiff,101,90,214,356 \
 bull_mastiff,282,74,416,370
```

在非常规数据情况下，有多种解析数据的方法。本部分着重讲解 CSV 数据处理，这些解析方法也适用于其他的数据格式。使用 CSV 解析可以实现的操作有：

● 自动删除空行（除非有特别说明）。

● 通过 comment 可选参数解析注释，并指定定义注释的字符。注意，这可以处理以特定注释开头的行，解析更复杂的注释需要更多的操作。

● 通过 header 可选参数解析标题，并将其设置为 True 或 False。

● 如果未定义 Schema，将按照标题名称设置列名称；如果定义了 Schema，标题行不会被读取为数据，但标题名称将被忽略。

解析注释行的操作如下：

```
#将文件导入DataFrame并计算行数
annotations_df = spark.read.csv('annotations.csv.gz', sep='|')
def col(col_name):
        return annotations_df[col_name]
full_count = annotations_df.count()

#计算以 "#" 开头的行数
comment_count = annotations_df.where(col('_c0').startswith('#')).count()

#将不包含注释行的文件导入到一个新的DataFrame中
no_comments_df = spark.read.csv('annotations.csv.gz', sep='|', comment='#')

#计算新DataFrame的行数，并验证行数差异是否与期望一致
no_comments_count = no_comments_df.count()
print("Full count:  %d\nComment count:  %d\nRemaining count:  %d" % (full_count,
     comment_count, no_comments_count))
```

```
输出:
Full count:  32794
Comment count:  1416
Remaining count:  31378
```

删除无效行的操作如下:

```
import pyspark.sql.function as F
initial_count=31378

#以制表符分割_c0列并存储为列表
tmp_fields = F.split(annotations_df['_c0'], '\t')

#在DataFrame中添加计数列
annotations_df = annotations_df.withColumn('colcount', F.size(tmp_fields))

#删除少于5个字段的行
annotations_df_filtered = annotations_df.filter(  (annotations_df["colcount"] < 5))

#计算最终的行数
final_count = annotations_df_filtered.count()
print("Initial count:  %d\nFinal count:  %d" % (initial_count, final_count))
```

```
输出:
Initial count:  31378
Final count:  20580
```

8.2.5 验证数据的质量

数据验证是验证数据是否与预期格式一致，对确保数据质量有重要作用。验证的内容包括：

- 行列数是否正确；
- 数据类型是否匹配，包括验证一组传感器读取的数值是否处于物理上可能的数量范围内；
- 其他的复杂规则验证。

1. 使用 join() 进行数据验证

一种用于 Spark 中数据验证的技术是使用 join() 来验证 DataFrame 的内容是否与已知数据集匹配。通过 join() 将数据与一组已知值进行比较，已知值可能是 ID、公司名称、地址等。这种方法的优势有：

- 轻松确定数据集中是否存在数据；
- 连接较快，尤其是与在一个包含多个对象的长列表中验证单行相比。

最简单的示例是使用两个 DataFrame 的内连接来验证数据。在给定的 Parquet 文件中加载一个新的 DataFrame（parsed_df）；加载第二个 DataFrame（company_df），其中包含已知公司名称的列表，通过在公司名称上连接 parsed_df 和 company_df 来创建一个新的数据框。由于这是内连接，仅 parsed_df 中有公司名称行。company_df 中存在的内容将包含在新的 DataFrame（verified_df）中。

```
parsed_df = spark.read.parquet('parsed_data.parquet')
company_df = spark.read.parquet('companies.parquet')
verified_df = parsed_df.join(company_df, parsed_df.company == company_df.company)
```

使用 join() 验证数据可自动过滤掉不符合指定条件的所有行，无须任何类型的 Spark 过滤操作或比较的代码。

2. 复杂规则验证

复杂规则验证是使用 Spark 组件的逻辑进行数据验证，它还可以用于验证外部来源数据，如 web 服务、本地文件、API 等。这些规则可以封装为 UDF 以修改或验证 DataFrame。

8.2.6 使用数据框进行分析

数据分析是使用数据列的过程，可以在 DataFrame 中使用 Spark 函数计算一些有用的值。

1. 使用 UDF 进行分析计算

下面的例子中，根据给定的销售清单计算平均销售价格。自定义 Python 函数采用 saleslist 参数，对于销售清单中的每个销售记录，此函数都会计算销售价格之和（来自元组"sale"中索引为 2 和 3 的值），完成后，它将计算每行的实际平均值并返回。剩下的代码是我们之前定义 UDF 并在 DataFrame 中调用时使用过的。

```
def getAvgSale(saleslist):
    totalsales = 0
    count = 0
    for sale in saleslist:
        totalsales += sale[2] + sale[3]
        count += 2
    return totalsales / count
udfGetAvgSale = udf(getAvgSale, DoubleType())
df = df.withColumn('avg_sale', udfGetAvgSale(df.sales_list))
```

2. 执行内联分析计算

Spark 的 UDF 非常强大和灵活，有时是处理某些类型数据的唯一方法，但 UDF 会降低 Spark 内置函数的性能。解决方案是在可能的情况下内联（inline）执行计算。可以使用在线运算定义 Spark 列，然后对其进行优化以获得最佳性能。

下面的例子中，我们读取一个数据文件，然后添加两个计算列：第一个是使用 DataFrame 中的两列计算简单平均值，第二个是将两列的值相乘以创建表示平方英尺的列。最后一行显示了将 UDF 与内联计算混合的操作。

```
df = df.read.csv('datafile')
df = df.withColumn('avg', (df.total_sales / df.sales_count))
df = df.withColumn('sq_ft', df.width * df.length)
df = df.withColumn('total_avg_size', udfComputeTotal(df.entries) / df.numEentries)
```

8.3　单特征预处理

8.3.1　数据标准化

许多算法和统计方法都要求变量取值范围符合某些标准。如果数据不符合这些标准，可以尝试使用一些特殊的数学运算来调整数据。

调整数据的一种常见方法是缩放。对于许多算法，如 KNN 或回归分析，要确保所有变量取值都在相同的范围内。两个变量不能一个介于 –1 000～5 000 之间，另一个介于 0.01～0.02

之间，否则这些算法将更多考虑取值范围较大的变量带来的影响，而轻视取值范围较小的变量带来的影响。下例是之前介绍过的房屋数据集。

```
df = spark.read.csv('Real_Estate.csv',header=True,inferSchema=True,nullValue='NA')
```

```
df.describe(['DAYSONMARKET']).show()
```

```
输出
+-------+------------------+
|summary|      DAYSONMARKET|
+-------+------------------+
|  count|              5000|
|   mean|           28.3584|
| stddev|28.708702293163125|
|    min|                 0|
|    max|               225|
+-------+------------------+
```

可以通过在 0~1 之间缩放每个变量的取值来避免这种情况，这称为 MinMax 缩放，它不会改变分布的形状，只会改变其取值范围。

对 MinMax 缩放，首先令变量减去它的最小值，然后除以极差。在这里使用聚合函数计算最小值和最大值，并用 collect() 强制计算结果；随后使用 withColumn 新建一列，存储缩放后的数据。我们可以看到新变量的取值在 0~1 之间。

```
# 计算变量的最大值与最小值
max_days = df.agg('DAYSONMARKET': 'max').collect()[0][0]
min_days = df.agg('DAYSONMARKET': 'min').collect()[0][0]
# 新建变量，存储缩放之后的数据
df = df.withColumn("scaled_days", (df['DAYSONMARKET'] - min_days) / (
max_days - min_days))
df[['scaled_days']].show(5)
```

```
输出：
+--------------------+
|         scaled_days|
|0.044444444444444446|
|0.017777777777777778|
| 0.12444444444444444|
| 0.08444444444444445|
| 0.09333333333333334|
+--------------------+
only showing top 5 rows
```

```
df.sample(0.01).select('DAYSONMARKET').show()
```

```
输出:
+-----------+
|DAYSONMARKET|
+-----------+
|         18|
|         19|
|         17|
|          0|
|         18|
|         25|
|         16|
|          7|
|         11|
|         11|
|         26|
|          5|
|         33|
|         13|
|          2|
|         26|
|         21|
|         30|
|         25|
|          3|
+-----------+
only showing top 20 rows
```

```
df.agg('DAYSONMARKET':  'min').collect()
```

```
输出:
[Row(min(DAYSONMARKET)=0)]
```

调整数据的另一种常用方法是标准化或 z 变换，这是一个移动并缩放数据以便更好地模拟标准正态分布的过程，处理过程与 MinMax 缩放类似。经标准化处理后，变量的均值为 0，标准差为 1。

```
# 计算均值与标准差
mean_days = df.agg('DAYSONMARKET':  'mean').collect()[0][0]
stddev_days = df.agg('DAYSONMARKET':  'stddev').collect()[0][0]
# 创建新的变量，存储标准化后的数据
df = df.withColumn("ztrans_days", (df['DAYSONMARKET'] - mean_days) / stddev_days)
```

```
df.agg('ztrans_days':  'mean').collect()
```

```
输出:
[Row(avg(ztrans_days)=2.9723646808109187e-16)]
```

```
df.agg('ztrans_days':  'stddev').collect()
```

```
输出:
[Row(stddev(ztrans_days)=0.9999999999999993)]
```

8.3.2 缺失值处理

在数字记录的时代，数据是如何缺失的？传感器可能发生故障，调查可能会漏掉一些人，或者新的测量方法导致数据集出现空白；数据存储规则可以强制非指定类型的数据被记为空；连接数据集的过程中可能产生缺失值；数据可能被故意丢失以保护隐私。

数据缺失有三种情况：完全随机、随机、非随机。

处理缺失值的一种方法是使用 dropna() 来删除任何字段存在缺失值的所有记录。需要注意的是，如果数据集只有一些缺失值，并且数据缺失是完全随机的，则删除所有含有缺失值的记录可能会导致严重的后果。

可以使用 isNull() 函数检查数据集中有多少缺失值，如果对应位置数据缺失，函数会返回 True。下面使用 isNull() 函数记录缺失值的位置，并统计缺失值的个数。

```
# 统计变量ROOF中缺失值的个数
df.where(df['ROOF'].isNull()).count()
```

```
输出:
765
```

还可以使用 seaborn 中的 heatmap 函数来处理可视化数据缺失的情况。与之前绘图的步骤类似，我们对数据进行采样、转换，最后绘制缺失值分布热力图（见图 8-3）。

```
import seaborn as sns
# 选取变量 ROOMAREA1
sub_df = df.select(['ROOMAREA1'])
# 抽取 50%的行
sample_df = sub_df.sample(False, .5, 4)
# 转换为 Pandas 中的数据集
pandas_df = sample_df.toPandas()
# 绘制缺失值分布热力图
sns.heatmap(data=pandas_df.isnull())
```

可以看到缺失值在图 8-3 上是空白的。

处理缺失值的另一种方法是对缺失值进行插补。数据插补可能基于现实生活中的一些规则，例如销售量缺失意味着商品未被售出，此时可以将缺失值替换为 0；如果数据缺失是完全随机的，那么可以使用均值或中位数进行插补；也可以创建一个模型来预测缺失值的取

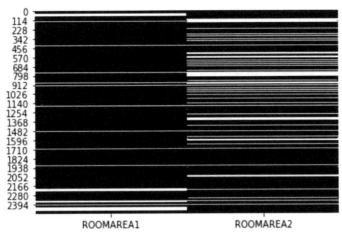

图 8-3 缺失值分布热力图

值。需要注意的是，插补法不可随意使用，要保证数据插补不会影响分析的意义。

fillna() 可以用于插补缺失值，它接收要用于插补的值以及列名的列表。下面是零值插补与均值插补的示例。

```
# 使用 0 对缺失值进行插补
df.fillna(0, subset = ['DAYSONMARKET'])

# 使用均值对缺失值进行插补
col_mean = df.agg({'DAYSONMARKET': 'mean'}).collect()[0][0]
df.fillna(col_mean, subset=['DAYSONMARKET'])
```

```
输出：
DataFrame[No:  int, MLSID: string, StreetNumberNumeric:  int,
    streetaddress:  string, STREETNAME: string, PostalCode:  int,
    StateOrProvince:  string, City:  string, SALESCLOSEPRICE: int,
    LISTDATE: string, LISTPRICE: int, LISTTYPE: string,
    OriginalListPrice:  int, PricePerTSFT: double, FOUNDATIONSIZE:
    int, FENCE: string, MapLetter:  string, LotSizeDimensions:
    string, SchoolDistrictNumber:  string, DAYSONMARKET: int,
    offmarketdate:  string, Fireplaces:  int, RoomArea4:  string,
    roomtype:  string, ROOF: string, RoomFloor4:  string,
    PotentialShortSale:  string, PoolDescription:  string, PDOM: int,
    GarageDescription:  string, SQFTABOVEGROUND: int, Taxes:  int,
    RoomFloor1:  string, RoomArea1:  string, TAXWITHASSESSMENTS:
    double, TAXYEAR: int, LivingArea:  int, UNITNUMBER: string,
    YEARBUILT: int, ZONING: string, STYLE: string, ACRES: double,
```

```
CoolingDescription:  string, APPLIANCES: string,
backonmarketdate:  string, ROOMFAMILYCHAR: string, RoomArea3:
string, EXTERIOR: string, RoomFloor3:  string, RoomFloor2:
string, RoomArea2:  string, DiningRoomDescription:  string,
BASEMENT: string, BathsFull:  int, BathsHalf:  int, BATHQUARTER:
int, BATHSTHREEQUARTER: int, Class:  string, BATHSTOTAL: int,
BATHDESC: string, RoomArea5:  string, RoomFloor5:  string,
RoomArea6:  string, RoomFloor6:  string, RoomArea7:  string,
RoomFloor7:  string, RoomArea8:  string, RoomFloor8:  string,
Bedrooms:  int, SQFTBELOWGROUND: int, AssumableMortgage:  string,
AssociationFee:  int, ASSESSMENTPENDING: string,
AssessedValuation:  double]
```

8.3.3 提取日期特征

接下来讨论如何在模型中使用时间变量。我们希望通过构建一些特征来将周期性事件与结果变量的变化联系起来，例如夏季房屋销售量高于冬季房屋销售量。

建立正确的时间特征很重要。在房屋售价的案例中，房屋日销售量的变化让我们很难发现和理解其中的模式，将总量改为按月分组，便可以更清楚地看出它的模式。图 8–4 为房屋销售趋势图。

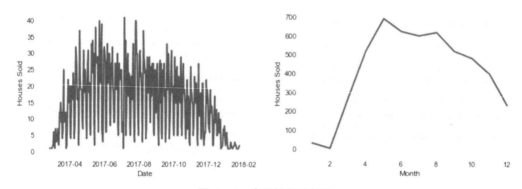

图 8–4　房屋销售趋势图

选择合适的等级来构建与时间相关的特性是非常重要的，因为太细粒度对于模型而言过于嘈杂；太粗粒度会使模型错过趋势。

要处理日期，要求数据是 Spark 日期类型。我们可以用 to_date 函数进行转换，该函数只接收单一列。

如果希望保留时间组件，改用 to_time_stamp。

```
from pyspark.sql.functions import to_date
# 转换日期类型
df = df.withColumn('LISTDATE', to_date('LISTDATE',format='yyyy/mm/dd'))
```

```
# 查看日期字段
df[['LISTDATE']].show(2)
```

```
输出:
+----------+
| LISTDATE|
+----------+
|2017-07-14|
|2017-10-08|
+----------+
only showing top 2 rows
```

有了正确的数据类型,可以使用内置函数来获取各种时间分量。一种处理日期的普遍方法是将日期转换为年或月等顺序特性,分别使用函数 year() 和 month()。

还可以提取更复杂的内容,例如月中的某个数字对应月中的某一天,或年中的某一周数对应一年中的某个周,以进一步提高模型的功能。

在 PySpark SQL 函数联机文档中可以找到更多的函数。

```
from pyspark.sql.functions import year, month
# 创建年份列
df = df.withColumn('LIST_YEAR', year('LISTDATE'))
# 创建月份列
df = df.withColumn('LIST_MONTH', month('LISTDATE'))


from pyspark.sql.functions import dayofmonth, weekofyear
# 月中的某个数字对应月中的某一天
df = df.withColumn('LIST_DAYOFMONTH', dayofmonth('LISTDATE'))
# 年中的某一周数对应一年中的某个周
df = df.withColumn('LIST_WEEKOFYEAR', weekofyear('LISTDATE'))
```

一个简单的基于时间的指标是一套房子从其上市之日起仍处于待售状态的天数。待售天数对买家来说是一个重要特征,他们可能会觉得,一套上市了一段时间的房子会有问题,或者卖家可能更愿意打折。

可以通过将 datediff 函数应用于“OFFMARKETDATE”和“LISTDATE”列来创建此度量标准。

```
from pyspark.sql.functions import datediff
# 计算两个日期字段的差分
df.withColumn('DAYSONMARKET', datediff('OFFMARKETDATE', 'LISTDATE'))
```

时间的滞后性是一种常用的增加变量传播时间以影响结果变量的方法。这类似于水滴产生波纹后,需要时间来撞击玻璃边缘。为了捕捉这一点,我们将向前或向后移动值,直到时序对齐为止。

要创建滞后性,需要如下新函数。

- window()：窗口函数可以对一组记录（如排名或移动平均值）进行计算，返回每个记录的值；
- lag()：滞后函数返回当前行之前的行偏移的值，它以数据框作为输入，计数是期望滞后的时间。

让我们看看滞后函数的实际效果。对于这个例子，我们将关注滞后的每周房贷利率，因为人们往往需要靠时间来调整房价。

首先导入新的函数，然后创建一个窗口，该窗口按"已订购日期"列分组，使窗口每周更新一次。之后，使用 lag 函数创建一个新列，告诉它将"美国 30 年抵押贷款利率"延迟一段时间。over 函数接受窗口 w，因此滞后记录知道如何与当前记录进行比较。

```
from pyspark.sql.functions import lag
from pyspark.sql.Window import Window
# 创建窗口
w = Window().orderBy(m_df['DATE'])
# 创建滞后列
m_df = m_df.withColumn('MORTGAGE-1wk', lag('MORTGAGE', count=1).over(w))
# 查看结果
m_df.show(3)
```

```
输出：
+----------+------------+-------------+
|      DATE|    MORTGAGE| MORTGAGE-1wk|
+----------+------------+-------------+
|2013-10-10|        4.23|         null|
|2013-10-17|        4.28|         4.23|
|2013-10-24|        4.13|         4.28|
+----------+------------+-------------+
only showing top 3 rows
```

8.3.4 二值化和桶化

本小节将介绍使用 Spark ML 的转换器 (transformer) 在 PySpark 上进行二值化 (binarizer) 和桶化 (bucketizer) 的基础知识。这些是充分利用特征的好方法。

注意： pyspark.ml.feature 模块提供了多种转换器，Spark ML 的详细介绍参见第 9 章。

1. 二值化

数据的二值化是一种有用的方法，它可以将模型中的一些细微差别简化为"是/否"。房主通常使用"是/否"来过滤，缩小对房屋的搜索范围。例如，他们可能只考虑有壁炉的房屋，而不关心有多少个能点火的地方。二值化接受小于或等于阈值的值，并用 0 替换，大于阈值的值则用 1 替换。

在下面的例子中，我们详细介绍 Spark ML 特性转换器。

导入二值化文件后，需要确保应用的列是 double 类型。用 binarizer 类创建一个名为 bin 的转换，将起始值设置为 0，这样任何超过 0 的值都将转换为 1。然后将输入列设置为 FIREPLACES，将输出列设置为 FireplaceT。使用数据框进行转换。

```
from pyspark.ml.feature import Binarizer
# 将数据类型转换为double
df = df.withColumn('FIREPLACES', df['FIREPLACES'].cast('double'))
# 创建二值化转换器
bin = Binarizer(threshold=0.0, inputCol='FIREPLACES', outputCol='FireplaceT')
# 使用转换器
df = bin.transform(df)
# 查看结果
df[['FIREPLACES','FireplaceT']].show(10)
```

```
输出:
+----------+----------+
|FIREPLACES|FireplaceT|
+----------+----------+
|       0.0|       0.0|
|       0.0|       0.0|
|       0.0|       0.0|
|       1.0|       1.0|
|       1.0|       1.0|
|       0.0|       0.0|
|       0.0|       0.0|
|       0.0|       0.0|
|       0.0|       0.0|
+----------+----------+
only showing top 10 rows
```

2. 桶化

如果你是一个买主，你可能想知道房子有一间、两间、三间还是更多的浴室。但一旦达到某个点值，你就不会真的在乎房子里有七间还是八间浴室。

桶化将连续的特征列转换成特征桶 (bucket) 列，根据给定边界对数据进行离散化处理。

像二值化代码一样，首先导入 Bucketizer。其次，需要为特征桶的值定义拆分方法。我们希望 0 到 1 映射到 1，1 到 2 映射到 2，2 到 3 映射到 3，任何大于 4 的都将使用无穷值 INF 作为上限映射到 4。再次，可以用拆分、输入列和输出列创建转换器。最后，我们使用 transform 将转换器应用到数据框。

```
from pyspark.ml.feature import Bucketizer
# 定义如何拆分数据
splits = [0, 1, 2, 3, 4, float('Inf')]
# 创建转换器
buck = Bucketizer(splits=splits, inputCol='BATHSTOTAL', outputCol='baths')
# 应用转换器
df = buck.transform(df)
# 查看结果
df[['BATHSTOTAL', 'baths']].show(10)
```

```
输出:
+----------+-----+
|BATHSTOTAL|baths|
+----------+-----+
|         2|  2.0|
|         3|  3.0|
|         1|  1.0|
|         2|  2.0|
|         2|  2.0|
|         3|  3.0|
|         3|  3.0|
|         3|  3.0|
|         3|  3.0|
+----------+-----+
only showing top 10 rows
```

8.3.5 OneHot 编码

有些算法不能处理分类数据，比如文本类的城市，必须将其转换为数字格式（见图 8-5）才能正确计算。

CITY	becomes	LELM	MAPW	OAKD	STP	WB
LELM - Lake Elmo	?	1	0	0	0	0
MAPW - Maplewood	?	0	1	0	0	0
OAKD - Oakdale	?	0	0	1	0	0
STP - Saint Paul	?	0	0	0	1	0
WB - Woodbury	?	0	0	0	0	1

图 8-5 将"城市"字段转换为数字格式

处理此问题的一种方法称为"一位有效 (OneHot) 编码"，在该方法中，将每个分类变量转换为真/假列。列通常有很多不同的值,可能会创建很多新列,应使用 OneHot 编码转换器。

　　下面介绍如何实现 OneHot 编码。首先需要使用 StringIndexer 转换器,StringIndexer 接收一个字符串,将每个单词映射到一个数字上。其次,使用 fit 和 transform 方法执行映射并将字符串转换为数字。

```python
from pyspark.ml.feature import OneHotEncoder, StringIndexer

#创建StringIndexer转换器
StringIndexer = StringIndexer(inputCol='CITY',outputCol='CITY_Index')
#拟合转换器
model = StringIndexer.fit(df)
#使用转换器
indexed = model.transform(df)
```

　　现在可以在索引的城市值上应用 OneHotEncoder 转换器,将所有已编码的索引输出到类型为 vector 的单个列中,比将它们存储在所有单独的列中效率更高。

```python
#创建OneHotEncoder转换器
encoder = OneHotEncoder(inputCol='CITY_Index',outputCol='CITY_Vec')
#使用转换器
encoded_df = encoder.transform(indexed)
#查看结果
encoded_df[['CITY_Vec']].show(4)
```

```
输出:
+-------------+
|     CITY_Vec|
+-------------+
|    (4,[],[])|
|    (4,[],[])|
|(4,[2],[1.0])|
|(4,[2],[1.0])|
+-------------+
only showing top 4 rows
```

8.4　多特征预处理

　　实际应用中的数据很少是干净并且可以直接用于分析的,本节中,我们将学习 Spark 机器学习模块的数据处理方法。

8.4.1 特征生成

机器学习并不能解决所有问题，还需要使用一些技巧创建新的特征来更好地捕获数据中的模式。本小节介绍特征生成方法，展示如何使用新特征来改进模型。

数据集中已经有可用的信息，为什么要生成新的特征? 将特征组合在一起可以捕捉它们对结果的影响，这些特征可以用两个或多个变量的乘法、除法、求和或差分来表示。

继续前面的例子，为了解生成的新特征的作用，假设有两个特征：长度和宽度，以及单层住宅的价格。这两个特征各自对模型的解释能力并不是很强（如图 8-6 所示），仅使用这两个特征如何创建一个最好的模型来预测价格?

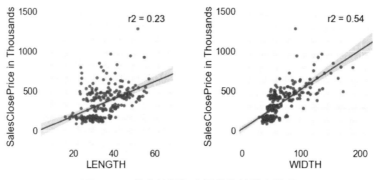

图 8-6　单个特征与房屋价格的拟合情况

我们可以考虑一个人在什么样的情况下会买房。人们买房时经常考虑面积，据此可以创造一个新的特征：总平方英尺，即宽度乘以长度。

```
# 通过乘法创造一个新特征
df = df.withColumn('TSQFT', (df['WIDTH'] * df['LENGTH']))
```

模型预测的结果好多了（如图 8-7 所示），r^2 是 0.81。应用推理和对问题的理解有助于创建有力的预测模型。

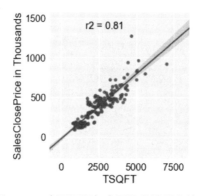

图 8-7　房屋面积与房屋价格的拟合情况

数据集中不包括宽度和长度，因为没有人会真的那样找房子。但是我们可以使用 with-

Column，将地下的平方英尺和地上的平方英尺相加来计算总平方英尺。

　　进一步，可以建立另一个特征：每平方英尺的价格。这是三个自变量的组合。

```
# 对两列求和
df = df.withColumn('TSQFT', (df['SQFTBELOWGROUND'] + df['SQFTABOVEGROUND']))
# 将两列相除
df = df.withColumn('PRICEPERTSQFT', (df['LISTPRICE'] / df['TSQFT']))
# 计算两列的差分
from pyspark.sql.functions import datediff
df = df.withColumn('DAYSONMARKET', datediff('OFFMARKETDATE', 'LISTDATE'))
```

　　数据科学界正在大力推动一些特征的自动生成，想进一步了解，可以查看 Python 库的 Feature Tools 和 TSfresh。

　　需要注意的是，简单地将每一个特征配对相乘就能得到特征度量的平方。这会导致特征激增，这些特征可能难以用来建模，或者可能由于纯巧合而过度拟合模型。此外，许多特征可能会传递类似的信息，并不需要全部纳入模型。可以组合多少个特征是没有限制的，但是超过三个特征，解释能力可能会下降。

　　除此之外，还有深度特征生成领域，这是另一个主题。

8.4.2　特征提取

　　数据集通常具有丰富的特征，这些特征被困在混乱的组合字段、列表甚至自由格式的文本中。在本小节中，我们讨论如何将列合并，以提供机器学习的有用信息。

　　在下例的 ROOF 列中，有许多有用的特征（如图 8-8 所示）。例如，一个旧屋顶更换起来很贵，可能会影响房价。这个数据集中房屋的年份要么超过 8 年，要么不到 8 年，最好把它作为一个布尔值。

图 8-8　ROOF 列的特征

　　要创建布尔值的列，我们使用 when 函数创建 if-then。when 函数计算布尔条件，然后执行某些操作。

　　在本例中，布尔条件是 find_over_8 和 find_under_8，使用 like 函数返回 True 或者 False，这取决于是否找到该字符串。在要查找的字符串前后使用百分号通配符，这些通配符允许在字符串之前或之后使用任意数量的字符。

　　创建了这些条件后，便可以将条件放入 when 函数中。当 find_over_8 为真时，返回 1；当 find_under_8 为假时，返回 0；如果两者都不是，那么 otherwise 函数返回 None。我们可以看到粗略的年份已经被创建成一个新的布尔变量。

```
from pyspark.sql.functions import when
# 创建布尔条件
find_under_8 = df['ROOF'].like('%Age 8 Years or Less%')
find_over_8 = df['ROOF'].like('%Age Over 8 Years%')
# 使用when()和otherwise()进行过滤
df = df.withColumn('old_roof', (when(find_over_8, 1)
                              .when(find_under_8, 0)
                              .otherwise(None)))
# 查看结果
df[['ROOF', 'old_roof']].show(5, truncate=100)
```

```
输出:
+--------------------------------------------+--------+
|                                        ROOF|old_roof|
+--------------------------------------------+--------+
|                                        null|    null|
|Asphalt Shingles, Pitched, Age 8 Years or Less|     0|
|                                        null|    null|
|Asphalt Shingles, Pitched, Age 8 Years or Less|     0|
|           Asphalt Shingles, Age Over 8 Years|     1|
+--------------------------------------------+--------+
only showing top 5 rows
```

我们发现 ROOF 中第一个值（比如 Asphalt Shingles）似乎表示 ROOF 的材料类型。如果我们知道该模式，可以将其拆分为名为"Roof_Material"的列。可以使用 PySpark SQL 中的 split() 函数拆分列。

在下例中，拆分 ROOF 列并将逗号用作值之间的定界符。拆分完之后，使用 withColumn 中第一个值创建一个新列，获取第 0 项和拆分列的第 0 索引位置并返回值。在这里，可以验证代码是否按预期执行，即拆分屋顶列并将第一个值放入新的列"Roof_Material"中。

```
from pyspark.sql.functions import split
# 以逗号为定界符，将列拆分成一个列表
split_col = split(df['ROOF'], ',')
# 使用列表中的第一个值创建一个新列
df = df.withColumn('Roof_Material', split_col.getItem(0))
# 查看结果
df[['ROOF', 'Roof_Material']].show(5, truncate=100)
```

```
输出:
+------------------------------------+----------------+
|                                ROOF|   Roof_Material|
+------------------------------------+----------------+
|                                null|            null|
|Asphalt Shingles, Pitched, Age 8 Years or Less|Asphalt Shingles|
|                                null|            null|
|Asphalt Shingles, Pitched, Age 8 Years or Less|Asphalt Shingles|
|           Asphalt Shingles, Age Over 8 Years|Asphalt Shingles|
+------------------------------------+----------------+
only showing top 5 rows
```

如果列中列出的值的顺序并不确定，就要将所有值提取到它们自己的列中。要做到这一点，需要两步。

第一步叫作"爆炸"(explode)。该操作改变一个复合字段，使每个值都有一个单独的记录，并重复所有操作（如图 8-9 所示）。

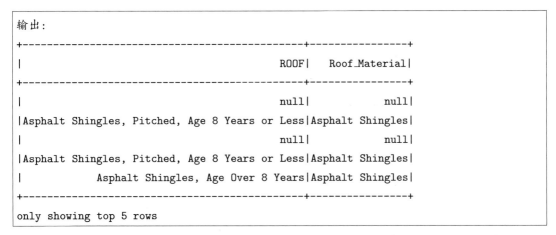

图 8-9　爆炸操作产生的记录

第二步是将这些重复字段转换成列。复合字段中为每个可能的值设置了列（如图 8-10 所示）。

NO	Age 8 Years or Less	Age Over 8 Years	Asphalt Shingles	Flat	Metal	Other	Pitched	...
2	0	1	1	0	0	0	1	...

图 8-10　转换操作产生的记录

为了在 PySpark 中实现以上步骤，需要导入几个函数：split、explode、lit、coalesce 和 first。

首先，需要把 ROOF 的列分成一个列组。然后分解 ROOF 列表，为每个值创建一个新记录。接下来创建一个常量列来进行透视。pivot 函数将按 ID 记录分组，以便仅返回一行用于透视 ex_roof_list。由于 pivot 是一个聚合函数，我们首先获取常量列的第一个值，然后使用 coalesce() 方法忽略空值。

```
from pyspark.sql.functions import split, explode, lit, coalesce, first
# 以逗号为定界符，将列拆分成一个列表
df = df.withColumn('roof_list', split(df['ROOF'], ', '))
```

```
# 每个值创建一个新记录
ex_df = df.withColumn('ex_roof_list', explode(df['roof_list']))
# 创建一个常量列
ex_df = ex_df.withColumn('constant_val', lit(1))
# 将值透视到布尔列中
piv_df = ex_df.groupBy('NO').pivot('ex_roof_list')
    .agg(coalesce(first('constant_val')))
```

8.4.3 文本数据特征提取

在机器学习的数据准备工作中, 对于文本数据的处理更复杂。在使用机器学习算法之前, 需要对非结构化的文本数据提取结构化特征, 最终将文本数据转换为数据框。

文本处理通常包括清洗、分词、统计数量特征等步骤。首先将文本拆分成单词或标记, 然后删除缺乏语义信息的常见单词, 最后统计文本中每个剩余单词出现的次数。

假设处理的文本为儿童读物的名字, 原始数据可能是这样的。

```
books = spark.read.csv('books.csv', header=True)
books.show(truncate=False)
```

```
输出:
+---+------------------------------------+
|id |text                                |
+---+------------------------------------+
|0  |Forever, or a Long, Long Time       |
|1  |Winnie-the-Pooh                     |
|2  |Ten Little Fingers and Ten Little Toes|
|3  |Five Get into Trouble               |
|4  |Five Have a Wonderful Time          |
|5  |Five Get into a Fix                 |
|6  |Five Have Plenty of Fun             |
+---+------------------------------------+
```

1. 清洗

第一步是将文本数据转换成词表 (每个文本一行, 每个单词一列)。我们关注文本中的单词, 而不是标点符号, 使用正则表达式 (或 REGEX, 一种用于字符串模式匹配的语言) 来删除标点符号。正则表达式是另一个主题, 不在本小节的讨论范围之内。通过 REGEX 匹配书名中出现的逗号、斜杠和连接符。使用一个空格来替换匹配上的字符。

```
from pyspark.sql.functions import regexp_replace
# 使用正则表达式匹配逗号、斜杠和连接符
REGEX = '[,\\-]'
```

```
books = books.withColumn('text', regexp_replace(books.text, REGEX, ' '))
books.show(truncate=False)
```

```
输出:
+---+--------------------------------+
|id |text                            |
+---+--------------------------------+
|0  |Forever  or a Long Long Time    |
|1  |Winnie the Pooh                 |
|2  |Ten Little Fingers and Ten Little Toes|
|3  |Five Get into Trouble           |
|4 |Five Have a Wonderful Time       |
|5  |Five Get into a Fix             |
|6  |Five Have Plenty of Fun         |
+---+--------------------------------+
```

文本中出现一些双空格，也可以使用 REGEX 来清理。

2. 分词

第二步是将文本拆分为单词或标记 (token)，这个过程称为标签化 (tokenize)。创建一个标签化对象，指定需要输入的字段和输出的字段，然后使用 transform() 方法对文本进行标签化处理。在结果的输出字段中，每个文档都已转换为单词列表。同时，这些单词都被转为小写。

```
from pyspark.ml.feature import Tokenizer
# 删除双空格
REGEX = '\\s+'
books = books.withColumn('text', regexp_replace(books.text, REGEX, ' '))
# 标签化
books = Tokenizer(inputCol='text',outputCol='tokens').transform(books)
books.show(truncate=False)
```

```
输出:
+---+--------------------------------+---------------------------------------------+
|id |text                            |tokens                                       |
+---+--------------------------------+---------------------------------------------+
|0  |Forever or a Long Long Time     |[forever, or, a, long, long, time]           |
|1  |Winnie the Pooh                 |[winnie, the, pooh]                          |
|2  |Ten Little Fingers and Ten Little Toes|[ten, little, fingers, and, ten, little, toes]|
|3  |Five Get into Trouble           |[five, get, into, trouble]                   |
|4  |Five Have a Wonderful Time      |[five, have, a, wonderful, time]             |
|5  |Five Get into a Fix             |[five, get, into, a, fix]                    |
|6  |Five Have Plenty of Fun         |[five, have, plenty, of, fun]                |
+---+--------------------------------+---------------------------------------------+
```

3. 删除停词

有些单词经常出现在文档中, 这些常见的词传达的信息很少, 通常称为停词 (stop word)。第三步是使用 StopWordsRemover 类的实例删除停词, StopWordsRemover 包含一个停词表, 根据需要也可以自行定义。

```
from pyspark.ml.feature import StopWordsRemover
stopwords = StopWordsRemover()
# 查看停词表
print(stopwords.getStopWords())
```

```
输出:
[1] ['i', 'me', 'my', 'myself', 'we', 'our', 'ours', 'ourselves',
    'you', 'your', 'yours', 'yourself', 'yourselves', 'he', 'him',
    'his', 'himself', 'she', 'her', 'hers', 'herself', 'it', 'its',
    'itself', 'they', 'them', 'their', 'theirs', 'themselves',
    'what', 'which', 'who', 'whom', 'this', 'that', 'these',
    'those', 'am', 'is', 'are', 'was', 'were', 'be', 'been',
    'being', 'have', 'has', 'had', 'having', 'do', 'does', 'did',
    'doing', 'a', 'an', 'the', 'and', 'but', 'if', 'or', 'because',
    'as', 'until', 'while', 'of', 'at', 'by', 'for', 'with',
    'about', 'against', 'between', 'into', 'through', 'during',
    'before', 'after', 'above', 'below', 'to', 'from', 'up', 'down',
    'in', 'out', 'on', 'off', 'over', 'under', 'again', 'further',
    'then', 'once', 'here', 'there', 'when', 'where', 'why', 'how',
    'all', 'any', 'both', 'each', 'few', 'more', 'most', 'other',
    'some', 'such', 'no', 'nor', 'not', 'only', 'own', 'same', 'so',
    'than', 'too', 'very', 's', 't', 'can', 'will', 'just', 'don',
    'should', 'now', "i'll", "you'll", "he'll", "she'll", "we'll",
    "they'll", "i'd", "you'd", "he'd", "she'd", "we'd", "they'd",
    "i'm", "you're", "he's", "she's", "it's", "we're", "they're",
    "i've", "we've", "you've", "they've", "isn't", "aren't",
    "wasn't", "weren't", "haven't", "hasn't", "hadn't", "don't",
    "doesn't", "didn't", "won't", "wouldn't", "shan't", "shouldn't",
    "mustn't", "can't", "couldn't", 'cannot', 'could', "here's",
    "how's", "let's", 'ought', "that's", "there's", "what's",
    "when's", "where's", "who's", "why's", 'would']
```

停词删除器在初始化时未指定输入字段和输出字段, 现在可以指定。使用 transform() 方法对标签化的数据进行筛选删除。

```
# 指定输入字段和输出字段
stopwords = stopwords.setInputCol('tokens').setOutputCol('words')
```

```
books = stopwords.transform(books)
books.select('tokens','words').show(truncate=False)
```

```
输出:
+---+----------------------------------------+------------------------------------+
|id |words                                   |hash                                |
+---+----------------------------------------+------------------------------------+
|0  |[forever, long, long, time]             |(32,[8,13],[2.0,2.0])               |
|1  |[winnie, pooh]                          |(32,[24,31],[1.0,1.0])              |
|2  |[ten, little, fingers, ten, little, toes]|(32,[6,14,29,30],[2.0,1.0,2.0,1.0])|
|3  |[five, get, trouble]                    |(32,[6,18,29],[1.0,1.0,1.0])        |
|4  |[five, wonderful, time]                 |(32,[1,6,13],[1.0,1.0,1.0])         |
|5  |[five, get, fix]                        |(32,[6,18,28],[1.0,1.0,1.0])        |
|6  |[five, plenty, fun]                     |(32,[6,11,15],[1.0,1.0,1.0])        |
+---+----------------------------------------+------------------------------------+
```

4. 统计数量特征

第四步是统计数量特征。首先，使用哈希法 (Hashing) 把单词转换成数字。创建 HashingTF 类的实例，指定输入字段和输出字段。可以指定哈希法编码的最大特征数，较大的特征数可以捕捉单词的多样性。经处理后得到两个列表，第一个列表包含标签哈希化后对应的值，第二个列表指示每个标签出现的次数。例如，在第一个文档中，"long" 一词的哈希值为 8，出现两次；单词 "five" 的哈希值为 6，在最后两个文档中各出现一次。

```
from pyspark.ml.feature import HashingTF
hasher = HashingTF(inputCol='words', outputCol='hash', numFeatures=32)
books = hasher.transform(books)
books.select('id','words','hash').show(truncate=False)
```

```
输出:
+---+----------------------------------------+------------------------------------+
|id |words                                   |hash                                |
+---+----------------------------------------+------------------------------------+
|0  |[forever, long, long, time]             |(32,[8,13,14],[2.0,1.0,1.0])        |
|1  |[winnie, pooh]                          |(32,[1,31],[1.0,1.0])               |
|2  |[ten, little, fingers, ten, little, toes]|(32,[1,15,25,30],[2.0,2.0,1.0,1.0])|
|3  |[five, get, trouble]                    |(32,[6,7,23],[1.0,1.0,1.0])         |
|4  |[five, wonderful, time]                 |(32,[6,13,25],[1.0,1.0,1.0])        |
|5  |[five, get, fix]                        |(32,[5,6,23],[1.0,1.0,1.0])         |
|6  |[five, plenty, fun]                     |(32,[4,6,27],[1.0,1.0,1.0])         |
+---+----------------------------------------+------------------------------------+
```

其次，处理出现在很多文档中的单词。如果一个单词出现在许多文档中，那么它在构建分类器时无法提供有效的分类信息。计算总文档数除以特定单词在所有文档中出现的次数，该数值可以反映一个单词在分类中的有效性，将这个数值取对数可以得到逆文档频率（inverse document frequency，IDF）。

逆文档频率由 IDF 类得到。在本例中，单词"five"出现在多个文档中，因此它的有效频率降低了；而单词"long"只出现在一个文档中，因此它的有效频率增加了。

```
from pyspark.ml.feature import IDF
books = IDF(inputCol='hash', outputCol='features').fit(books).transform(books)
books.select('id','features').show(truncate=False)
```

```
输出:
+---+------------------------------------------------------------------------+
|id |features                                                                |
+---+------------------------------------------------------------------------+
|id |features                                                                |
+---+------------------------------------------------------------------------+
|0  |(32,[8,13],[2.772588722239781,1.9616585060234524])                      |
|1  |(32,[24,31],[1.3862943611198906,1.3862943611198906])                    |
|2  |(32,[6,14,29,30],[0.5753641449035617,1.3862943611198906,1.9616585060234524,1.3862943611198906])|
|3  |(32,[6,18,29],[0.28768207245178085,0.9808292530117262,0.9808292530117262])|
|4  |(32,[1,6,13],[1.3862943611198906,0.28768207245178085,0.9808292530117262])|
|5  |(32,[6,18,28],[0.28768207245178085,0.9808292530117262,1.3862943611198906])|
|6  |(32,[6,11,15],[0.28768207245178085,1.3862943611198906,1.3862943611198906])|
+---+------------------------------------------------------------------------+
```

8.5 案例：航班数据预处理

在本小节中，以航班数据为例对数据进行预处理，为后续机器学习建模构造格式统一的数据集。

flights 是一个描述航班信息的数据集（见表 8-1），包括的字段有：月份（mon）、日期（dom）、星期（dow）、航空公司（carrier，IATA code）、飞机编号（flight）、起飞机场（org, IATA code）、航行距离（mile，单位为英里）、起飞时间（depart，单位为小时）、预期航行时间（duration，单位为分钟）、延误时间（delay，单位为分钟）。flights 数据集在第 9 章中也会使用。

表 8-1　flights 数据集具体内容（仅展示前 3 行）

mon	dom	dow	carrier	flight	org	mile	depart	duration	delay
11	20	6	US	19	JFK	2 153	9.48	351	NA
0	22	2	UA	1 107	ORD	316	16.33	82	30
2	20	4	UA	226	SFO	337	6.17	82	−8

8.5.1　读取数据

Spark 使用 DataFrame 来存储表格数据，表格数据按行（row）存储，一行数据可以称为一条记录（record）。每条记录又可以分解为一列（column）或多列，列也称为字段（field），每个字段都有唯一的名称和特定的数据类型。下面是 DataFrame 的一些方法和属性, 通过查阅文档可以了解更多信息。

- count() 方法给出行数;
- show() 方法显示行的子集;
- printSchema() 方法和 dtypes 属性提供关于列类型的不同视图;
- dtypes 属性给出每一个字段的数据类型。

CSV 是存储表格数据的常用格式, 本小节将使用航班数据 CSV 文件进行说明。CSV 文件每一行都是一条记录, 在每条记录中, 字段由分隔符分隔, 分隔符通常是逗号。CSV 文件中的第一行通常提供列名, 称为头记录 (header record)。

session 对象有一个 read 属性, read 属性有一个 csv() 方法, 可以从 CSV 文件中读取数据并返回 DataFrame 格式。csv() 方法有一个强制参数, 即 CSV 文件的路径, 同时有许多可选参数。

read.csv 方法的可选参数有:

- header, 表示第一行是不是 header(default: False);
- sep, 表示字段分隔符 (default: a comma ',');
- schema, 显示列的数据类型;
- inferSchema, 表示是否从数据推断列数据类型;
- nullValue, 表示缺失数据的占位符。

```
spark = SparkSession.builder
            .master('local[*]')
            .appName('load_data')
            .getOrCreate()
flights = spark.read.csv('flights.csv', header=True)
```

导入数据后, 使用 show() 方法可以查看 DataFrame 的一个片段。

```
flights.show(5)
```

```
输出:
+---+---+---+-------+------+---+----+------+--------+-----+
|mon|dom|dow|carrier|flight|org|mile|depart|duration|delay|
+---+---+---+-------+------+---+----+------+--------+-----+
| 11| 20|  6|     US|    19|JFK|2153|  9.48|     351|   NA|
|  0| 22|  2|     UA|  1107|ORD| 316| 16.33|      82|   30|
|  2| 20|  4|     UA|   226|SFO| 337|  6.17|      82|   -8|
|  9| 13|  1|     AA|   419|ORD|1236| 10.33|     195|   -5|
|  4|  2|  5|     AA|   325|ORD| 258|  8.92|      65|   NA|
+---+---+---+-------+------+---+----+------+--------+-----+
only showing top 5 rows
```

```
flights.printSchema()
```

```
输出:
root
|-- mon:  string (nullable = true)
|-- dom:  string (nullable = true)
|-- dow:  string (nullable = true)
|-- carrier:  string (nullable = true)
|-- flight:  string (nullable = true)
|-- org:  string (nullable = true)
|-- mile:  string (nullable = true)
|-- depart:  string (nullable = true)
|-- duration:  string (nullable = true)
|-- delay:  string (nullable = true)
```

csv() 方法将数据分成行和列, 从头记录中提取列名。默认情况下, csv() 方法将所有列视为字符串。为了得到正确的列类型, 可以采用两种方法修改数据类型:

- 使用 inferSchema 自动推断字段数据类型;
- 使用 schema 主动指定字段数据类型。

```
flights = spark.read.csv('flights.csv', header=True, inferSchema=True)
flights.dtypes
```

```
输出:
[('mon', 'int'),
('dom', 'int'),
('dow', 'int'),
('carrier', 'string'),
('flight', 'int'),
('org', 'string'),
('mile', 'int'),
('depart', 'double'),
('duration', 'int'),
('delay', 'string')]
```

通过将 inferSchema 参数设置为 True, 可以合理地推断列类型, 不过这种方法存在时间花费大和无法处理特殊标识符的问题。Spark 需要额外遍历数据并推断出最合理的类型, 这会增加数据读取的时间。如果数据文件很大, 数据读取时间将显著增加。此外, 这种方法并不能保证所有字段数据类型都被正确识别。

如果字段中的第一个值是"NA", Spark 会推断该字段类型为字符串, 例子中 delay 字段被错误识别为字符串类型。CSV 文件中缺失的数据通常由一个类似"NA"字符串的占位符表示, 可以使用 nullValue 参数指定占位符, 但需要注意的是 nullValue 参数区分大小写。

```
flights = spark.read.csv('flights.csv', header=True, inferSchema=True, nullValue='NA')
flights.dtypes
```

输出：
```
[('mon', 'int'),
('dom', 'int'),
('dow', 'int'),
('carrier', 'string'),
('flight', 'int'),
('org', 'string'),
('mile', 'int'),
('depart', 'double'),
('duration', 'int'),
('delay', 'int')]
```

如果推断字段数据类型不成功，则需要通过设置 schema 显式指定每个字段的数据类型。通过数据读取与指定字段数据类型，可以得到最终的航班 DataFrame 数据。

```
from pyspark.sql.types import StructType, StructField, IntegerType, DoubleType,
StringType
schema = StructType([
StructField('mon', IntegerType()),
StructField('dom', IntegerType()),
StructField('dow', IntegerType()),
StructField('carrier', StringType()),
StructField('flight', IntegerType()),
StructField('org', StringType()),
StructField('mile', IntegerType()),
StructField('depart', DoubleType()),
StructField('duration', IntegerType()),
StructField('delay', IntegerType()),
])
flights = spark.read.csv('flights.csv', header=True, schema=schema, nullValue='NA')
flights.show(5)
```

输出：
```
+---+---+---+-------+------+---+----+------+--------+-----+
|mon|dom|dow|carrier|flight|org|mile|depart|duration|delay|
+---+---+---+-------+------+---+----+------+--------+-----+
| 11| 20|  6|     US|    19|JFK|2153|  9.48|     351| null|
|  0| 22|  2|     UA|  1107|ORD| 316| 16.33|      82|   30|
|  2| 20|  4|     UA|   226|SFO| 337|  6.17|      82|   -8|
|  9| 13|  1|     AA|   419|ORD|1236| 10.33|     195|   -5|
|  4|  2|  5|     AA|   325|ORD| 258|  8.92|      65| null|
+---+---+---+-------+------+---+----+------+--------+-----+
only showing top 5 rows
```

8.5.2 删除飞机编号字段

现实生活中我们希望知道哪些航线或机场的航班容易延误,构建预测航班是否延误的机器学习模型具有现实意义。由于数据集中不含有飞机型号信息(仅含有飞机编号),我们希望建立的模型将取决于航班计划与起飞机场等客观环境因素,而不过多考虑驾驶员与飞机等个体因素,因此需要从数据中删除飞机编号字段。从前面的学习中我们了解到,有 drop() 和 select() 两种方法实现字段删除。

```
# method 1: drop
flights_ = flights.drop('flight')
flights_.show(5)
```

```
输出:
+---+---+---+-------+---+----+------+--------+-----+
|mon|dom|dow|carrier|org|mile|depart|duration|delay|
+---+---+---+-------+---+----+------+--------+-----+
| 11| 20|  6|     US|JFK|2153|  9.48|     351| null|
|  0| 22|  2|     UA|ORD| 316| 16.33|      82|   30|
|  2| 20|  4|     UA|SFO| 337|  6.17|      82|   -8|
|  9| 13|  1|     AA|ORD|1236| 10.33|     195|   -5|
|  4|  2|  5|     AA|ORD| 258|  8.92|      65| null|
+---+---+---+-------+---+----+------+--------+-----+
only showing top 5 rows
```

```
# method 2: select
flights = flights.select('mon','dom','dow','carrier','org','mile','depart','duration', 'delay')
flights.show(5)
```

```
输出:
+---+---+---+-------+---+----+------+--------+-----+
|mon|dom|dow|carrier|org|mile|depart|duration|delay|
+---+---+---+-------+---+----+------+--------+-----+
| 11| 20|  6|     US|JFK|2153|  9.48|     351| null|
|  0| 22|  2|     UA|ORD| 316| 16.33|      82|   30|
|  2| 20|  4|     UA|SFO| 337|  6.17|      82|   -8|
|  9| 13|  1|     AA|ORD|1236| 10.33|     195|   -5|
|  4|  2|  5|     AA|ORD| 258|  8.92|      65| null|
+---+---+---+-------+---+----+------+--------+-----+
only showing top 5 rows
```

8.5.3　删除 delay 字段的缺失值

前面的结果显示 delay 字段存在缺失值，首先需要统计数据缺失情况。使用 filter() 方法可以筛选空值记录，需要使用 SQL 语句对 NULL 值进行逻辑判断，然后通过 count() 方法统计记录数目。

```
flights.filter('delay IS NULL').count()
```

```
输出：
[1] 2978
```

仅有少量缺失值的情况下 (本例中缺失率为 5.96%)，可以删除缺失值的记录。删除缺失值的方法有两种：
- 使用 filter() 方法与赋值语句对 DataFrame 进行更新；
- 使用 dropna() 方法删除任何字段存在缺失值的记录。

```
# method 1: filter
flights_ = flights.filter('delay IS NOT NULL')
print(flights_.count())
# method 2: dropna
flights = flights.dropna()
print(flights.count())
```

```
输出：
[1] 47022
[2] 47022
```

注意：第二种方法要谨慎使用，在不清楚所有字段的缺失值分布的情况下可能会导致大量有用数据的丢失。

8.5.4　创建衍生字段

很多情况下，需要对数据进行单位转换。假如需要将航行距离 (mile) 字段的英里转换为千米，使用 withColumn() 方法可以创建新字段列，使用 round 函数可以限制结果的精度。注意使用 withColumn() 方法时，如果创建与原有字段同名的字段，原有字段将被覆盖。

```
from pyspark.sql.functions import round
# create a new column
flights = flights.withColumn('km',round(flights.mile * 1.60934, 1))
# replace the existing column
flights = flights.withColumn('mile',round(flights.mile * 1.60934, 3))
flights.show(5)
```

```
输出:
+---+---+---+-------+---+--------+------+--------+-----+------+
|mon|dom|dow|carrier|org|    mile|depart|duration|delay|    km|
+---+---+---+-------+---+--------+------+--------+-----+------+
|  0| 22|  2|     UA|ORD| 508.551| 16.33|      82|   30| 508.6|
|  2| 20|  4|     UA|SFO| 542.348|  6.17|      82|   -8| 542.3|
|  9| 13|  1|     AA|ORD|1989.144| 10.33|     195|   -5|1989.1|
|  5|  2|  1|     UA|SFO| 885.137|  7.98|     102|    2| 885.1|
|  7|  2|  6|     AA|ORD|1179.646| 10.83|     135|   54|1179.6|
+---+---+---+-------+---+--------+------+--------+-----+------+
only showing top 5 rows
```

字段航空公司 (carrier) 与起飞机场 (org) 由 IATA code 规定的特定字符串组成。训练模型需要把这些字符串转换成数字，可以使用 StringIndexer 类构建实例来执行转换操作。

构建实例时需要指定原字段名称和要创建的新字段名称，先拟合数据，再进行转换操作。在拟合过程中，将标识不同的字符串赋值，并为每个值分配索引。然后使用该模型转换数据，用索引值创建一个新字段。

```
from pyspark.ml.feature import StringIndexer
indexer_1 = StringIndexer(inputCol='carrier', outputCol='carrier_idx').fit(flights)
indexer_2 = StringIndexer(inputCol='org', outputCol='org_idx').fit(flights)
flights = indexer_1.transform(flights)
flights = indexer_2.transform(flights)
flights.show(5)
```

```
输出:
+---+---+---+-------+---+--------+------+--------+-----+------+-----------+-------+
|mon|dom|dow|carrier|org|    mile|depart|duration|delay|    km|carrier_idx|org_idx|
+---+---+---+-------+---+--------+------+--------+-----+------+-----------+-------+
|  0| 22|  2|     UA|ORD| 508.551| 16.33|      82|   30| 508.6|        0.0|    0.0|
|  2| 20|  4|     UA|SFO| 542.348|  6.17|      82|   -8| 542.3|        0.0|    1.0|
|  9| 13|  1|     AA|ORD|1989.144| 10.33|     195|   -5|1989.1|        1.0|    0.0|
|  5|  2|  1|     UA|SFO| 885.137|  7.98|     102|    2| 885.1|        0.0|    1.0|
|  7|  2|  6|     AA|ORD|1179.646| 10.83|     135|   54|1179.6|        1.0|    0.0|
+---+---+---+-------+---+--------+------+--------+-----+------+-----------+-------+
only showing top 5 rows
```

默认情况下，索引值是根据每个字符串值的降序相对频率分配的。在航空公司字段中，UA 公司航班记录最多，所以它的索引值为 0。通过指定 stringOrderType 参数，可以选择不同的策略来分配索引值。除了根据出现的频率排序，还可以按字母顺序排序，也可以选择升序或降序作为编号的排序规则。

我们建立一个分类器来预测一个航班是否将明显延误，需要构建新字段 label，以 15 分钟为分界对延误时间字段（delay）进行 0-1 离散化。

```
flights = flights.withColumn('label',(flights.delay >= 15).cast('integer'))
[flights.filter('label > 0.5').count(),flights.filter('label < 0.5').count()]
```

```
输出:
[1] [24043, 22979]
```

　　除了离散化以外还有许多其他的方法可用来设计新特征，其中对一个或多个列应用算术运算来创建新特征很常见。事实上，这样创造出来的新特征往往具有更好的分布特征。

　　我们使用航行距离除以航行时长得到航行速度这一新特征。首先分别绘制航行时长和航行距离的直方图（如图 8–11 和图 8–12 所示）。

```
for field in ['duration','mile']:
    flights.select(field).sample(0.1).toPandas().hist()
```

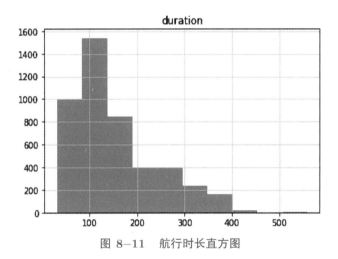

图 8–11　航行时长直方图

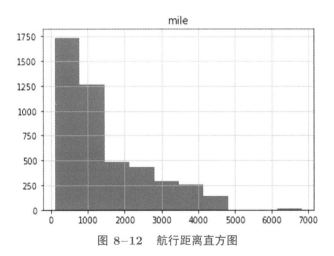

图 8–12　航行距离直方图

　　通过绘制航行时长和航行距离的直方图，可以发现航行时长近似左边截断的正态分布，而航行距离近似右半正态分布。航行距离除以航行时长，就可以获得近似正态分布的航行速度这一特征。

8.5.5　将输入字段合并为一个向量

为了准备机器学习模型训练数据，还需要将各个输入字段合并为一个向量字段，因为 PySpark 机器学习算法要求在一列 vector 类型中提供所有特征。

这个过程需要创建一个 VectorAssembler 类的实例，初始化参数需要提供合并字段的名称和新字段的名称。VectorAssembler 类的实例不需要先拟合数据再执行转换操作，初始化后即可使用 transform() 方法对数据进行转换。

```
from pyspark.ml.feature import VectorAssembler
assembler = VectorAssembler(inputCols=['mon','dom','dow','carrier_idx',\
                                       'org_idx','km','duration'],\
                            outputCol='features')
flights = assembler.transform(flights)
flights.select('features', 'label').show(5,truncate=False)
```

```
输出：
+----------------------------------+-----+
|features                          |label|
+----------------------------------+-----+
|[0.0,22.0,2.0,0.0,0.0,508.6,82.0] |1    |
|[2.0,20.0,4.0,0.0,1.0,542.3,82.0] |0    |
|[9.0,13.0,1.0,1.0,0.0,1989.1,195.0]|0    |
|[5.0,2.0,1.0,0.0,1.0,885.1,102.0] |0    |
|[7.0,2.0,6.0,1.0,0.0,1179.6,135.0]|1    |
+----------------------------------+-----+
only showing top 5 rows
```

8.5.6　对航空公司字段进行 OneHot 编码

前文介绍了如何在模型中使用分类变量，我们将它们转换为索引序号。航空公司 (carrier) 字段就根据类别按高频到低频转换成相应的序号值。

```
flights.show()
```

```
输出：
+---+---+---+-------+---+--------+------+--------+-----+------+-----------+-------+-----+--------------------+
|mon|dom|dow|carrier|org|    mile|depart|duration|delay|    km|carrier_idx|org_idx|label|            features|
+---+---+---+-------+---+--------+------+--------+-----+------+-----------+-------+-----+--------------------+
|  0| 22|  2|     UA|ORD| 508.551| 16.33|      82|   30| 508.6|        0.0|    0.0|    1|[0.0,22.0,2.0,0.0...|
|  2| 20|  4|     UA|SFO| 542.348|  6.17|      82|   -8| 542.3|        0.0|    1.0|    0|[2.0,20.0,4.0,0.0...|
|  9| 13|  1|     AA|ORD|1989.144| 10.33|     195|   -5|1989.1|        1.0|    0.0|    0|[9.0,13.0,1.0,1.0...|
|  5|  2|  1|     UA|SFO| 885.137|  7.98|     102|    2| 885.1|        0.0|    1.0|    0|[5.0,2.0,1.0,0.0,...|
|  7|  2|  6|     AA|ORD|1179.646| 10.83|     135|   54|1179.6|        1.0|    0.0|    1|[7.0,2.0,6.0,1.0,...|
```

```
|  1| 16|  6|      UA|ORD| 2317.45|   8.0|     232|   -7|2317.4|          0.0|     0.0|    0|[1.0,16.0,6.0,0.0...|
|  1| 22|  5|      UA|SJC|2943.483|  7.98|     250|  -13|2943.5|          0.0|     5.0|    0|[1.0,22.0,5.0,0.0...|
| 11|  8|  1|      OO|SFO| 254.276|  7.77|      60|   88| 254.3|          2.0|     1.0|    1|[11.0,8.0,1.0,2.0...|
|  4| 26|  1|      AA|SFO|2356.074| 13.25|     210|  -10|2356.1|          1.0|     1.0|    0|[4.0,26.0,1.0,1.0...|
|  4| 25|  0|      AA|ORD|1573.935| 13.75|     160|   31|1573.9|          1.0|     0.0|    1|[4.0,25.0,0.0,1.0...|
|  8| 30|  2|      UA|ORD|1157.115| 13.28|     151|   16|1157.1|          0.0|     0.0|    1|[8.0,30.0,2.0,0.0...|
|  3| 16|  3|      UA|ORD|2808.298|   9.0|     264|    3|2808.3|          0.0|     0.0|    0|[3.0,16.0,3.0,0.0...|
|  0|  3|  4|      AA|LGA|1765.446| 17.08|     190|   32|1765.4|          1.0|     3.0|    1|[0.0,3.0,4.0,1.0,...|
|  5|  9|  1|      UA|SFO|1556.232|  12.7|     158|   20|1556.2|          0.0|     1.0|    1|[5.0,9.0,1.0,0.0,...|
|  3| 10|  4|      B6|ORD|2792.205| 17.58|     265|  155|2792.2|          4.0|     0.0|    1|[3.0,10.0,4.0,4.0...|
| 11| 15|  1|      AA|ORD|1290.691|  6.75|     160|   23|1290.7|          1.0|     0.0|    1|[11.0,15.0,1.0,1....|
|  8| 18|  4|      UA|SJC|1525.654|  6.33|     160|   17|1525.7|          0.0|     5.0|    1|[8.0,18.0,4.0,0.0...|
|  2| 14|  5|      B6|JFK|1519.217|  6.17|     166|    0|1519.2|          4.0|     2.0|    0|[2.0,14.0,5.0,4.0...|
|  7| 21|  4|      OO|ORD| 976.869|  19.0|     110|   21| 976.9|          2.0|     0.0|    1|[7.0,21.0,4.0,2.0...|
| 11|  6|  6|      OO|SFO| 508.551|  8.75|      82|   40| 508.6|          2.0|     1.0|    1|[11.0,6.0,6.0,2.0...|
+---+---+---+--------+---+--------+------+--------+-----+------+-------------+--------+-----+--------------------+
```

一般来说，这样的数据不能直接用于回归模型。在 flights 数据中，carrier 字段是分类变量，有 9 个类别：UA、AA、OO、WN、B6、OH、US、HA、AQ。然而，这些数值的相对大小缺乏客观意义, 如 UA 的序号是 0, 而 AQ 的序号是 8。在回归模型中该变量拟合的回归系数缺乏实际解释力，需要将索引值转换为可以执行的有意义的数据格式。

先为每个类别创建一个列, 然后将每一条记录对应的类别设置为 1，其他类别设置为 0。这些新列称为“哑变量”(dummy variable)。我们发现在本例中 1 个字段被处理后变为 9 个字段, 在类别数很多的情况下列数将大量增加。如果数据中有很多分类变量，将会生成更多的列。有两种方法可以解决变量大量增加的问题。

• 哑变量稀疏表示：新列中存在大量的零，非零值相对很少。可以根据这个特性将数据转换为稀疏格式 (sparse) 存储。稀疏表示法只记录非零值的列号和值，不记录单个值。详见图 8–13。

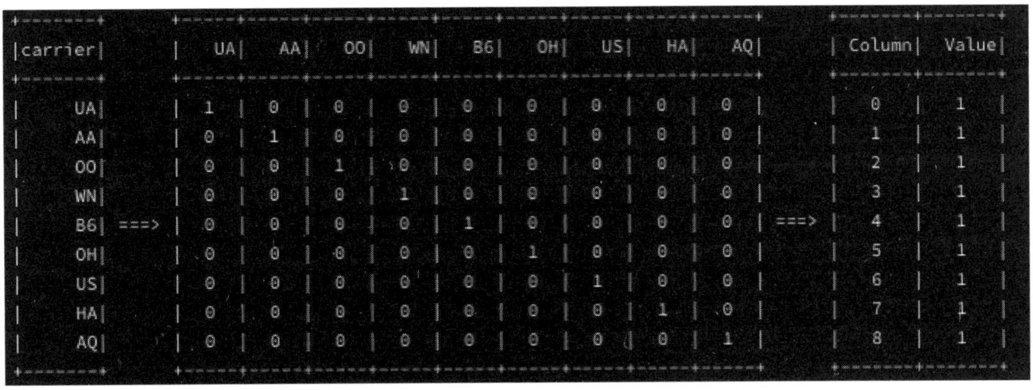

carrier		UA	AA	OO	WN	B6	OH	US	HA	AQ		Column	Value
UA		1	0	0	0	0	0	0	0	0		0	1
AA		0	1	0	0	0	0	0	0	0		1	1
OO		0	0	1	0	0	0	0	0	0		2	1
WN		0	0	0	1	0	0	0	0	0		3	1
B6	===>	0	0	0	0	1	0	0	0	0	===>	4	1
OH		0	0	0	0	0	1	0	0	0		5	1
US		0	0	0	0	0	0	1	0	0		6	1
HA		0	0	0	0	0	0	0	1	0		7	1
AQ		0	0	0	0	0	0	0	0	1		8	1

图 8–13　哑变量稀疏表示

• 去除共线性的多余列：由于分类级别是互斥的，可以删除其中一列。也就是说，如果 carrier 类型不是 UA、AA、OO、WN、B6、OH、US、HA，则必然是 AQ。详见图 8–14。

创建哑变量的过程称为 OneHot 编码，因为创建的列中只有一列处于活动状态或处于“hot”状态。

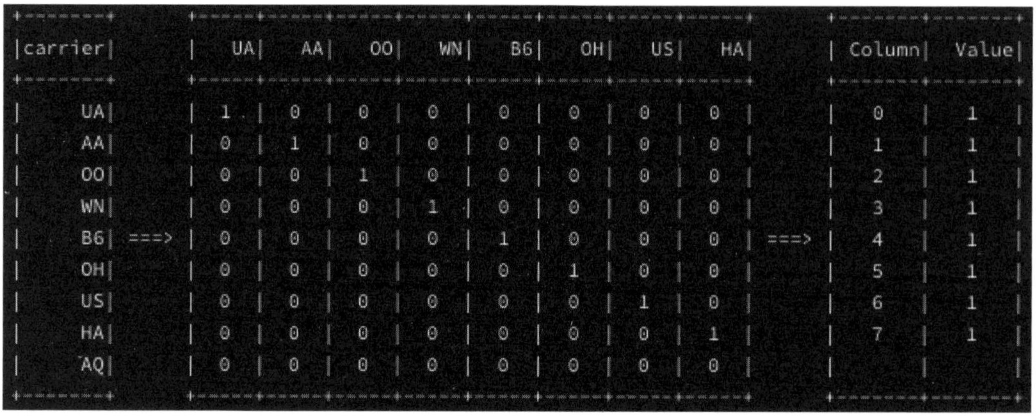

carrier
UA
AA
OO
WN
B6
OH
US
HA
AQ

===>

UA	AA	OO	WN	B6	OH	US	HA
1	0	0	0	0	0	0	0
0	1	0	0	0	0	0	0
0	0	1	0	0	0	0	0
0	0	0	1	0	0	0	0
0	0	0	0	1	0	0	0
0	0	0	0	0	1	0	0
0	0	0	0	0	0	1	0
0	0	0	0	0	0	0	1
0	0	0	0	0	0	0	0

===>

Column	Value
0	1
1	1
2	1
3	1
4	1
5	1
6	1
7	1

图 8–14 去除共线性的多余列

对于 carrier 字段，输入列是我们前面定义的索引 carrier_idx。选择“carrier_dummy”作为输出列名。注意，这些参数是以列表的形式给出的，因此可以在必要时指定多个成对的输入列与输出列。然后将编码器与数据进行匹配, 通过 categorySizes 查看编码器确定了多少个类别，本例中是 9 个。

```
from pyspark.ml.feature import OneHotEncoder
onehot=OneHotEncoder(inputCols=['carrier_idx'],outputCols=['carrier_dummy'])
onehot=onehot.fit(flights)
onehot.categorySizes
```

```
输出:
[1] [9]
```

现在编码器已经设置好，可以通过调用 transform() 方法将数据进行转换, 转换后的数据如下。如前所述，最终处理结果没有为 AQ 分配单独的一列, 因为为 AQ 单独设置一个哑变量是多余的。

```
flights = onehot.transform(flights)
flights.select('carrier','carrier_idx','carrier_dummy').distinct().sort('carrier_idx').
    show()
```

```
输出:
+-------+-----------+-------------+
|carrier|carrier_idx|carrier_dummy|
+-------+-----------+-------------+
|     UA|        0.0|(8,[0],[1.0])|
|     AA|        1.0|(8,[1],[1.0])|
|     OO|        2.0|(8,[2],[1.0])|
|     WN|        3.0|(8,[3],[1.0])|
|     B6|        4.0|(8,[4],[1.0])|
|     OH|        5.0|(8,[5],[1.0])|
```

```
|     US|      6.0|(8,[6],[1.0])|
|     HA|      7.0|(8,[7],[1.0])|
|     AQ|      8.0|    (8,[],[])|
+-------+---------+-------------+
```

表示虚拟变量的稀疏格式看起来有点复杂，三元组分别代表总列数、非零列序号的列表、非零列对应数值的列表。在本例中，(8,[0],[1.0]) 代表该记录有稀疏表示的 8 列数据，其中仅有第 0 列中的数值不为 0，非零数值为 1.0。

```
from pyspark.mllib.linalg import DenseVector, SparseVector
display(DenseVector([1,0,0,0,0,7,0,0]))
display(SparseVector(8,[0,5],[1,7]))
```

```
输出：
[1] DenseVector([1.0, 0.0, 0.0, 0.0, 0.0, 7.0, 0.0, 0.0])
[2] SparseVector(8, 0:  1.0, 5:  7.0)
```

习题

1. 在 DataFrame 中添加 ID 字段。在进行数据清洗时，有时只想获取特定的字段，对该字段执行多种操作。本题的任务是从 DataFrame 中找到所有选民的姓名，并为其相应地增加一个唯一的 ID 列。注意，Spark 的 ID 是基于 DataFrame 的分区进行分配的，因此 ID 值可能比 DataFrame 的实际行数大得多。

重要提示：
- 使用 distinct() 方法筛选出所有选民的姓名；
- 使用 pyspark.sql.functions 中的 monotonically_increase_id() 方法生成唯一自增 ID。

重要代码：

```
# 筛选出所有选民的姓名
voter_df = voter_df.__(_).distinct()
# 生成唯一自增 ID
voter_df = voter_df.__(_, F.monotonically_increase_id())
```

2. 对不同分区数量的 DataFrame 添加 ID 字段。上一题为 DataFrame 增加了 ID 字段，本题的任务是对不同分区数量的 DataFrame 进行操作。

重要提示：
- 使用 .rdd.getNumPartitions() 方法获取分区数量；
- 使用 pyspark.sql.functions 中的 monotonically_increase_id() 方法生成唯一自增 ID；
- 按降序对 ID 排序，并打印前 10 个 ID。

重要代码：

```
# 获取分区数量
voter_df.rdd.getNumPartitions()
```

3. 更多 ID 操作。定义好的一个 Spark 过程常常会被多次执行。根据研究需要，有时可能想从某个特定的值开始生成 ID，这样便不会与之前的 Spark 任务重叠。在关系型数据库中，ID 便是这样生成的。本题的任务是，确保在每月执行一次的 Spark 任务中，每个月的 ID 都是以前一个月 ID 的最大值为起始值生成。

重要提示：

• 使用有条件的数据框列操作筛选月度数据；

• 使用 pyspark.sql.functions 中的 monotonically_increase_id() 方法为上月数据生成唯一自增 ID；

• 本月 ID 是上月 ID 的最大值与 monotonically_increase_id() 生成的自增 ID 之和。

重要代码：

```
# 筛选月度数据
voter_df_month = voter_df.__(__, F.__(__==<date>, ' '))
# 生成本月 ID
voter_df_month = voter_df_month.__(__, F.monotonically_increase_id() + previous_max_ID)
```

4. 斯坦福大学的 ImageNet 数据集。8.2.4 节介绍了 ImageNet 数据集并在 ImageNet 图像中查找和识别狗。本题的任务是筛选出那些属于狗的像素占整张图片像素的百分比超过 60% 的图片。

重要提示：

• 定义一个包含品种名称和图像中的边框数据的 Schema；

• 定义一个 UDF，返回包含品种名称和图像边框数据的元组；

• 用新的包含品种名称和图像边框数据的元组代替原来的列；

• 定义一个 UDF，计算每张狗图片的像素；

• 添加像素百分比列，存储狗的像素占整张图片像素的百分比。

重要代码：

```
# 定义包含品种名称和图像中的边框数据的 Schema
DogType = __([
        __("breed", __, False),
        __("start_x", __, False),
        __("start_y", __, False),
        __("end_x", __, False),
        __("end_y", __, False)
    ])
# 定义一个 UDF，返回包含品种名称和图像边框数据的元组
def dogParse(doglist):
    dogs = []
    for dog in doglist:
        (breed, start_x, start_y, end_x, end_y) = dog.__(__)
        dogs.append((breed, int(start_x), int(start_y), int(end_x), int(end_y)))
    return dogs
```

```
# 定义一个 UDF，计算每张狗图片的像素
def dogPixelCount(doglist):
    totalpixels = 0
    for dog in doglist:
        totalpixels += (dog[3] - dog[1]) * (dog[4] - dog[2])
    return totalpixels
# 添加像素百分比列，存储狗的像素占整张图片像素的百分比
joined_df = joined_df.__('dog_percent', (__ / __) * 100)
```

第 9 章
PySpark 机器学习

9.1 机器学习与 Spark

在学习 PySpark 前，以一个例子引入机器学习的概念：假设你想让电脑学会做最好吃的华夫饼，可以为计算机提供不同评价等级的华夫饼配方，让计算机学习配方中的潜在规律，找出最佳配方的成分和比例。从实例中学习是机器学习的工作原理，机器学习需要大量实例数据进行训练。最常见的机器学习模型是回归模型与分类模型，二者的区别如图 9-1 所示。

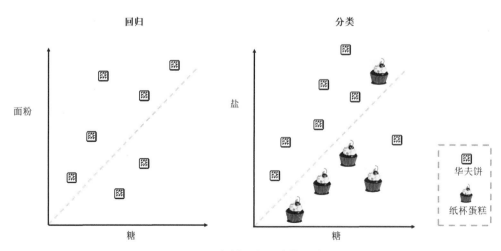

图 9-1 回归模型与分类模型的差异

● 回归模型预测连续值。例如，做华夫饼时，给定糖量的情况下需要多少面粉？

● 分类模型预测离散或分类值。例如，不同糖盐比例的未知食谱更可能是华夫饼食谱，还是纸杯蛋糕食谱？

机器学习模型的性能与数据量密切相关。通常来说，如果一个机器学习模型训练更大的数据集，它预测新数据的泛化能力将在一定程度上提高。但是，训练数据的大小受计算机硬件条件限制。如果 RAM 能容纳所有训练数据，机器学习算法就能高效运行。

当 RAM 不能同时容纳所有数据时，计算机将使用虚拟内存 (virtual memory)，将一部分数据存储在硬盘中。在训练过程中，数据将在硬盘和内存中分页交互 (paging)。相对于从 RAM 访问数据，从硬盘检索数据的速度很慢。随着数据量的增长，计算机开始花越来越多的时间等待数据，分页交互变得越来越低效，性能直线下降。图 9-2 为硬盘和内存中数据的分页交互与计算机集群中的数据传输示意图。

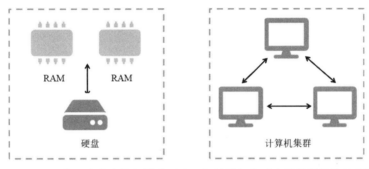

图 9-2　硬盘和内存中数据的分页交互与计算机集群中的数据传输示意图

那么如何处理大型数据集呢? Spark 选择将任务拆解成多个并行子任务，分配给多台计算机同时处理。理想情况下，子任务的数据可以放入计算机群集中单个计算机的 RAM 中。

作为集群计算的通用框架，Spark 之所以受欢迎，主要有两个原因：

● Spark 通常比其他大数据技术快得多，因为它基于 Hadoop，选择在内存中执行大多数处理；

● Spark 有一个面向开发人员的友好界面，隐藏了许多分布式计算的复杂细节。

接下来了解一下 Spark 的工作原理 (如图 9-3 所示)。集群 (cluster) 本身由一个或多个节点组成，每个节点都是一台拥有 CPU、RAM 和物理存储器的计算机。在 Spark 集群上运行的每个应用程序对应一个驱动程序 (driver program)，集群管理器 (cluster manager) 在集群中负责分配资源并协调活动，集群管理器通过 Spark API 与驱动程序通信，将工作分配给节点。在每个节点上，Spark 启动一个处理器进程 (executer process)，保证应用程序持续执行。在 Spark 中，工作被进一步分成任务作为基础计算单元，在每个节点执行器通过多线程调度多核执行任务。

使用 Spark 时，通常不需要关注集群的执行细节，因为 Spark 已经封装好集群间的交互细节。不过，了解它背后的工作原理还是很有用的。

Spark 机器学习模块主要有两个子模块：

● pyspark.mllib，基于非结构化的 RDD 存储数据。

● pyspark.ml，基于结构化的 DataFrame 存储数据。

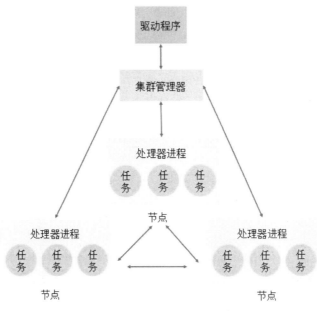

图 9-3   Spark 工作原理示意图

9.2   使用 Spark ML 中的分类模型

分类是一种流行的机器学习算法，用来识别一个项目属于哪个类别。例如，基于其他项目的标记示例，识别一封电子邮件是垃圾邮件还是非垃圾邮件。分类采用一组具有已知标签和预先确定的特征的数据，学习如何根据这些信息为新记录添加标签。分类包括两种类型——二元分类和多元分类。

常见的分类算法有：支持向量机、逻辑回归、决策树、随机森林、梯度提升树、朴素贝叶斯、线性最小二乘、拉索回归、岭回归、等张回归等。

9.2.1   数据集划分

模型评估是建立机器学习模型的一个重要过程。为了评估模型预测的泛化效果，通常将数据随机分成两组：训练集和测试集。划分比例在不同的任务中可能有所不同，通常情况下为 8∶2，这意味着训练集的数据是测试集的 4 倍。PySpark 的 randomSplit() 方法使用提供的权重随机分割并返回多个值。

```
# Specify a seed for reproducibility
flights_train, flights_test = flights.randomSplit([0.8,0.2],seed=175)
[flights_train.count(),flights_test.count()]
```

```
输出：
[1] [37419, 9603]
```

9.2.2　决策树

本小节介绍的分类模型是决策树。决策树的构建思路很直观，采用递归分割 (recursive partitioning) 算法逐层构造节点和分支。假设我们需要构建一个决策树将数据分为两类：深灰和浅灰。

我们以根节点为出发点，观察所有数据记录。假设深灰记录比浅灰记录多，在这种情况下，根节点被标记为深灰。现在我们需要选择一个字段将数据分成两组，一组大部分是深灰，另一组大部分是浅灰。

可以使用信息量最大准则来挑选需要的字段，将数据分为两组后，根据组内优势分别将两组标注为深灰或浅灰。同样，对子节点按层级依次执行上述分割过程，即在每个节点选择信息量最大的预测器并再次分割，可以使用递归算法实现。递归停止判定有多种方式，例如，如果节点的记录数低于阈值或者节点的纯度 (优势类占比) 高于阈值，则可以停止分割。决策树第一次分割示意图如图 9-4 所示，决策树第三次分割示意图如图 9-5 所示。

图 9-4　决策树第一次分割示意图

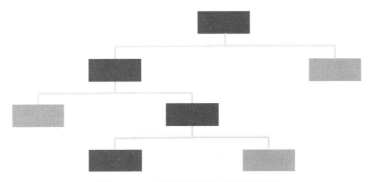

图 9-5　决策树第三次分割示意图

构建的决策树模型可以用来预测，通过从根节点开始遍历各个决策节点来将新数据划分到不同的叶节点，叶节点的标签便是新数据的预测结果。

下面通过航班数据来具体说明使用决策树模型的过程。在 8.5.4 小节中我们已将"是否明显延误"列转换为一个名为"label"的列，0 对应航班延误时长在 15 分钟以下，1 对应延误时长在 15 分钟以上。我们将其余用于预测的字段合并到一个名为"features"的列中，接下来使用 features 列预测 label 列来构建一个决策树。

```
flights.select('features', 'label').show(5,truncate=False)
```

```
输出:
+-------------------------------------+-----+
|features                             |label|
+-------------------------------------+-----+
|[0.0,22.0,2.0,0.0,0.0,508.6,82.0]    |1    |
|[2.0,20.0,4.0,0.0,1.0,542.3,82.0]    |0    |
|[9.0,13.0,1.0,1.0,0.0,1989.1,195.0]  |0    |
|[5.0,2.0,1.0,0.0,1.0,885.1,102.0]    |0    |
|[7.0,2.0,6.0,1.0,0.0,1179.6,135.0]   |1    |
+-------------------------------------+-----+
only showing top 5 rows
```

使用 PySpark 创建决策树，首先需要使用 DecisionTreeClassifier() 创建对象。调用实例的 fit() 方法让模型拟合训练数据。拟合过程结束，返回的对象是训练好的决策树模型。

使用 transform() 方法对测试集做预测。transform() 方法为数据框添加 prediction 和 probability 列，probability 列给出每个类的预测概率，prediction 列给出预测的标签，该标签通过阈值判断并从 probability 列导出。比较测试集的预测标签与真实标签，发现下面给出的 13 组结果大部分预测准确，但存在拒真和纳假两种类型的错误。对于第一个例子，模型预测出现标签 0 的概率为 36.4%，出现标签 1 的概率为 63.6%，因此最终预测结果为标签 1。

```
from pyspark.ml.classification import DecisionTreeClassifier
tree = DecisionTreeClassifier().setLabelCol('label').setFeaturesCol('features')
tree_model = tree.fit(flights_train)
prediction = tree_model.transform(flights_test)
prediction.select('label','prediction','probability').sample(0.001).show(truncate=
    False)
```

```
输出:
+-----+----------+------------------------------------------+
|label|prediction|probability                               |
+-----+----------+------------------------------------------+
|1    |1.0       |[0.39308054248546914,0.6069194575145309]  |
|1    |1.0       |[0.39308054248546914,0.6069194575145309]  |
|1    |1.0       |[0.39308054248546914,0.6069194575145309]  |
|1    |1.0       |[0.39308054248546914,0.6069194575145309]  |
|0    |1.0       |[0.39308054248546914,0.6069194575145309]  |
|1    |1.0       |[0.39308054248546914,0.6069194575145309]  |
|0    |0.0       |[0.567590618336887,0.432409381663113]     |
+-----+----------+------------------------------------------+
```

9.2.3　逻辑回归

上一小节介绍了决策树分类模型，这一小节介绍另一种常用的分类模型——逻辑回归。

逻辑函数常用来估计二分类概率，它使用逻辑函数度量 y 轴上的 label 和 x 轴上的 features 之间的关系，S 形有界曲线的形态使逻辑函数输出一个 0~1 之间的数值，可以很好地用于估计概率。为了把这个数值转换成分类变量，通常将它与 0.5 的阈值相比较，如果数字高于阈值，则预测类别为 1，反之预测类别为 0。逻辑回归曲线如图 9-6 所示。

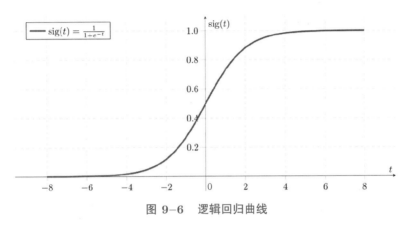

图 9-6　逻辑回归曲线

在具体模型中，由于系数不同，实际 y 关于 x 的逻辑函数曲线呈现渐进、陡峭、左移、右移等特征。逻辑模型从训练数据中提取曲线特征，因数据集的不同而拟合不同的逻辑曲线。

下面通过航班数据来具体说明。与之前一样，要建立逻辑回归模型，首先需要导入关联的类 LogisticRegression，然后创建分类器对象。通过 fit() 方法让逻辑模型拟合训练数据，使用 transform() 方法对测试集做预测，并将预测值与测试集的真实标签进行比较。

```python
from pyspark.ml.classification import LogisticRegression
logistic = LogisticRegression()
logistic = logistic.fit(flights_train)
prediction = logistic.transform(flights_test)
prediction.select('label','prediction','probability').sample(0.001).show(truncate=
    False)
```

```
输出：
+-----+----------+------------------------------------------+
|label|prediction|probability                               |
+-----+----------+------------------------------------------+
|0    |0.0       |[0.6160936352000955,0.3839063647999044]   |
|0    |1.0       |[0.3092641681496004,0.6907358318503996]   |
|1    |0.0       |[0.6946869946186187,0.3053130053813813]   |
|1    |1.0       |[0.4185616681955861,0.5814383318044138]   |
|1    |0.0       |[0.5584809884307773,0.44151901156922274]  |
```

```
|1      |1.0       |[0.48420272467787967,0.5157972753221203]|
|1      |0.0       |[0.5225444428540763,0.4774555571459237] |
|0      |0.0       |[0.8234358549320616,0.17656414506793847]|
|1      |0.0       |[0.672688871171608,0.32731112882839203] |
|1      |0.0       |[0.5558653548010624,0.4441346451989376] |
|0      |0.0       |[0.7369435144659815,0.26305648553401856]|
+-----+----------+------------------------------------------+
```

9.2.4 分类模型评价

评价分类模型性能的一种好方法是分析混淆矩阵 (confusion matrix)，混淆矩阵给出了模型预测值与真实标签四种可能情形下的计数。"positive"表示预测值为 1，"negative"表示预测值为 0；"true"表示正确的预测，"false"表示错误的预测。混淆矩阵概念图如图 9-7 所示。

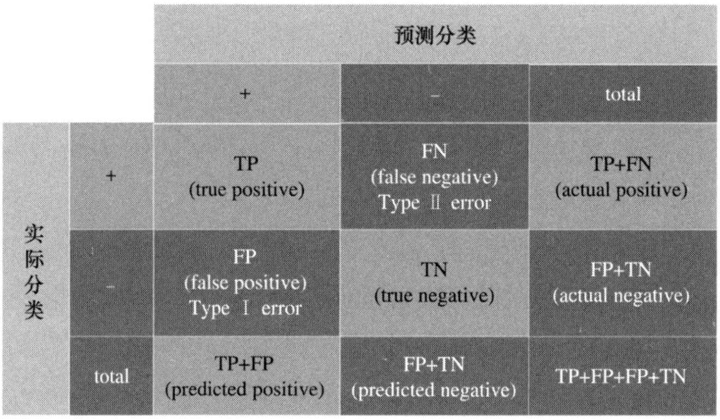

		预测分类		
		+	−	total
实际分类	+	TP (true positive)	FN (false negative) Type Ⅱ error	TP+FN (actual positive)
	−	FP (false positive) Type Ⅰ error	TN (true negative)	FP+TN (actual negative)
	total	TP+FP (predicted positive)	FP+TN (predicted negative)	TP+FP+FP+TN

图 9-7 混淆矩阵概念图

在决策树的例子中，"true positive"和"true negative"占比较大，但模型仍然作出了一些错误的预测 (false positive、false negative)。

```
prediction.groupBy('label','prediction').count().show()
```

```
输出：
+-----+----------+-----+
|label|prediction|count|
+-----+----------+-----+
|    1|       0.0| 1579|
|    0|       0.0| 2222|
|    1|       1.0| 3315|
|    0|       1.0| 2487|
+-----+----------+-----+
```

通过混淆矩阵可以进一步计算更多的分类模型性能评价指标：

- 查准率 (precision)；
- 查全率 (recall)；
- 准确率 (accuracy)。

查准率是预测为正的样本中，真正的正样本的比例。在逻辑模型预测为延误的航班中，57.1% 的航班真正延误。

```
# 计算逻辑回归模型的查准率
TP, FP, FN, TN = [3315,2487,1579,2222]
# Precision(positive)
TP / (TP + FP)
```

```
输出:
[1] 0.5713547052740434
```

查全率是所有正例中被正确预测的比例。对于所有明显延误的航班，逻辑模型正确识别出 67.6% 的记录。

```
# 计算逻辑回归模型的查全率
# Recall(positive)
TP / (TP + FN)
```

```
输出:
[1] 0.677360032693093
```

准确率是分类正确的样本数占总样本数的比例。对于我们的决策树模型，准确率为 62%。

```
# 计算决策树模型的准确率
TP, FP, FN, TN = [3606,2359,1288,2359]
# Accuracy
(TN + TP) / (TN + TP + FN + FP)
```

```
输出:
[1] 0.6205784436121515
```

利用混淆矩阵构建评价指标的另一种方法是对正预测和负预测进行加权。创建一个 evaluator 对象后调用 evaluate() 方法来评估预测结果，需要指定模型评估方法。可选的评估方法有：

- 加权查准率 (weighted precision)；
- 加权查全率 (weighted recall)；
- 准确率；
- F1。

F1 是查全率和查准率的调和平均数，通常比准确率更为稳健。

```
# 逻辑回归模型的加权查准率
from pyspark.ml.evaluation import MulticlassClassificationEvaluator
```

```
evaluator = MulticlassClassificationEvaluator()
evaluator.evaluate(prediction, {evaluator.metricName: 'weightedPrecision'})
```

输出:
[1] 0.577841434517568

上述指标都假设阈值为 0.5, 如果改变这个阈值, 模型表现如何?

阈值用于将分类模型的预测概率转换为类别变量, 即正类或负类。默认情况下, 阈值设置为 0.5, 改变阈值的取值将影响模型的性能。

ROC 曲线描绘了 TP 和 FP 随着阈值从 0 增加到 1 的过程 (如图 9-8 所示)。AUC 用数值来概括 ROC 曲线的表现, 它是 ROC 曲线下方区域的面积。AUC 表明在不同的阈值下模型的性能如何。对于一个理想的模型, 无论阈值是多少, 其性能都是完美的, AUC 为 1。

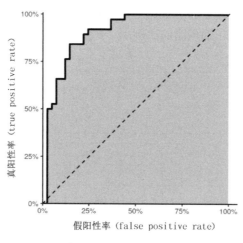

图 9-8　ROC 曲线

9.2.5　使用集成模型进行分类

在本小节中, 我们将学习如何组合模型以实现集成 (ensemble), 它比单个模型的性能更强大。简单地说, 集成模型就是模型的集合。本小节将介绍随机森林和梯度提升树。

集成模型将多个模型的结果进行集成, 得到比任何单个模型更好的预测, 这个概念建立在 "群众智慧" (wisdom of the crowd) 的基础上。群众智慧是指一个团体的意见比这个团体中个人的意见好, 即使这个人可能是专家。要想实现这个想法, 人群必须有多样性和独立性。如果集成的所有模型都相似或完全相同, 对预测没有帮助。理想情况下, 集成的每个模型都应该是不同的 (如图 9-9 所示)。

1. 随机森林

随机森林, 顾名思义, 是决策树的集合。为了确保每棵决策树都是不同的, 决策树算法需要稍微修改:

- 每棵决策树都在数据的不同随机子集上训练;

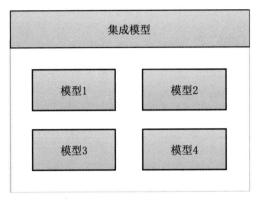

图 9-9　集成模型示意图

● 每棵决策树使用随机的特征子集进行训练。

结果是决策树的集合中没有两棵树是相同的, 在随机森林模型中所有的树都是并行的。

让我们查看航班数据。我们使用分类模块中的 RandomForestClassifier 类创建随机森林模型, 使用 numTrees 参数选择决策树棵数, 默认情况下是 20, 将其减少到 5, 结果更容易解释。作为集成模型, 随机森林可以使用 trees 属性访问森林中的每棵决策树。

```python
from pyspark.ml.classification import RandomForestClassifier
flights_train = flights_train.dropna()
flights_train = flights_train.withColumn('label',(flights_train.delay >=
15).cast('integer'))
forest = RandomForestClassifier(numTrees=5)
forest = forest.fit(flights_train)
forest.trees
```

```
输出:
[1] [DecisionTreeClassificationModel:  uid=dtc_eda11e4ad2e3,
   depth=5, numNodes=15, numClasses=2, numFeatures=10,
 DecisionTreeClassificationModel:  uid=dtc_76dd4b7801d2, depth=5,
   numNodes=25, numClasses=2, numFeatures=10,
 DecisionTreeClassificationModel:  uid=dtc_b6f12110fc53, depth=5,
   numNodes=29, numClasses=2, numFeatures=10,
 DecisionTreeClassificationModel:  uid=dtc_5dd18426d1c3, depth=5,
   numNodes=27, numClasses=2, numFeatures=10,
 DecisionTreeClassificationModel:  uid=dtc_dccabaa15579, depth=5,
   numNodes=19, numClasses=2, numFeatures=10]
```

```python
flights_test = flights_test.dropna()
flights_test = flights_test.withColumn('label',(flights_test.delay >=
15).cast('integer'))
```

随机森林经过训练生成了 5 棵树, 这些树都是不同的, 从每棵树中不同数量的节点可以看出这一点。我们可以分别使用每棵树进行预测。下面是对测试数据子集上单棵树的预测。

```
tmp = flights_test
for i,tree in enumerate(forest.trees):
    tree.set(tree.predictionCol,'tree %s' % (i+1))
    tmp = tree.transform(tmp)
    tmp = tmp.drop('probability','rawPrediction')
tmp.select(*['tree %s' % (i+1) for i in range(5)],'label').sample(0.001).show()
```

```
输出:
+------+------+------+------+------+-----+
|tree 1|tree 2|tree 3|tree 4|tree 5|label|
+------+------+------+------+------+-----+
|   1.0|   1.0|   1.0|   1.0|   1.0|    0|
|   0.0|   0.0|   0.0|   1.0|   0.0|    0|
|   1.0|   1.0|   1.0|   1.0|   1.0|    0|
|   0.0|   0.0|   0.0|   1.0|   0.0|    0|
|   0.0|   1.0|   1.0|   1.0|   1.0|    1|
|   1.0|   1.0|   1.0|   1.0|   1.0|    1|
|   1.0|   1.0|   1.0|   1.0|   1.0|    1|
|   1.0|   1.0|   1.0|   1.0|   1.0|    1|
|   1.0|   1.0|   1.0|   1.0|   1.0|    0|
+------+------+------+------+------+-----+
```

　　每一行表示来自特定记录的 5 棵树中每一棵树的预测。在某些情况下，所有的树都判断为正，但模型之间仍然有一些不同的意见。这正是随机森林最有效的地方：通过集成预测那些单一决策树预测不明确的地方。随机森林模型通过汇总所有决策树的预测给出泛化性能更好的预测。

```
forest.transform(flights_test).select('label','rawPrediction','probability',
    'prediction').show(5,truncate=False)
```

```
输出:
+-----+------------------------------------------+---------------------------------------------+----------+
|label|rawPrediction                             |probability                                  |prediction|
+-----+------------------------------------------+---------------------------------------------+----------+
|0    |[1.9471462434756255,3.0528537565243745]   |[0.3894292486951251,0.6105707513048749]      |1.0       |
|0    |[2.509120393951788,2.490879606048212]     |[0.5018240787903576,0.49817592120964244]     |0.0       |
|0    |[2.9645671351518335,2.0354328648481665]   |[0.5929134270303666,0.4070865729696333]      |0.0       |
|0    |[1.9335516165160298,3.06644838348397]     |[0.386710323303206,0.613289676696794]        |1.0       |
|1    |[1.754009241522803,3.245990758477197]     |[0.3508018483045606,0.6491981516954394]      |1.0       |
+-----+------------------------------------------+---------------------------------------------+----------+
only showing top 5 rows
```

　　可以通过查看 featureImportances 属性了解每个特征在随机森林中的重要性，数值越大，该特征对模型的重要性越大。通过观察这些重要特性，可以发现起飞时间字段是最重要的，而"是否为 AA 航空公司"字段最不重要。

```
>forest.featureImportances
```

```
输出：
[1] SparseVector(10, 0:  0.1372, 1:  0.6175, 3:  0.0244, 4:  0.0039,
    5:  0.0865, 7:  0.0131, 8:  0.0351, 9:  0.0823)
```

2. 梯度提升树

梯度提升树和随机森林的目标都是建立一个不同模型的集合，但方法略有不同。随机森林是建立一组并行操作的树，而梯度提升树是建立一组串联工作的树。

梯度提升树先构建一个决策树添加到集成中，再通过 Boosting 算法循环迭代：将决策树预测的标签与已知标签进行比较，找出预测错误的训练实例；回到起点，再训练另一棵树，每次迭代都将改进错误的预测。当树被添加到集合中时，模型整体的预测能力会提高，因为每一棵新树的重点是纠正前面树的缺点。

首先使用分类模块中的 GBTClassifier 类创建类的实例，然后将其用于训练与预测。

```
from pyspark.ml.classification import GBTClassifier
gbt = GBTClassifier(maxIter=10)
gbt = gbt.fit(flights_train)
```

接下来比较一个简单的决策树模型和两个集成模型。查看每个模型在测试数据上获得的 AUC 值，两种集成方法的性能都优于决策树。这并不奇怪，因为集成模型是更强大的模型。

```
from pyspark.ml.evaluation import BinaryClassificationEvaluator
test_model = {'Decision Tree':forest.trees[0],
        'Random Forest':forest,
        'Gradient-Boosted Tree':gbt}
evaluator = BinaryClassificationEvaluator()
for name,model in test_model.items():
    auc = evaluator.evaluate(model.transform(flights_test))
    print('# AUC for %s is %s' % (name,auc))
```

```
输出：
[1] # AUC for Decision Tree is 0.5217479728110994
[2] # AUC for Random Forest is 0.6433545189218871
[3] # AUC for Gradient-Boosted Tree is 0.6536511696228565
```

9.3　使用 Spark ML 中的回归模型

9.3.1　线性回归模型

在本小节中，我们将了解如何建立回归模型以实现对连续数值的预测。

沿用航班数据。假设我们想用航行距离预测航行时长，散点图（见图 9-10）是可视化这两个变量之间关系的好方法。

```
import matplotlib.pyplot as plt
xy = flights.select('mile','duration').sample(0.01).toPandas()
plt.scatter(xy['mile'],xy['duration'])
```

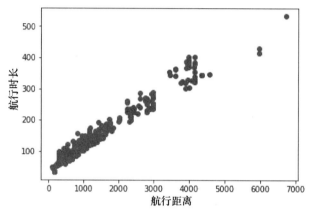

图 9-10　航行距离和航行时长的散点图

图 9-10 中只包括总体数据的 1%。很明显的是，航行时长随着航行距离的增加而线性增加。然而，这种关系并不是完全线性的，散点的分布具有差异性，回归模型应该描述最普遍的线性趋势，不一定要经过个别点。通过肉眼可以粗略地估计一条符合趋势的直线，但如何得到最优的直线呢？

首先使用 PySpark 来建立一个回归模型，用三个预测因子来预测航行时长。预测因子分别选取航行距离 (mile)、起飞时间 (depart) 和航空公司 (carrier)，最后一个是分类变量，用 OneHot 编码的哑变量来代替。

和之前一样，建立模型的第一步是将预测因子组合成一个名为"features2"的列，然后将数据随机分成训练集和测试集。

```
from pyspark.ml.feature import VectorAssembler
assembler = VectorAssembler(inputCols=['mile','depart','carrier_dummy'],\
                    outputCol='features2')
flights = assembler.transform(flights)
flights.select('mile', 'depart', 'carrier_dummy','features2',
'duration').show(5,truncate=False)
```

```
输出：
+--------+------+-------------+--------------------------------+--------+
|mile    |depart|carrier_dummy|features2 |duration|
+--------+------+-------------+--------------------------------+--------+
|508.551 |16.33 |(8,[0],[1.0])|(10,[0,1,2],[508.551,16.33,1.0])|82      |
|542.348 |6.17  |(8,[0],[1.0])|(10,[0,1,2],[542.348,6.17,1.0]) |82      |
+--------+------+-------------+--------------------------------+--------+
```

```
|1989.144|10.33 |(8,[1],[1.0])|(10,[0,1,3],[1989.144,10.33,1.0])|195       |
|885.137 |7.98  |(8,[0],[1.0])|(10,[0,1,2],[885.137,7.98,1.0])  |102       |
|1179.646|10.83 |(8,[1],[1.0])|(10,[0,1,3],[1179.646,10.83,1.0])|135       |
+--------+------+-------------+---------------------------------+--------+
only showing top 5 rows
```

用从 ml.regression 模块导入的 LinearRegression 类创建模型实例。默认情况下，此类希望在名为"label"和"features"的列中寻找目标数据。在创建回归对象时显式指定"duration"和"features2"为标签列与特征列，接着使用 fit() 方法在训练数据上训练模型，最后使用 transform() 方法对测试数据进行预测。将预测值与已知值进行比较会发现测试数据是合理的，不过需要一个指标来评价模型的性能。

```
from pyspark.ml.regression import LinearRegression
# split data
flights_train2, flights_test2 = flights.randomSplit([0.8,0.2],seed=175)
display(['train:',flights_train2.count(),'test:',flights_test2.count()])
# fit regression model
regression = LinearRegression(labelCol='duration',featuresCol='features2')
regression = regression.fit(flights_train2)
predictions = regression.transform(flights_test2)
predictions.select('duration','prediction').sample(0.001).show(truncate=False)
```

```
输出：
[1] ['train:', 37419, 'test:', 9603]
+--------+------------------+
|duration|prediction        |
+--------+------------------+
|92      |84.39355896242505 |
|200     |177.16959111609543|
|170     |167.506099180709780|
|127     |125.93884515788642|
|34      |32.45067043614026 |
|75      |76.9607902933783  |
|125     |130.20522038223854|
|63      |62.44383284220929 |
|140     |143.76136208317962|
|90      |96.56138496038709 |
|135     |146.72733900185125|
|121     |125.1956004752237 |
|87      |99.4824410238253  |
+--------+------------------+
```

9.3.2 随机森林回归

下面以预测房屋价格为例介绍随机森林回归。

1. 创建特征向量

创建特征向量，需要将列转换为随机森林回归。在前面的学习中我们知道，需要导入 VectorAssembler 转换器供以后使用。我们使用 VectorAssembler() 方法形成向量，但 Spark 的向量不支持空值存在，考虑到基于树模型的机器学习方法划分数据的特点，仅能以变量取值范围之外的值替换空值。

```
from pyspark.ml.feature import VectorAssembler
# 替换缺失值
df = df.fillna(-1)
```

首先，定义要转换哪些列。获取一个列名的列表并删除因变量，使向量只包含特征。

```
# 定义需要转换的列
features_cols = list(df.columns)
str_columns = [tuple_[0] for tuple_ in df.dtypes if tuple_[1] in ['string','timestamp']]
# 删除因变量
features_cols.remove('SALESCLOSEPRICE')
for column in str_columns:
    features_cols.remove(column)
```

要创建 VectorAssembler 转换器，需要提供列的列表和输出名称。然后，创建一个新的数据框，其中只包含有关系的列 SALESCLOSEPRICE 和 features。

```
# 创建VectorAssembler转换器
vec = VectorAssembler(inputCols=features_cols, outputCol='features')
# 使用转换器
df = vec.transform(df)
# 选择特征向量和因变量
ml_ready_df = df.select(['SALESCLOSEPRICE', 'features'])
# 查看结果
ml_ready_df.show(5)
```

```
输出:
+---------------+--------------------+
|SALESCLOSEPRICE|            features|
+---------------+--------------------+
|         143000|[1.0,11511.0,5504...|
|         190000|[2.0,11200.0,5504...|
|         225000|[3.0,8583.0,55042...|
```

```
|           265000|[4.0,9350.0,55042...|
|           249900|[5.0,2915.0,55042...|
+---------------+--------------------+
only showing top 5 rows
```

特征已经创建好,现在将列转换为向量,并准备应用随机森林回归。

```
df = spark.read.csv('Real_Estate.csv',header=True,inferSchema=True,nullValue='NA')
df_dc = spark.createDataFrame([[min_date,max_date]], ['min_date','max_date'])
df_dc = df_dc.withColumn('range_in_days', functions.datediff('max_date','min_date'))
df_dc = df_dc.withColumn('splits_in_days',functions.round(df_dc['range_in_days'] * 0.8))
df_dc = df_dc.withColumn('split_date', functions.date_add(df_dc['min_date'], 267))
split_date = df_dc.select('split_date').first()[0]
train_df = df.where(df['offmarketdate'] < split_date)
test_df = df.where(df['offmarketdate'] >= split_date)\
                    .where(df['LISTDATE'] >= split_date)
train_df = train_df.select(['SALESCLOSEPRICE', 'features'])
test_df = test_df.select(['SALESCLOSEPRICE', 'features'])
```

2. 模型训练

PySpark 随机森林回归方法有大量的可选参数和一些用于调整的超参数。要训练一个最低可行的模型,只需要设置一小部分参数。

随机森林回归器的基础模型参数:

● featuresCol= "features",该参数告诉模型哪个列是用 VectorAssembler 创建的向量,它代表了所有的特征数据;

● labelCol= "label",为模型设置因变量;

● predictionCol= "prediction",命名输出的列;

● seed=None,通过将 seed 设置为一个值,确保后续运行返回相同的模型。

在本例中的模型参数:

● featuresCol= "features";

● labelCol= "SALESCLOSEPRICE";

● predictionCol= "Prediction—Price";

● seed=42。

要建立模型,首先需要从 pyspark.ml 模块导入随机森林回归器,然后用适当的列初始化随机森林回归器,用于训练和预测。我们创建了一个变量来保存训练模型,通过调用与训练数据框 train-df 相匹配的 rf 来训练和预测模型。

```
from pyspark.ml.regression import RandomForestRegressor
# 初始化模型
rf = RandomForestRegressor(featuresCol="features",
labelCol="SALESCLOSEPRICE",
```

```
predictionCol="Prediction_Price",
seed=42 )
# 训练模型
model = rf.fit(train_df)
```

3. 模型预测

若想用这个模型预测房价，可以调用 transform。如果有新的房源清单并且想要预测房价，只需要在使用模型预测价格之前，用与 test_df 相同的方式对其进行预处理。

```
# 进行预测
predictions = model.transform(test_df)
```

假设 test_df 拥有实际的房屋销售价格，可以使用 select 来获取所需的在 show 中显示的列，从而对它们进行对比分析。

```
# 查看结果
predictions.select("Prediction_Price", "SALESCLOSEPRICE").show(5)
```

```
输出：
+-----------------+---------------+
|  Prediction_Price|SALESCLOSEPRICE|
+-----------------+---------------+
|230370.65039426237|         255000|
|258961.75887588435|         245000|
|  278478.153523014|         274990|
| 300610.5923022573|         311401|
|298964.11361660634|         310000|
+-----------------+---------------+
only showing top 5 rows
```

4. 模型评估

若想知预测的价值，需要导入回归评估器（regression evaluator），通过回归评估器计算各种值来衡量模型性能。

要初始化回归评估器，需要提供实际值（在本例中为"SALESCLOSEPRICE"）和预测值（在本例中为"Prediction_Price"）。创建模型时，一旦创建了评估器的实例，就可以用预测数据框调用它，它位于我们希望评估的度量类型字典中，选择使用哪个度量进行优化是一个重要的决策。

```
from pyspark.ml.evaluation import RegressionEvaluator
# Select columns to compute test error
evaluator = RegressionEvaluator(labelCol="SALESCLOSEPRICE",predictionCol=
```

```
    "Prediction_Price")
# Create evaluation metrics
rmse = evaluator.evaluate(predictions, {evaluator.metricName:  "rmse"})
r2 = evaluator.evaluate(predictions, {evaluator.metricName:  "r2"})
# Print Model Metrics
print('RMSE: ' + str(rmse))
print('R^2:  ' + str(r2))
```

```
输出:
[1] RMSE: 44663.667793590605
[2] R^2:  0.9027629581088794
```

可以看到模型的 RMSE 返回的值很大, 而 R^2 小于 1。

不管预测什么, R^2 都很容易解释。如果它是 0, 这个预测几乎就是随机生成的。如果是 1, 预测很完美。

另外, RMSE 在模型中提供了一个无法解释的方差的绝对数, 它的单位与预测单位相同, 都是美元。所以即使 R^2 真的很高, RMSE 表明平均有 22 000 美元的未解释方差。

5. 保存模型

现在, 我们要了解哪些特征在预测房屋销售价格中是重要的。

导入 Pandas 库, 以更方便地操作这个数组, 创建一个数据框 fi_df 来保存特征重要性数组。在模型上调用 featureImportance 并用 toArray 将其转换为数组, 就可以访问了。由于这只是一个数字数组, 需要在数据框中命名新列。

```
import pandas as pd
# 将特征重要性保存为DataFrame
fi_df = pd.DataFrame(model.featureImportances.toArray(),columns=['importance'])
# 将特征名称转换为列
fi_df['feature'] = pd.Series(features_cols)
```

有超过 100 个特征, 我们只想看最重要的特征。因此, 使用 pandas_sort 值对列重要性按降序排序。

```
# 对数据按特征重要性排序
fi_df.sort_values(by=['importance'], ascending= False, inplace= True)
# 查看结果
print(fi_df.head(9))
```

```
输出:
  importance    feature
3 0.428815      LISTPRICE
4 0.218448      OriginalListPrice
```

```
11  0.086694      Taxes
10  0.076602      SQFTABOVEGROUND
14  0.063089      LivingArea
21  0.029936      BATHSTOTAL
12  0.028111      TAXWITHASSESSMENTS
5 0.016831       PricePerTSFT
0 0.012300        No
```

可以看到，房子卖价的最大预测（值）就是挂牌价。房主很擅长设定房屋的价值，而且它具有锚定价格的作用，这意味着房屋的价值很可能只会略微增加或减少。

最后要保存模型，只需调用 save 并给它取一个模型名。

```
# 保存模型
model.save('rfr_real_estate_model')
```

注意，模型不是单个文件，而是包含许多文件的目录。要加载数据，需要从 PySpark 和 ml 回归导入随机森林回归模型，并用模型的名称提供位置。

```
from pyspark.ml.regression  import RandomForestRegressionModel
# 加载模型
model2 = RandomForestRegressionModel.load('rfr_real_estate_model')
```

9.3.3 回归模型评价

残差是观测值和相应的模型预测值之间的差，好的模型会以某种方式使残差尽可能小。回归模型性能度量的主要指标有：
- 平均绝对误差（mean absolute error，MAE）；
- 决定系数（R Square，R^2）；
- 均方误差（mean squared error，MSE）；
- 均方根误差（root mean square error，RMSE）。

均方误差（MSE）是一个描述模型与数据拟合程度的损失函数，它定义残差平方和除以数据点的数目为损失优化目标。通过最小化损失函数，可以有效地最小化观测值与模型预测值之间的平均距离。MSE 的计算公式如下：

$$MSE = \frac{1}{N}\sum_{i=1}^{N}(y_i - \hat{y_i})^2 \tag{9.1}$$

式中，y_i 为观测值；$\hat{y_i}$ 为模型预测值。

均方根误差（RMSE）常用于度量回归模型性能，它是均方误差的平方根，对应残差的标准差。分类器的指标，如准确率、查准率和查全率是绝对刻度，可以立即识别"好"或"坏"的值。而 RMSE 的值以预测为目的，较小的 RMSE 总是表明更好的预测。

```
from pyspark.ml.evaluation import RegressionEvaluator
```

```
RegressionEvaluator(labelCol='duration').evaluate(predictions)
```

```
输出:
[1] 14.01409649788535
```

接下来检查一下模型的拟合参数。intercept 为模型的截距项, 对应航行距离为 0、起飞时间为凌晨且航空公司为 AQ 时的预期航行时间。当然, 这是一个完全假设的情况, 实际中没有这样的航班。每个预测因子都有一个斜率表示当预测因子变化时模型预测值的变化速率, 通过 coefficients 属性可以访问这些值并进一步分析。

```
display(regression.intercept)
display(regression.coefficients)
```

```
输出:
[1] 21.067987566706023
[2] DenseVector([0.0746, 0.1088, 20.5759, 24.3685, 18.5228, 10.2902, 37.5665, 45.6049,
21.9449, -2.2746])
```

9.3.4　通过离散化改进模型性能

改进机器学习模型性能通常是通过对原始数据进行特征提取的特征工程实现的。本小节将介绍离散化方法。

将连续变量 (如预期航行时间) 转换为离散值通常很方便, 可以通过将连续性数值划分到事先定义的区间来实现 (如图 9–11 所示)。区间的宽度可以是均匀的, 也可以是可变的。

Bucketing

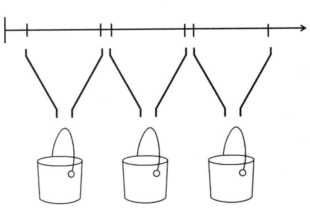

图 9–11　离散化示意图

下面通过航班数据中的预期航行时间字段来具体说明离散化的方法。查看预期航行时间的描述性统计信息, 会发现一半的数据分布在 85~195 之间。

```
flights.select('duration').summary().show()
```

```
输出:
+-------+----------------+
|summary|        duration|
+-------+----------------+
|  count|           47022|
|   mean|152.7104546807877|
| stddev|87.59932798160574|
|    min|              30|
|    25%|              85|
|    50%|             125|
|    75%|             195|
|    max|             560|
+-------+----------------+
```

下面根据 1/4、1/2 和 3/4 节点将数据划分至四个区间并创建一个新列，由此产生的分类变量通常是比原始的连续变量更强大的预测因子。

首先创建 bucketizer 对象，将 bin 边界指定为"splits"参数 (需要包含最大取值端点、最小取值端点和分界点)，并提供输入列和输出列的名称，然后通过调用 transform() 方法将数据进行转换。

结果中有一个拥有离散值的新列"duration_bin"，表示这四个区间被分配了索引值 0、1、2 和 3，分别对应 0~25%、25%~50%、50%~75% 和 75%~100%，我们将其定义为预期航行时间很短、较短、较长和很长。

```
from pyspark.ml.feature import Bucketizer

bucketizer = Bucketizer(splits = [30, 85, 125, 195, 560],
              inputCol="duration",
              outputCol="duration_bin")

flights = bucketizer.transform(flights)

flights.select('duration','duration_bin').show(5)
```

```
输出:
+--------+------------+
|duration|duration_bin|
+--------+------------+
|      82|         0.0|
|      82|         0.0|
|     195|         3.0|
|     102|         1.0|
|     135|         2.0|
+--------+------------+
```

```
only showing top 5 rows
```

我们可以查看各类预期航行时间的记录数。

```
flights.groupBy('duration_bin').count().show()
```

```
输出:
+------------+-----+
|duration_bin|count|
+------------+-----+
|         0.0|10448|
|         1.0|12921|
|         3.0|11919|
|         2.0|11734|
+------------+-----+
```

如前所述，在回归模型中使用这些索引值之前，需要 OneHot 编码获得对应的哑变量。

```
from pyspark.ml.regression import LinearRegression
from pyspark.ml.feature import OneHotEncoderEstimator
# create one-hot field for duration_bin
onehot = OneHotEncoderEstimator(inputCols=['duration_bin'], outputCols=['duration_dummy'])
onehot = onehot.fit(flights)
flights = onehot.transform(flights)
flights.select('duration_bin','duration_dummy').distinct().sort('duration_bin').show()
```

```
输出:
+------------+--------------+
|duration_bin|duration_dummy|
+------------+--------------+
|         0.0| (3,[0],[1.0])|
|         1.0| (3,[1],[1.0])|
|         2.0| (3,[2],[1.0])|
|         3.0|     (3,[],[])|
+------------+--------------+
```

接下来使用离散化变量来拟合线性模型并查看模型的截距和系数。这个模型根据预期航行时间的离散化变量来预测延误时长。

截距项告诉我们预期航行时间很短的航班平均延误 29.9 分钟，截距项与对应系数的相加，可以得到预期航行时间较短、较长和很长的航班平均延误时长为 22.3 分钟、27 分钟和 34.8 分钟。

```
# 拟合回归模型
regression = LinearRegression(labelCol='delay',featuresCol='duration_dummy')
regression = regression.fit(flights)
display(regression.intercept)
```

```
display(regression.coefficients)
```

```
输出:
[1] 29.935984562463304
[2] DenseVector([-7.5831, -2.9155, 4.8643])
```

```
flights = flights.withColumn('speed', flights.mile / flights.duration)
flights.select('speed').sample(0.1).toPandas().hist()
```

航行速度分布直方图如图 9-12 所示。

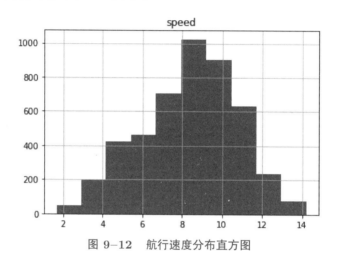

图 9-12　航行速度分布直方图

9.3.5　使用正则化方法防止过拟合

线性回归模型试图为数据中的每个特征导出一个系数, 较多的特征意味着线性模型将变得庞大且复杂。接下来, 我们将学习正则化方法, 它通过有效的选择减少了冗余变量的使用。图 9-13 为特征筛选示意图。

当数据集包含许多列和很少的行时, 模型最终会变得非常复杂和难以解释, 甚至出现数据量过少而不足以估计大量参数的情况。理想情况下, 需要创建一个简约的模型: 一个尽可能简单但仍能作出有力预测的模型。显而易见的解决方案是筛选最有价值的数据列集合进行回归拟合, 但是如何选择这个集合呢?

惩罚回归 (penalized regression) 是一种特征筛选方法, 其基本思想是使模型因系数过多而受到惩罚。传统的回归算法通过最小化损失函数来计算模型系数, 损失函数通常为 MSE。惩罚回归在损失函数中增加一个额外的 "正则化" 或 "压缩" 项, 这个项不依赖于数据, 而是一个依赖于模型系数的函数。

带正则项的损失函数计算公式如下:

$$MSE = \frac{1}{N} \sum_{i=1}^{N} (y_i - \hat{y}_i)^2 + \lambda f(\beta) \tag{9.2}$$

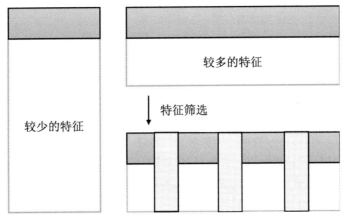

图 9-13　特征筛选示意图

正则化方法（正则化项可以是下面任意一种，也可能是两者的混合）：

● Lasso 回归，对参数的绝对值求和；

● 岭回归，对参数的平方求和。

正则化的强度由 λ 决定：

● $\lambda = 0$，即零正则化（标准回归）；

● $\lambda = \infty$，即完全正则化（所有系数都为 0）。

在以上两种情况下，损失函数中正则项将惩罚系数过多的模型。Lasso 回归和岭回归都会缩小不重要的预测因子的系数，但它们有一个微妙的区别。岭回归将导致这些系数接近零，而 Lasso 回归会迫使它们精确到零。Lasso 回归和岭回归也有可能混合在一起，正则化的强度由参数 Lambda 控制，当 $\lambda = 0$ 时，不存在正则化；当 λ 较大时，以正则化为主。

通过航班数据来更具体地说明这一点。我们已经获得了航空公司哑变量及新设计的航行速度变量，接下来使用起飞时间、航行距离、航行速度和航空公司来预测航班延误的时间。

把这些数据分成训练集和测试集，从标准线性回归模型拟合开始。

```
assembler = VectorAssembler(inputCols=['depart','mile','speed','carrier_dummy'],
outputCol='features3')
flights = assembler.transform(flights)
```

查看模型系数时，会发现所有的回归系数都被赋予了非零值。这意味着每一个预测因子都对模型有贡献。这当然是可能的，但这些特征对预测的贡献大小不同，有些特征对预测而言是无足轻重的。

```
flights_train3, flights_test3 = flights.randomSplit([0.8,0.2],seed=175)
display(['train:',flights_train3.count(),'test:',flights_test3.count()])
regression = LinearRegression(labelCol='delay',featuresCol='features3').fit(flights_
    train3)
RegressionEvaluator(labelCol='delay').evaluate(regression.transform(flights_test3))
```

```
输出:
[1] ['train:', 37419, 'test:', 9603]
[2] 54.434698778532415
```

```
regression.coefficients
```

```
输出:
[1] DenseVector([2.0126, -0.0005, 0.5526, 27.0683, 31.071,
    26.6205, 11.7519, 24.6149, 29.8602, 13.3444, 3.8101])
```

现在使用岭回归模型进行拟合。设置 elasticNetParam 的值为 0,可以得到岭回归模型。我们选择 0.3 作为正则化强度。计算 RMSE 时,我们发现其相较于普通线性回归略有增加,但不足以引起关注。最后,我们发现回归系数都"缩水"了,它们明显小于标准线性回归模型的系数。

```
ridge = LinearRegression(labelCol='delay',featuresCol='features3',
                elasticNetParam=0,regParam=0.3).fit(flights_train3)
display(ridge.coefficients)
RegressionEvaluator(labelCol='delay').evaluate(ridge.transform(flights_test3))
```

```
输出:
[1] DenseVector([2.0018, -0.0005, 0.5518, 9.9756, 13.9521, 9.5347,
    -5.2613, 7.5292, 12.7558, -3.6932, -13.169])
[2] 53.78634139868684
```

下面建立一个 Lasso 回归模型,将 elasticNetParam 设置为 1,正则化强度还是 0.3。结果显示,RMSE 有所增加,但不显著。更重要的是,有两个回归系数为零。模型认为航行距离不如速度这一因子重要,且"OO""B6""AQ"这三家航空公司在航班延误上没有明显差异。

```
lasso = LinearRegression(labelCol='delay',featuresCol='features3',
                elasticNetParam=1,regParam=0.3).fit(flights_train3)
display(lasso.coefficients)
RegressionEvaluator(labelCol='delay').evaluate(lasso.transform(flights_test3))
```

```
输出:
[1] DenseVector([1.9429, 0.0, 0.2019, 0.4323, 4.3656, 0.0,
    -13.3696, -1.0027, 1.9221, -11.8386, -20.4057])
[2] 53.80326423633479
```

9.4　使用 Spark MLlib 进行机器学习

9.4.1　PySpark MLlib 概述

PySpark MLlib 是一个机器学习库，是用于可扩展机器学习的内置库。它的目标是让实用的机器学习变得可扩展和容易。

MLlib 提供的工具包括：
- ML 算法：协同过滤、分类和聚类；
- 特征工程：特征提取、变换、降维和选择；
- 管道：用于构造、评估和调优 ML 算法的工具。

Spark 的 MLlib 算法是为集群上的并行处理而设计的，只包含可以跨集群中的节点并行应用操作的算法，支持 Scala、Java 和 R 等语言，提供用于构建机器学习管道的高级 API。机器学习流水线是将多种机器学习算法结合在一起的完整工作流。PySpark 擅长迭代算法，许多机器学习算法已经在 PySpark MLlib 中实现。下面是 PySpark MLlib 的导入。

```
# 导入recommendation模块和ALS类
from pyspark.mllib.recommendation import ALS


#对二分类，导入classification模块和逻辑回归类
from pyspark.mllib.classification import LogisticRegressionWithLBFGS


#导入聚类模块和K-means类
from pyspark.mllib.clustering import KMeans
```

9.4.2　协同过滤

协同过滤是寻找有共同兴趣的用户，用户可以通过不断地和网站互动，使自己的推荐列表不断过滤掉自己不感兴趣的物品，越来越满足自己的需求。协同过滤是推荐系统中最常用的一种方法，主要分为两类：
- 用户–用户协同过滤，用于查找与目标用户相似的用户；
- 项目–项目协同过滤，用于查找和推荐与目标用户的项目相似的项目。

协同过滤中的反馈包括：
- 显性反馈：用户明确表示对物品喜好的行为。主要方式是评分和表示喜欢/不喜欢。
- 隐性反馈：不能明确反映用户喜好的行为（如购买日志、阅读日志、浏览日志）。

注意：推荐系统的任务是联系用户和信息，一方面帮助用户发现对自己有价值的信息，另一方面让信息能够展现在对它感兴趣的用户面前，从而实现信息消费者和信息生产者的双赢。和搜索引擎不同的是，推荐系统不需要用户提供明确的需求，而是通过分析用户的历

史行为来给用户的兴趣建模,从而主动给用户推荐出能够满足他们兴趣和需求的信息。

    recommendation 模块中的 Rating 类对于解析 RDD 和创建用户、物品与评分的元组非常有用。Rating 类比较简单,只是为了封装用户、物品与评分这三个值。也就是说,Rating 类里面只有用户、物品与评分三元组,没有函数接口。

    下面是一个创建 Rating 类实例的简单示例。

```
# 导入Rating类
from pyspark.mllib.recommendation import Rating

#创建Rating类实例
r = Rating(user = 1, product = 2, rating = 5.0)

#查看Rating类实例
(r[0], r[1], r[2])
(1, 2, 5.0)
```

    协同过滤常见的算法是交替最小二乘(alternating least squares, ALS)算法。Spark.MLlib 中可用的交替最小二乘算法有助于根据客户以前的购买行为或评级找到客户可能喜欢的产品。

    ALS.train() 方法要求将评级对象表示为元组 (UserId、ItemId、Rating),并输入训练参数 rank 和迭代参数 iterations,直接使用评分矩阵来训练数据。参数 rank 表示特征的数量, iterations 表示运行最小二乘计算的迭代次数。

```
r1 = Rating(1, 1, 1.0)
r2 = Rating(1, 2, 2.0)
r3 = Rating(2, 1, 2.0)

ratings = sc.parallelize([r1, r2, r3])

ratings.collect()
[Rating(user=1, product=1, rating=1.0),
Rating(user=1, product=2, rating=2.0),
Rating(user=2, product=1, rating=2.0)]

model = ALS.train(ratings, rank=10, iterations=10)
```

    接下来使用 predictAll() 方法返回输入用户和产品对的预测评级列表。predictAll() 方法接受有用户 id 和产品 id 对但是没有评级的 RDD,并给每一对返回一个预测评级。

```
unrated_RDD = sc.parallelize([(1, 2), (1, 1)])

predictions = model.predictAll(unrated_RDD)

predictions.collect()
```

```
[Rating(user=1, product=1, rating=1.0000278574351853),
Rating(user=1, product=2, rating=1.9890355703778122)]
```

最后使用 MSE 进行模型评估, MSE 是实际评级与预测评级之差的平方的平均值。首先组织评级和预测数据来进行 (用户、产品) 评级, 然后把评级 RDD 与预测 RDD 连接起来, 结果如下所示。

```
rates = ratings.map(lambda x:  ((x[0], x[1]), x[2]))

rates.collect()
[((1, 1), 1.0), ((1, 2), 2.0), ((2, 1), 2.0)]

preds = predictions.map(lambda x:  ((x[0], x[1]), x[2]))

preds.collect()
[((1, 1), 1.000025100453246), ((1, 2), 1.9890365945921515)]

rates_preds = rates.join(preds)

rates_preds.collect()
[((1, 2), (2.0, 1.9890365945921515)), ((1, 1), (1.0, 1.000025100453246))]
```

将差的平方和应用到 rates_preds RDD 的映射变换中, 求平均值便得到 MSE。

9.4.3　分类

本小节将介绍 PySpark MLlib 中的逻辑回归。

在逻辑回归中用标签点 (labeled point) 对输入特性和预测值进行包装。标签点包括标签和特征向量。标签是一个浮点值, 对于逻辑回归的二元分类, 它要么是 0 要么是 1。

```
from pyspark.mllib.regression import LabeledPoint
positive = LabeledPoint(1.0, [1.0, 0.0, 3.0])
negative = LabeledPoint(0.0, [2.0, 1.0, 1.0])

print(positive)
LabeledPoint(1.0, [1.0,0.0,3.0])

print(negative)
LabeledPoint(0.0, [2.0,1.0,1.0])
```

PySpark MLlib 有一个名为 HashingTF 的算法, 它根据每个术语的散列值计算文档术语频率, 将特征值映射到特征向量。

```
from pyspark.mllib.feature import HashingTF
```

```
sentence = "hello hello world"

# 使用split方法将"hello hello world"语句拆分为单词列表，并创建大小为10000的向量
words = sentence.split()
# 利用tf变换法计算词的词频向量
tf = HashingTF(10000)
# 这个句子变成了一个sparse vector，包含每个单词的特征数和出现次数
tf.transform(words)
SparseVector(10000, {9505: 1.0, 9511: 2.0})
```

在众多算法中，目前流行的 PySpark MLlib 逻辑回归算法是 LBFGS。使用 LBFGS 进行逻辑回归的最低要求是标记点的 RDD。

```
data = [LabeledPoint(0.0, [0.0, 1.0]),LabeledPoint(1.0, [1.0, 0.0]),]

RDD = sc.parallelize(data)

lrm = LogisticRegressionWithLBFGS.train(RDD)

lrm.predict([1.0, 0.0])
```

```
1
lrm.predict([0.0, 1.0])
0
```

9.4.4 聚类

在过滤和分类这些监督学习方法中，数据被标记，可以用类来理解未标记的数据。聚类是一种无监督学习的方法，它将未标记的数据集合成组。PySpark MLlib 库目前支持以下聚类模型：K-means、高斯混合、幂次迭代聚类 (PIC)、二分 K-means、流式 K-means。我们重点介绍 K-means 聚类，因为它简单而流行。

K-means 方法接受输入数据集中的数据点，并可识别哪些数据点属于哪个聚类，是最常用的聚类方法。通过一系列迭代，K-means 算法创建了图 9-14 右侧所示的聚类。K-means 聚类的最低要求是数据具有一组数字特征，且需要指定前面的"K"聚类的特征数量。

使用 PySpark MLlib 实现 K-means 聚类算法的第一步是将数值数据加载到 RDD 中，然后基于分隔符解析数据。

wine 是一个描述红酒各项参数的数据集。

```
#将数值数据加载到RDD中，并基于分隔符解析数据
RDD = sc.textFile("file:////home/hadoop/wine.data").map(lambda x:
x.split(",")).map(lambda x: [float(x[1]), float(x[3])])
#使用take(5)打印前5行。
```

```
RDD.take(5)
[[14.23, 2.43], [13.2, 2.14], [13.16, 2.67], [14.37, 2.5], [13.24, 2.87]]
```

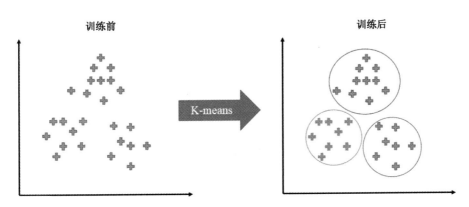

图 9-14　K-means 聚类

如上所见，数据集包含 2 列，每一列表示装载到 RDD 中。

对 K-means 模型进行训练的参数有三个：RDD、期望的聚类数量、允许的最大迭代次数。KMeans.train 返回一个 K-means 模型，该模型允许使用 model.clusterCenters 属性访问集群中心。下面是 $K=2$ 时的简单例子。

```
from math import sqrt
from pyspark.mllib.clustering import KMeans
import pandas as pd
import matplotlib.pyplot as plt

model = KMeans.train(RDD, k = 2, maxIterations = 10)
model.clusterCenters
[array([12.28860465,  2.29232558]), array([13.66619565, 2.43586957])]
```

K-means 聚类的第二步是通过计算误差函数来评估模型。PySpark 的 K-means 算法没有可用的模型评估方法，需要编写一个函数，计算平方和误差。然后在 RDD 上应用误差函数，将误差函数的 map 变换应用到输入的 RDD 中。本例中的误差平方和是 77.72。

```
#定义误差函数
from math import sqrt

def error(point):
    center = model.centers[model.predict(point)]
    return sqrt(sum([x**2 for x in (point - center)]))

#将误差函数的map变换应用到输入的RDD中
WSSSE = RDD.map(lambda point:  error(point)).reduce(lambda x, y:  x + y)
```

```
print("Within Set Sum of Squared Error = " + str(WSSSE))
Within Set Sum of Squared Error = 77.72166220943333
```

在 K-means 聚类中，一个可选且高度推荐的步骤是聚类可视化。

图 9-15 显示了一个合理的聚类，图中用红色的"×"表示聚类中心，用紫色和黄色代表两种标签。两个中心点位于每个类的中心。

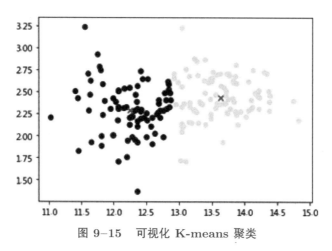

图 9-15　可视化 K-means 聚类

继续前面的示例，首先绘制示例数据两个特征列的散点图。接下来，标出 K-means 模型的聚类中心，在图中用红色的"×"表示。

实现的代码如下：

```
#绘图库不能直接在RDD和DataFrame上工作。首先将RDD转换为Spark DataFrame，然后转换
为Pandas DataFrame
from math import sqrt
from pyspark.mllib.clustering import KMeans
import pandas as pd
import matplotlib.pyplot as plt


wine_data_df = spark.createDataFrame(RDD, schema=["col1", "col2"])


wine_data_df_pandas = wine_data_df.toPandas()


#将聚类中心从K-means模型转换为Panda DataFrame
cluster_centers_pandas = pd.DataFrame(model.clusterCenters, columns=["col1","col2"])
#K-Means的预测结果
wine_predict = model.predict(RDD)
#添加预测结果列
wine_data_df_pandas["pred"] = wine_predict.collect()


#使用matplotlib库中的plt函数创建一个叠加的散点图
```

```
plt.scatter(wine_data_df_pandas["col1"],wine_data_df_pandas["col2"],
            c=wine_data_df_pandas["pred"])
plt.scatter(cluster_centers_pandas["col1"],cluster_centers_pandas["col2"],c='red',
            marker='x')
plt.plot
```

9.5 模型选择

9.5.1 管道

我们已经学习了如何使用 PySpark 构建分类器和回归模型，在本小节中，我们将学习如何使这些模型更好。从使用管道开始，因为管道将大大简化工作流程，同时有助于确保正确处理训练集与测试集并有效避免信息泄露 (leakage)。

大多数操作都涉及 fit() 和 transform() 方法，这些方法的使用自由度相当高，但要获得真正稳健的结果，需要保证 fit() 方法仅应用于训练数据。因为一旦将 fit() 方法应用于测试数据，那么模型在训练阶段已经"看到"了测试数据，测试的结果不再客观，信息是否泄露对比图见图 9-16。每当模型对测试数据应用 fit() 方法时，就会发生信息泄露。

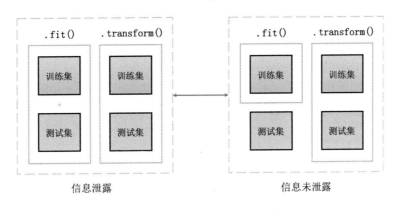

图 9-16　信息是否泄露对比图

假设同时使用训练数据和测试数据来拟合模型，模型已经"看到"了测试数据，将给出有针对性地降低损失的预测结果。这会让预测效果看起来良好，但实际模型的泛化预测能力可能不足。构建模型时通常有多个阶段，如果 fit() 在任一阶段应用于测试数据，模型效果将被高估。如果仅将 fit() 应用于训练数据，模型将处于信息未泄露的良好状态，测试结果将是完全客观的。

管道可以简化训练和测试过程，并且更容易避免信息泄露。管道是一系列步骤的组合，它不单独应用每个步骤，而是组合多个步骤作为单元来应用（如图 9-17 所示）。

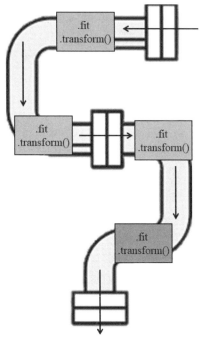

图 9-17　管道示意图

让我们再次使用航班数据拟合回归模型来介绍管道的使用。拟合回归模型的过程涉及许多步骤：

- 使用字符串索引器转换类型列索引值；
- 应用 OneHot 编码将这些索引值转换为哑变量；
- 将多个预测因子组合到一个特征列上；
- 建立回归模型实例并拟合数据。

```python
from pyspark.ml.feature import OneHotEncoderEstimator
flights = spark.read.csv('flights.csv', header=True, inferSchema=True, nullValue='NA')
flights_train, flights_test = flights.randomSplit([0.8,0.2],seed=175)
indexer = StringIndexer(inputCol='carrier',outputCol='carrier_idx')
onehot = OneHotEncoderEstimator(inputCols=['carrier_idx'],
    outputCols=['carrier_dummy'])
assemble = VectorAssembler(
    inputCols = ['mile','depart','carrier_dummy'],
    outputCol = 'features'
)
regression = LinearRegression(labelCol = 'duration')
```

上述步骤的详细流程如下：

- 将索引器与训练数据相匹配。对训练数据调用 transform() 方法添加索引列，然后使用训练好的索引器对测试数据调用 transform() 方法，注意保证测试数据未用于匹配生成的索引器。

● 对于 OneHot 编码器，同样调用 fit() 训练数据，然后使用训练好的编码器更新训练数据和测试数据。

● 汇集器没有 fit() 方法，只需将 transform() 方法应用于训练数据和测试数据。

● 用回归模型拟合训练数据，然后使用拟合好的模型对测试数据进行预测。

在整个过程中，必须很小心地保证不对测试数据使用 fit() 方法。

```
# 训练数据的一系列处理
indexer = indexer.fit(flights_train)
flights_train = indexer.transform(flights_train)
onehot = onehot.fit(flights_train)
flights_train = onehot.transform(flights_train)
flights_train = assemble.transform(flights_train)
regression = regression.fit(flights_train)
```

```
# 测试数据的一系列处理
flights_test = indexer.transform(flights_test)
flights_test = onehot.transform(flights_test)
flights_test = assemble.transform(flights_test)
predictions = regression.transform(flights_test)
```

这是一项艰苦的工作，容易出现失误，管道使训练和测试复杂模型变得更容易。pipeline 类位于 ml 子模块中，通过指定阶段序列来创建管道，其中每个阶段对应模型构建过程中的一个步骤，各阶段按顺序执行。

现在，不需要为每个函数调用 fit() 和 transform() 方法，只需调用 pipeline.fit() 方法来获取训练数据上的管道，管道中的每个阶段依次自动应用于训练数据。pipeline.transform() 方法只为管道中的每个阶段调用 transform() 方法，对测试数据进行预测。这将系统地为管道中的每个阶段应用 fit() 和 transform() 方法。

```
from pyspark.ml import Pipeline
flights = spark.read.csv('flights.csv', header=True, inferSchema=True, nullValue='NA')
flights_train, flights_test = flights.randomSplit([0.8,0.2],seed=175)
pipeline = Pipeline(stages=[indexer, onehot, assemble, regression])
pipeline = pipeline.fit(flights_train)
predictions = pipeline.transform(flights_test)
```

可以通过 stages 属性访问管道内部的不同阶段。stages 属性是一个列表，可以通过索引选择列表中的各个阶段。例如，要访问管道的回归模型，需要使用索引 3。更进一步，可以访问并获取训练的线性回归模型的截距和系数。管道使代码易于阅读和维护。

```
# The LinearRegression object (fourth stage -> index 3)
pipeline.stages[3]
print(pipeline.stages[3].intercept)
print(pipeline.stages[3].coefficients)
```

```
输出:
[1] 20.304354286844738
[2] [0.12033332686848627,0.12893575173759947,20.920206017628875,
24.4517009737924,18.82877015975396,10.730088182429864,
38.041774548976605,46.15087620475468,22.88338723079046,
-1.5036574779376024]
```

9.5.2 交叉验证

到目前为止,我们一直使用一种简单的测试方法评估模型效果:将数据随机分成训练数据和测试数据,在训练数据上训练模型,然后在测试数据上评估其性能。这种方法有一个缺点:只能得到一个模型性能评估值。如果能够多次测试同一个模型,我们将对模型的性能和稳健性有更全面、更可靠的了解,这就是交叉验证提出的背景(如图 9-18 所示)。

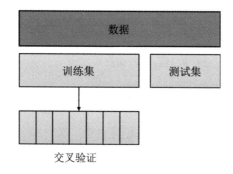

图 9-18 交叉验证示意图

我们仍然将数据分为一个训练集和一个测试集。在拆分之前,首先保证数据在训练集和测试集中的分布是相似的,然后将训练集分割成多个分区 (fold),分区的数量通常影响最终的性能评估值。

例如,我们把训练集分成 5 个分区,对这 5 个分区进行交叉验证。首先把第一分区的数据放在一边,使用剩下的 4 个分区训练一个模型,然后根据第一个分区的数据对模型进行性能评估。对其余的分区重复该过程,得到 5 个性能评估值,这就是 5 折交叉验证(如图 9-19

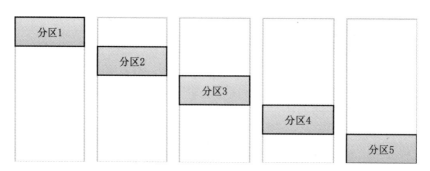

图 9-19 5 折交叉验证示意图

所示）。我们可以计算评估值的平均值，这通常是一个比单个值更稳健的模型性能度量。

接下来看看如何通过 PySpark 实现交叉验证。我们使用航班数据建立一个交叉验证的回归模型来预测航行时间，在执行交叉验证时需要完成以下两步：

- 完成数据处理并建立模型（通常使用管道）；
- 构建模型性能评估器。

```
pipeline.stages = pipeline.stages[:3]
flights_train = pipeline.transform(flights_train)
flights_test = pipeline.transform(flights_test)
regression = LinearRegression(labelCol='duration')
evaluator = RegressionEvaluator(labelCol='duration')
```

进行交叉验证时，将用到 CrossValidator 和 ParamGridBuilder 类，它们都属于优化 (tuning) 模块。我们将创建一个参数网格，本小节暂时将其设置为空，在下小一节"网格寻优"中详细介绍。

初始化交叉验证实例时，需要指定预测器（本小节中为线性回归模型）、预测器的超参数网格和计算 RMSE 的评估器。我们还可以选择指定分区数目（默认为 3）和随机数种子。

```
from pyspark.ml.tuning import CrossValidator, ParamGridBuilder
params = ParamGridBuilder().build()
cv = CrossValidator(estimator=regression,
          estimatorParamMaps=params,
          evaluator=evaluator,
          numFolds=10, seed=13)
```

交叉验证实例可以调用 fit() 方法将交叉验证过程应用于训练数据上，然后可以查看交叉验证后的平均 RMSE。这是一种更稳健的模型性能度量，因为它基于多个测试分区。需要注意的是，平均度量作为列表返回，本小节中仅有一个数值，在下小一节涉及网格参数时，列表将返回不同超参数下的平均 RMSE。

```
cv = cv.fit(flights_train)
cv.avgMetrics
```

```
输出：
[1] [14.310337286273981]
```

经过训练的交叉验证器有一种 transform() 方法，可以用来对预测数据进行转换。如果对原始测试数据的预测进行评估，得到一个比用交叉验证得到的更小的 RMSE 值，这说明简单的直接测试会让我们对模型性能过于乐观。

```
evaluator.evaluate(cv.transform(flights_test))
```

```
输出：
[1] 14.282204472439844
```

9.5.3 网格寻优

我们已经建立了一些效果尚可的模型,但是几乎对任何模型都使用了默认参数,模型可以通过调节参数来改进。对于特定的模型没有通用的最佳参数标准,参数的最佳选择取决于数据和任务目标。

网格寻优相对简单,对每组参数构建一组模型,然后评估这些模型的性能并选择最佳模型。图 9-20 为获取最优参数示意图。

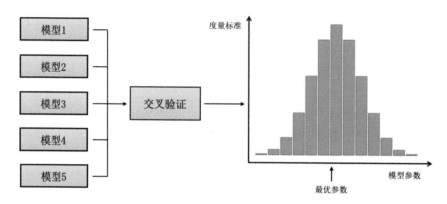

图 9-20　获取最优参数示意图

我们再次使用航班数据拟合回归模型。从一个简单的例子开始,比较截距穿过原点与不穿过原点的回归模型。

线性回归模型默认拥有截距,也可以显式地指定 fitIntercept 参数为 True 来拟合带截距的回归模型。我们用带截距的模型拟合训练数据,然后使用测试数据计算 RMSE。

```
flights.select('mile', 'carrier', 'duration').show(5)
```

```
输出:
+----+-------+--------+
|mile|carrier|duration|
+----+-------+--------+
|2153|     US|     351|
| 316|     UA|      82|
| 337|     UA|      82|
|1236|     AA|     195|
| 258|     AA|      65|
+----+-------+--------+
only showing top 5 rows
```

```
regression = LinearRegression(labelCol='duration', fitIntercept=True)
regression = regression.fit(flights_train)
evaluator.evaluate(regression.transform(flights_test))
```

```
输出：
[1] 14.282204472439844
```

接下来重复上述过程，但将 fitIntercept 参数设为 False 来拟合过原点的回归模型。当我们评估两个模型时，会发现不过原点的模型 RMSE 更低，自然会选择 RMSE 更低的模型。

```
regression = LinearRegression(labelCol='duration', fitIntercept=False)
regression = regression.fit(flights_train)
evaluator.evaluate(regression.transform(flights_test))
```

```
输出：
[1] 14.31374935877018
```

然而，这种方法有一个问题，即仅仅得到一个 RMSE 的估计值并不是很可靠，最好使用交叉验证进行比较。

我们使用网格寻优方法，系统地跨参数值网格训练模型。PySpark 提供了 ParamGrid-Builder 类。在上一小节中，我们创建了一个空网格，现在要在网格中添加点。

在下例中，首先创建网格生成器，然后添加一组或多组参数取值。我们设置 fitIntercept 参数的两个取值，并调用 build() 方法来构造网格。接下来为网格中的每个点建立单独的模型，我们可以检查它对应的模型数量，在本例中对应两个模型。

```
from pyspark.ml.tuning import ParamGridBuilder
regression = LinearRegression(labelCol='duration')
params = ParamGridBuilder()
params = params.addGrid(regression.fitIntercept, [True, False])
params = params.build()
print('Number of models to be tested: ', len(params))
```

```
输出：
[1] Number of models to be tested:  2
```

现在创建一个交叉验证对象并使用训练数据进行模型拟合。网格中有两个点，且交叉验证将数据分成 10 个分区，所以最终将训练 20 个模型。交叉验证器将遍历参数网格中的每个点，对于每个点，它将使用相应的参数值创建交叉验证的模型。

查看 average metrics 属性，可以得到列表形式的模型评估值：网格中的每个点都有一个 RMSE 平均值。结果仍然显示带截距项的模型优于不带截距项的模型。

```
cv = CrossValidator(estimator=regression,
            estimatorParamMaps=params,
            evaluator=evaluator)
cv = cv.setNumFolds(10).setSeed(13).fit(flights_train)
cv.avgMetrics
```

```
输出：
[1] [14.310337286273981, 14.334003651160138]
```

我们的目标是得到性能最好的模型, 可以使用 bestModel 属性来获取。

```
cv.bestModel
```

```
输出:
[1] LinearRegression_0708c04e44fb
```

使用 cross validator 对象进行数据预测, 默认使用最佳模型, 因此可以直接对测试数据进行预测。如果想知道什么是最优参数值, 可以使用 explainParam() 方法获取。

```
predictions = cv.transform(flights_test)
cv.bestModel.explainParam('fitIntercept')
```

```
输出:
[1] 'fitIntercept:  whether to fit an intercept term (default:  True, current:  True)'
```

正如预期的那样, 输出中 current 后面 fitIntercept 参数的最优值为 True。

我们可以在网格中添加更多参数。在本例中, 除了考虑截距项, 还可以考虑正则化参数和弹性网络参数值。当然, 添加到网格中的参数和值越多, 需要评估的模型就越多。因为每个模型都将使用交叉验证进行评估, 这可能需要一段时间。

```
params = ParamGridBuilder() \
    .addGrid(regression.fitIntercept, [True, False]) \
    .addGrid(regression.regParam, [0.001, 0.01, 0.1, 1, 10]) \
    .addGrid(regression.elasticNetParam, [0, 0.25, 0.5, 0.75, 1]) \
    .build()
print ('Number of models to be tested:  ', len(params))
```

```
输出:
[1] Number of models to be tested:  50
```

习题

1. 在本题中, 需要从 CSV 文件加载一些航空公司的航班数据 (这些数据已精简到 5 万条记录)。也可以通过 https://assets.datacamp.com/production/repositories/3918/datasets/e1c1a03124fb2199743429e9b7927df18da3eacf/flights-larger.csv 以相同的格式获取更大数据量的数据集。

本题的 CSV 文件格式为: 字段用逗号分隔 (这是默认分隔符), 缺失的数据用字符串 "NA" 表示。

数据字典参考如下:

- mon: 月份 (1~12 之间的整数);
- dom: 日期 (每月的一天, 1~31 之间的整数);
- dow: 星期 (整数; 1 = 星期一和 7 = 星期日);

- org：起飞机场（IATA 代码）；
- mile：航行距离（英里）；
- carrier：航空公司（IATA 代码）；
- depart：起飞时间（十进制小时）；
- duration：预期航行时间（分钟）；
- delay：延误时间（分钟）。

重要提示：
- 从名为"flights.csv"的 CSV 文件中读取数据，自动将数据类型分配给列，处理丢失的数据；
- 计算数据中有多少条记录；
- 查看前 5 个记录；
- 分析哪些数据类型已分配给列。

重要代码：

```
# 从 CSV 文件读取数据
flights = spark.___.___(__,
    sep=__,
    header=__,
    inferSchema=__,
    nullValue=__)
# 获取记录数
print("The data contain %d records." % flights.__())
# 查看前5个记录
flights.__(5)
# 检查列数据类型
print(flights.__)
```

2. 建立逻辑回归模型。沿用习题 1 的数据创建逻辑回归模型，预测飞行是至少延迟 15 分钟（label1）还是不延迟（label0）。尽管可以使用各种预测变量，但目前仅使用 mon、depart 和 duration 列。这些是可以直接用于逻辑回归模型的数据。

重要提示：
- 数据已分为训练集和测试集，可以作为 flight_train 和 flights_test 获得；
- 导入用于创建逻辑回归分类器的类；
- 创建一个分类器对象，并在训练数据上对其进行训练；
- 对测试数据进行预测并创建混淆矩阵。

重要代码：

```
# 导入逻辑回归类
from pyspark.ml.__ import __
# 创建一个分类器对象并训练训练数据
logistic = __().__(__)
# 为测试数据创建预测并显示混淆矩阵
```

```
prediction = __.__(__)
prediction.groupBy(__, __).__().show()
```

3. 给飞行时间模型添加起飞时间。本题需要在飞行持续时间的回归模型中加入虚拟变量。数据在 flights 中,"km""org_dummy""depart_dummy"列已组合成"features","km"的索引是 0,"org_dummy"的索引是 1~7,"depart_dummy"的索引是 8~14。

数据已分为训练数据和测试数据,并且已经在训练数据上建立了线性回归模型(回归)。

重要提示:

- 查找 RMSE 以对测试数据进行预测;
- 查找在 21:00 和 24:00 之间从 OGG 起飞的航班的平均地面时间;
- 查找在 00:00 到 03:00 之间从 OGG 起飞的航班的平均地面时间;
- 查找在 00:00 到 03:00 之间从肯尼迪国际机场起飞的航班的平均地面时间。

重要代码:

```
# 在测试数据上找到 RMSE
from pyspark.ml.__ import __
__(__).__(__)
#21:00 至 24:00 出发的航班在 OGG 的平均地面时间
avg_eve_ogg = regression.__
print(avg_eve_ogg)
#OGG 在 00:00 至 03:00 之间起飞的平均地面时间
avg_night_ogg = regression.__ + regression.__[8]
print(avg_night_ogg)
# 肯尼迪国际机场在 00:00 到 03:00 之间起飞的平均地面时间
avg_night_jfk = regression.__ + regression.__[__] + regression.__[__]
print(avg_night_jfk)
```

4. 综合使用交叉验证和集成方法,训练随机森林分类器来预测延迟飞行,并使用交叉验证为模型参数选择最优值。下列参数拥有良好的价值:

- featureSubsetStrategy,即要在每个节点处拆分的要素数量;
- maxDepth,即沿任何分支的最大拆分数。

由于构建此模型花费的时间太长,因此本题不会在管道上运行 fit() 方法。

重要提示:

- 创建随机森林分类器对象;
- 创建参数网格生成器对象,为 featureSubsetStrategy 和 maxDepth 参数添加网格点;
- 创建二值分类评估器;
- 创建一个交叉验证器对象,指定分类器、参数网格和评估器,选择 5 折交叉验证。

重要代码:

```
# 创建一个随机森林分类器
forest = __()
# 创建参数网格
params = __() \
```

```
        .__(__, ['all', 'onethird', 'sqrt', 'log2']) \
        .__(__, [2, 5, 10]) \
        .__()
# 创建一个二值分类评估器
evaluator = __()
# 创建一个交叉验证器
cv = __(__, __, __, __)
```

图书在版编目（CIP）数据

数据科学并行计算／白琰冰编著. -- 北京：中国
人民大学出版社，2021.5
（数据科学与大数据技术丛书）
ISBN 978-7-300-29059-1

Ⅰ.①数… Ⅱ.①白… Ⅲ.①数据处理–研究 Ⅳ.
①TP274

中国版本图书馆 CIP 数据核字（2021）第 031779 号

数据科学与大数据技术丛书
数据科学并行计算
白琰冰　编著
Shuju Kexue Bingxing Jisuan

出版发行	中国人民大学出版社			
社　　址	北京中关村大街 31 号		邮政编码	100080
电　　话	010 - 62511242（总编室）		010 - 62511770（质管部）	
	010 - 82501766（邮购部）		010 - 62514148（门市部）	
	010 - 62515195（发行公司）		010 - 62515275（盗版举报）	
网　　址	http://www.crup.com.cn			
经　　销	新华书店			
印　　刷	北京昌联印刷有限公司			
规　　格	185 mm×260 mm　16 开本		版　　次	2021 年 5 月第 1 版
印　　张	18 插页 1		印　　次	2025 年 1 月第 2 次印刷
字　　数	426 000		定　　价	49.00 元